纯氢燃料燃气轮机燃烧室试验

王永志／主编

江 宇 庞笑坤／副主编

文化发展出版社
Cultural Development Press
·北京·

图书在版编目(CIP)数据

纯氢燃料燃气轮机燃烧室试验 / 王永志主编.
北京 : 文化发展出版社, 2025. 2. -- ISBN 978-7-5142-4604-9

Ⅰ. TK473.2

中国国家版本馆CIP数据核字第20258B1M39号

纯氢燃料燃气轮机燃烧室试验

主　　编　王永志
副 主 编　江　宇　庞笑坤

责任编辑：李　毅　韦思卓　　　　特约编辑：李新承
责任印制：邓辉明　　　　　　　　责任校对：侯　娜　马　瑶
封面设计：盟诺文化
出版发行：文化发展出版社（北京市翠微路2号 邮编：100036）
发行电话：010-88275993　010-88275710
网　　址：www.wenhuafazhan.com
经　　销：全国新华书店
印　　刷：三河市嵩川印刷有限公司

开　　本：720mm×1000mm　1/16
字　　数：237千字
印　　张：15.25
版　　次：2025年2月第1版
印　　次：2025年2月第1次印刷

定　　价：78.00元
I S B N：978-7-5142-4604-9

◆ 如有印装质量问题，请电话联系　电话：13611234441

编写委员会

主　编

王永志

副主编

江　宇　庞笑坤

委　员

（以姓氏笔画为序）

马蔚椿　王为伟　王井然　王亚茹　牛振华

刘友宏　刘　潇　孙家强　吴志荣　吴革新

羌树洋　汪　京　汪　强　沈　阳　宋佳文

张　雪　陈　岗　邵　琳　杭开祥　姜向禹

夏树森　徐华胜　徐志浩　郭振弘　梁祥辉

序言

燃气轮机是目前功率密度和热—功转换效率最高的动力装备，广泛应用于发电、分布式能源、电网调峰、机动电源、舰船驱动、长距离管输增压等领域。发电及增压用途的燃气轮机的燃料主要是天然气和焦炉煤气，舰船驱动的燃气轮机多以柴油和煤油为燃料。天然气、焦炉煤气、柴油及煤油等都属于含碳氢的天然矿物燃料，由于碳氢燃料燃烧产生的巨量二氧化碳严重影响地球气候，国际上制定了中长期降低碳排放目标，我国的目标是2030年实现碳达峰，2060年实现碳中和。实现“双碳”目标的当务之急是减少矿物燃料的使用量，氢气作为绿色零碳排放燃料是实现这一目标的首选。另一方面，国内风、光、水电蓬勃发展，产生了大量弃电，如何利用高效储能方式充分发挥弃电在经济发展中的作用，通过电—氢—电转化实现弃电的充分利用是能源产业发展的重要方向。目前，美国、日本、欧洲等纷纷推出“氢能计划”，加快材料体系、低氮燃烧器和掺氢技术的研究，预计2030年前将推出100%纯氢燃气轮机。纯氢燃气轮机研发国内外几乎处于同一起跑线，相关科研机构和企业已开展了氢燃烧基础研究和工程应用研究，期待尽快实现氢能产业化。

用天然气和柴油等矿物燃料的燃气轮机燃烧室技术基本成熟，由于氢气燃烧速度极快，是天然气的十倍，而且燃烧温度高，纯氢燃烧室面临“回火、振荡、氮氧化物大量生成”三大技术难题，因此在燃料供给和燃烧组织方面都必须突破这些关键技术。明阳氢燃公司在国内率先开展了燃烧纯氢气的燃气轮机燃烧室工程应用研究，采用了干式低排放微混燃烧技术、陶瓷基复合材料、热障涂层和增材制造技术。经过多方案仿真优化、试验调试等反复迭代，进行了大量纯氢燃烧室试验，突破了多项关键技术，成功研制出国内首台可装机的纯氢燃料燃烧室。明阳氢燃自主研发的首款纯氢燃烧室具有安全、低氮氧化物排放、功率调节范围宽、低成本等技术优势。2023年12

月 26 日，明阳“木星一号”30MW 级纯氢燃气轮机正式下线。2024 年 12 月 22 日，明阳氢燃在全球率先完成 30MW 级纯氢燃气轮机整机点火。

通过纯氢燃烧室研制全过程，我们深刻体会到，要想获得成功，研发人员必须拥有“打破常规、自我革新”的精神，研发过程应采取“小步试错、快速迭代”的理念。在此，希望明阳氢燃联合国内外高校、产业链企业、合作单位，进一步加快高参数纯氢燃料燃气轮机研发，加快打造“风光氢储燃”新模式，为国内新能源大规模、长周期储能提供经济可行方案。

本书以明阳氢燃首款纯氢燃料燃烧室历次试验为案例，详细介绍了纯氢燃烧室设计流程、加工方案、试验方法、试验数据处理、操作准则等，是一本实用性较强的纯氢燃气轮机燃烧室试验内容的书籍，可供燃烧室设计人员参考。

徐华胜

2025 年 2 月

前言

氢能被誉为“人类终极能源”，既是实现“碳达峰”“碳中和”的理想途径，也是实现新能源领域储能、释能的合适中继能源载体。在当前氢气制备与储存大规模应用的条件下，氢燃气轮机发电技术将补足氢能产业链中氢能释放这最后一环。氢燃气轮机除了具有燃气轮机优点，还具有零碳排放的突出优势。世界各国也纷纷推出“氢能计划”，加快对材料体系、低氮燃烧器和掺氢技术的研究。美国通用电气公司预计在2030年前推出100%纯氢燃气轮机。

近年来，内蒙古、青海、甘肃等新能源装机大省风力发电、光伏发电弃电量逐年增加，大规模、长周期储能的需求日益迫切。新能源制氢、绿氢再发电调峰的“电—氢—电”解决方案受到广泛关注。在风力发电、光伏发电产能过剩时，将富余电力通过电解水制氢设备制取绿氢；待风力、光照较少时，再将储存的绿氢用于氢燃气轮机发电，从而提升电网调节能力，实现灵活性资源削峰填谷、平抑新能源并网波动和确保电网安全的目标。

燃气轮机是目前热—功转换效率最高的发电类动力装备，主要由压气机、燃烧室和透平组成。它集新技术、新材料、新工艺于一体，被誉为“制造业皇冠上的明珠”“世界上最难造的机械设备”。燃气轮机主要用于发电、分布式能源、电网调峰、机动电源、舰船驱动、长距离管输增压等领域。长期以来，燃气轮机设计、制造、试验等尖端技术被美国通用电气、德国西门子、日本三菱等公司垄断。近年来，在国家“两机”专项、“大飞机”专项引领下，无锡及周边地区已初步形成从原材料、关键部件、系统集成、整机试验到维修的完整产业链，具备了制造自主知识产权中小型燃气轮机的基础。

本书共6章，第1章介绍了纯氢燃气轮机燃烧室方案；第2章介绍了试验台的设备组成；第3章介绍了试验台的试验测试和试验数据处理的方法；第 4 章介绍了试验台的操作安全准则及流程，并给出了试验台的维护说明；第 5 章介绍了轴向分级射流预混燃烧室试验；第 6 章介绍了多燃料燃烧试验。

本书在编写过程中查阅了大量国内外与燃气轮机有关方面的学术著作、论文和工作报告，引用了专家的论述和观点，在此表示感谢。在本书编写过程中，中国航发四川燃气涡轮研究院徐华胜老师、北京航空航天大学刘友宏教授、北京航空航天大学林宇震教授、哈尔滨工程大学刘潇教授、北华航天工业学院霍伟业老师提供了大量的宝贵意见。在试验室建设过程中，清华大学、北京航空航天大学、南京航空航天大学、中科院工程热物理研究所等 12 所高校及科研院所；南京汽轮电机有限责任公司、中国东方电气集团有限公司、上海电气集团有限公司、沈阳航燃科技有限公司、无锡乘风航空工程技术有限公司、江苏源清动力技术有限公司、无锡派克新材料科技有限公司、南京科远智慧集团有限公司、中航工程集成设备有限公司等企业给予了支持和帮助，在此表示衷心的感谢。

由于理论水平有限、实际经验不足和时间仓促，书中难免有不足之处，恳请广大读者批评指正。

编写委员会

2025 年 2 月

目录

第1章 纯氢燃气轮机燃烧室方案

本章将对纯氢燃气轮机燃烧室的研发策略、方案设计、技术原理、方案特征和技术目的进行介绍。

1.1 纯氢燃气轮机需求分析和研发策略

1.1.1 纯氢燃气轮机需求分析

本项目纯氢燃气轮机主要作为新能源发电场配套设备，解决“弃风弃光”问题。据统计，2023年我国风光新能源年发电量1.8万亿千瓦时、弃电率为3.4%，总弃电量超600亿千瓦时。预测到2030年，我国风光新能源年发电量将达到3万亿千瓦时、弃电率将上升到5%，总弃电量1500亿千瓦时。面对如此庞大的新能源电力弃电问题，纯氢燃气轮机保守预计将产生年均50亿元的市场规模，“氢储燃”系统年均市场规模将达到100亿元。

对于典型的百万千瓦（1GW）级新能源发电场，按照弃电率10%计算，年弃电量达2亿千瓦时。按照制氢—储氢—发电综合效率为35%，燃气轮机年工作时间2000小时计算，采用35MW级燃气轮机较为合理。

在上述数据分析的基础上，经多方长期调研，目前，南京汽轮电机有限责任公司拥有36MW燃机的完全知识产权及一定数量的库存母型机，遂决定采用现有燃机产品，在加快研发进度的同时，可大幅降低研发成本，按照氢气燃料性质计算纯氢燃气轮机燃烧室功率为30MW。

预计到2030年，风光富集地区新能源电力装机约17亿千瓦，按10%弃电、10%谷电制氢，可产绿氢1041万吨，30MW级纯氢燃机需求约1282台（套），明阳氢燃市场份额约35%，5年累计销售纯氢燃机449台，营业收入约359亿元；珠三角地区存量燃气装机3523万千瓦、新增装机2677万千瓦，预计50%存量燃机、50%新增燃机改造为掺氢燃机；长三角地区存量燃气装机4982万千瓦、新增装机3785万千瓦，预计50%存量燃机、50%新增燃机改造为掺氢燃机；京津冀地区存量燃气装机1550万千瓦、新增装机1178万千瓦，预计50%存量燃机、50%新增燃机改造为掺氢燃机。

1.1.2 纯氢燃气轮机研发策略

燃气轮机整个运行包括点火联焰、过渡到全速空载、负荷提升至满载等工况。其中点火、过渡、负荷提升过程中燃料流量小、过渡时间短、燃料消耗量极少；而满载工况燃料流量大、稳定运行时间长、燃料消耗量大。可见满载工况对燃氢发电过程至关重要。当前，应首先集中精力解决长时间、稳态工况下纯氢燃烧的基础科学问题和工程技术问题，而氢气点火、负荷提升等短时间、瞬态工况对于燃氢发电并非亟待解决的关键问题。

本项目决定沿用现有燃机技术中已经成熟的点火联焰、负荷提升技术，集中精力解决传统燃料—氢燃料切换以及高负荷下氢气燃烧等关键科学问题和工程技术问题。为纯氢燃气轮机研发迈出坚实有力的一步。

为了响应国家号召，大力发掘“沙戈荒”地区产能潜力，风光新能源发电场基本建设于我国西部、北部沙戈荒地区。这些地区地面交通运输、地下输气管道等基础设施条件较差，不利于气体燃料运输和储存，故不宜采用传统的天然气燃料完成点火、过渡及负荷提升过程。而液体燃料方便运输、利于存储的优点，使用液态燃料就成为更合理的选择。

综上所述，本项目决定采用传统的液态燃料完成点火联焰、过渡态到全速空载、负载提升至最小稳定负荷工况。该过程中使用目前成熟的燃气轮机技术，降低了整体开发难度，同时在试验过程中验证采用氢气点火、过渡态到全速空载、负载提升至最小稳定负荷工况的可行性；集中精力对燃料切换技术和氢气高负荷稳定燃烧技术进行技术攻关，获得氢燃烧的关键技术。项目充分考虑沙戈荒地区基础设施条件、借助现有技术实现非关键技术。抓住关键科学问题攻关的纯氢燃气轮机研发策略，是项目顺利完成的根本保障。

1.2　纯氢燃气轮机燃烧室设计流程

纯氢燃气轮机燃烧室的研制流程系统且严谨，涵盖需求分析、概念设计、燃烧方案制定、气动仿真、强度校核、加工测试、方案定型、整机测试、工程验证以及产品销售这十个关键步骤。

本书聚焦于纯氢燃气轮机领域的核心要点展开深入探讨。在市场需求层面，详尽剖析纯氢燃气轮机的市场需求状况，为后续研发与应用提供宏观导向。在燃烧室的概念构建与燃烧方案设计上，着重阐释纯氢燃气轮机燃烧室的概念方案设计思路，以及燃烧方案的构思与理论依据。此外，针对轴向分级射流微预混燃烧室方案的加工测试环节，也进行了全面且细致的介绍，力求呈现从设计理念到实践操作的完整过程，展现该领域的前沿知识与技术实践。

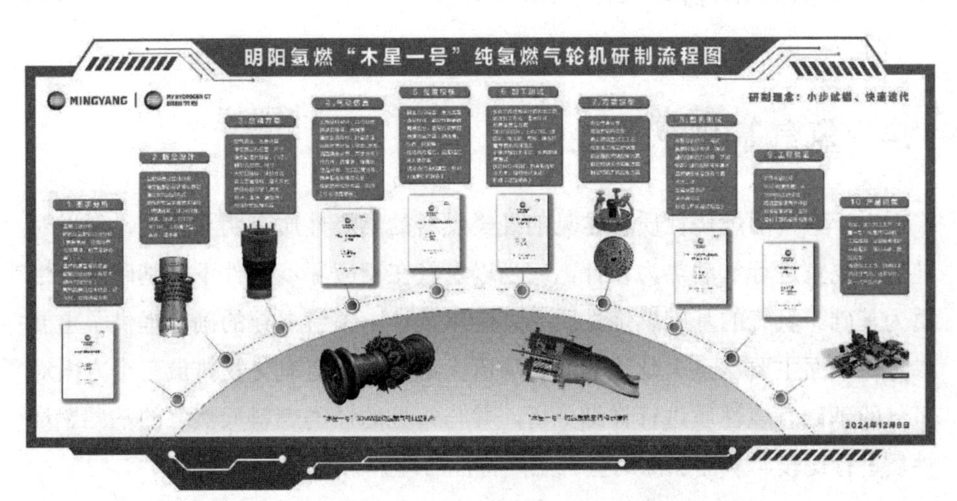

图 1-1　纯氢燃气轮机研制流程图

1.3 纯氢燃气轮机燃烧室性能指标

确定纯氢燃烧室性能指标，可以为纯氢燃烧室研发计划制订明确的研究方向。根据当前燃气轮机行业标准，制订纯氢燃气轮机燃烧室相关性能指标如下。

（1）燃烧室性能指标（相对功率 $P_{内}$=1.0，30MW）；

（2）燃烧效率≥ 0.99；

（3）点火燃气比≤ 0.016；

（4）熄火燃气比≤ 0.010；

（5）总压恢复系数≥ 0.945；

（6）燃烧室出口周向温度分布系数 $OTDF$ ≤ 0.15；

（7）燃烧室出口径向温度分布系数 $RTDF$ ≤ 0.1；

（8）火焰筒壁温（含过渡段）≤ 860℃；

（9）压力振荡幅值≤ 0.004P_3（P_3 为燃烧室进口总压）；

（10）机组相对功率 $P_{内}$=0.8~1.0，燃烧室出口 C_{NO_x} ≤ 25ppm（折算到 15%O_2），C_{CO} ≤ 15ppm（折算到 15%O_2）。

1.4 氢气基础燃烧性质

由于氢气的燃烧性质和常见的烃类燃料的燃烧性质有明显不同，所以对纯氢燃烧室进行气动热力设计，应当以氢气在相应环境条件下的基础燃烧性质为基础。氢气的基础燃烧性质为燃烧室设计中关键参数的确定提供了重要参考，下面主要从点火延迟时间、层流火焰速度和氮氧化物排放三个方面对氢气的基础燃烧性质进行详细分析，并与常见的烃类燃料天然气的基础燃烧性质进行比较，从而加深对氢气燃烧特性的理解。

1.4.1 点火延迟时间

燃料的点火延迟时间是指在一定温度和压力条件下，可燃混合气从未燃到点燃所需的时间。点火延迟时间是燃烧室内是否发生自燃现象的直接判定依据，与火焰稳定位置有直接关系，对燃烧室的安全设计极为关键。

对压力 P=1.4MPa、温度 T=950~2000K、当量比 φ=0.4~1.0 的氢气点火延迟时间进行了详细计算，并进行了压力 P=0.1MPa、温度 T=950~2000K、当量比 φ=1.0 的氢气点火延迟时间计算，以便了解压力变化对点火延迟时间的影响。进一步计算了压力 P=1.4MPa、温度 T=950~2000K、当量比 φ=0.4~1.0 的甲烷点火延迟时间，充分对比氢气的点火特性与一般烃类点火特性的差异，结果如图 1-2 所示，计算结果显示了如下特征及规律。

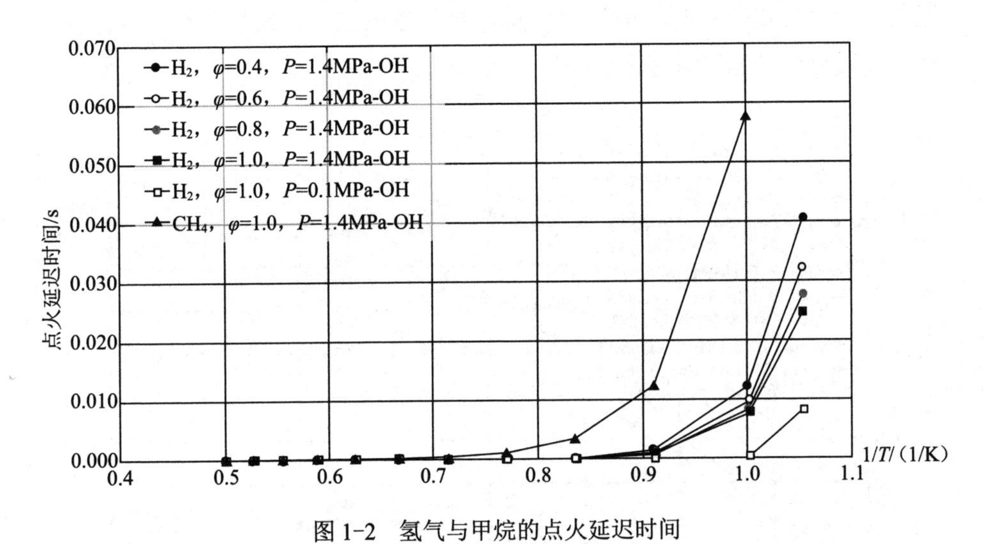

图 1-2　氢气与甲烷的点火延迟时间

（1）压力 P=1.4MPa、温度 T=1000K、当量比 φ=1 时，甲烷的点火延迟时间约 0.058s，氢气的点火延迟时间约为 0.007s，即甲烷的点火延迟时间约为氢气的 8 倍，氢气极易点火。

（2）在贫油区间，氢气的点火延迟时间随当量比的增加而缩短。

（3）点火延迟时间随温度增加快速缩短，温度高于 1300K 时，氢气的点火延迟时间小于 7μs；温度低于 950K 时，无点火延迟时间数据，此时点火延迟时间在秒量级，此时可不考虑预混燃料自然现象。

（4）压力对点火延迟时间的影响较复杂：低温时（低于 1200K），压力越高，点火延迟时间越长；高温时（高于 1300K），压力越高，点火延迟时间越短。

1.4.2 层流火焰速度

燃料的层流火焰速度是指在一定温度和压力下，层流流动的可燃混合气的焰锋传播速度。层流火焰速度与火焰稳定机制、火焰筒内联焰机制直接相关，对燃烧室的结构设计也极为关键。

对压力 P=0.1~1.4MPa、温度 T=288K、T=685K、当量比 φ=0.4~2.0 的氢气火焰传播速度进行了详细计算。进一步计算了压力 P=0.1MPa、P=1.4MPa、温度 T=288K、T=685K、当量比 φ=0.4~2.0 的甲烷层流火焰速度，充分对比氢气的火焰传播特性与一般烃类火焰传播特性的差异，结果如图 1-3 所示，计算结果显示了如下特征及规律。

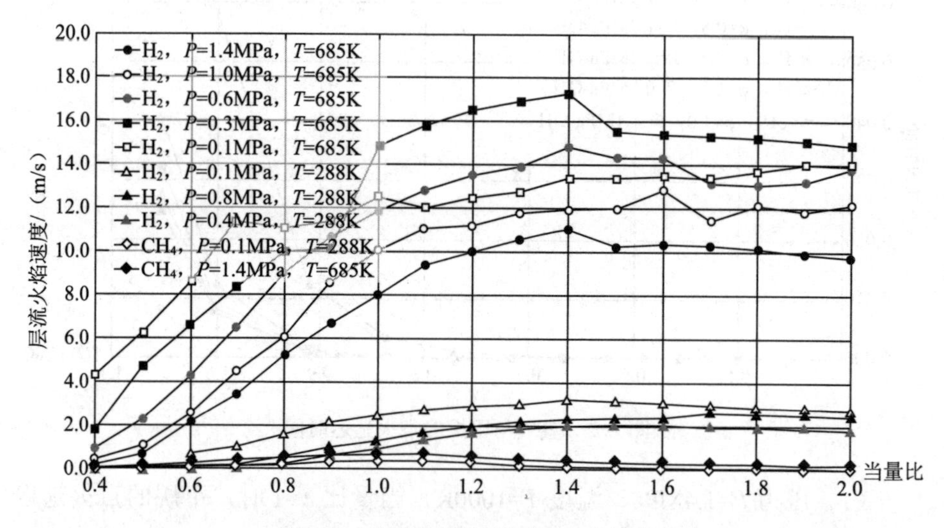

图 1-3 氢气与甲烷的层流火焰速度

（1）氢气的层流火焰传播速度随初始温度增高而显著加快，压力 0.1MPa、当量比为 1、初始温度 288K 时，氢气的层流火焰传播速度约为 2.5m/s；初始温度 685K 时约为 12.5m/s。

（2）层流火焰传播速度基本上随压力升高而减缓。

（3）甲烷的层流火焰传播速度远低于氢气，例如，压力为 0.1MPa、当量比为 1、初始温度为 288K 时，氢气的层流火焰传播速度约为 2.5m/s，甲烷的约为 0.4m/s；压力 1.4MPa、当量比为 1、初始温度为 685K 时，氢气的层流火焰传播速度约为 8.0m/s，甲烷的约为 0.7m/s。层流火焰传播速度的增大，极大增大了预混燃烧时回火的风险。

（4）在贫油区间，甲烷的层流火焰传播速度随当量比增加而加快；在富油区间，甲烷的层流火焰传播速度随当量比增加而减慢。

（5）在贫油区间，氢气的层流火焰传播速度随当量比增加而加快；在富油区间，氢气的层流火焰传播速度随当量比增加先加速，后速度逐渐平稳，未出现显著下降，这与烃类燃料的火焰传播速度变化规律有明显差异。

1.4.3　绝热火焰温度

燃料的绝热火焰温度是指在一定温度和压力下，可燃混合气在绝热条件下到达的燃烧温度。绝热火焰温度影响火焰筒内的温度分布，而燃烧温度直接影响热力型氮氧化物的生成。另外，燃烧温度分布对火焰筒壁温也有影响，进一步影响火焰筒的冷却方式。

对压力 P=1.4MPa、温度 T=300~800K、当量比 φ=0.1~2.0 的氢气绝热火焰温度进行了详细计算，结果如图 1-4 所示，计算结果显示了如下特征及规律。

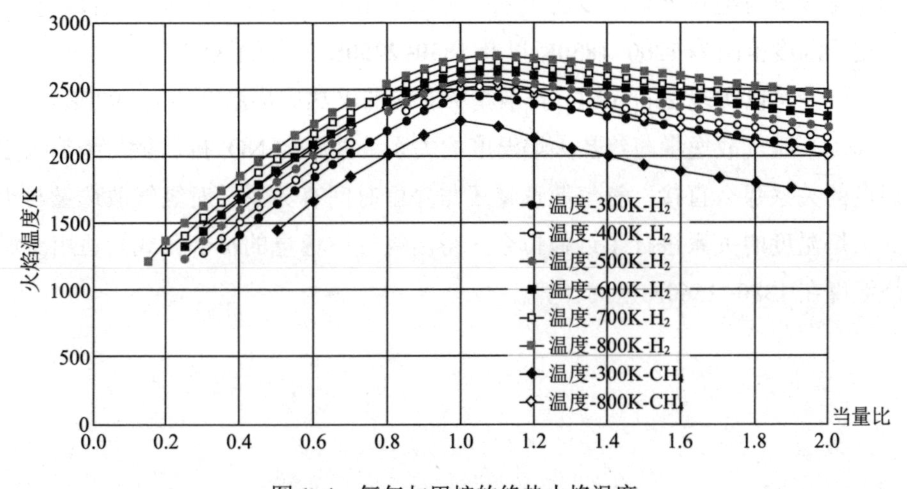

图 1-4　氢气与甲烷的绝热火焰温度

（1）贫油区间，氢气绝热火焰温度随当量比增加而升高，富油区间，氢气绝热火焰温度随当量比增加而降低，在化学恰当比时达到最高绝热火焰温度，温升约 1950~2150K。

（2）在化学恰当比时，甲烷的温升约 1750~1950K，相较氢气低约 200K，可预计相同当量比时，氢气燃烧产生的热力型氮氧化物比甲烷更多，氢燃烧室的低氮燃烧组织方案将面临更严峻的挑战。

1.4.4 污染物排放和燃烧效率

对不同温度、压力和当量比的氢气—空气预混气燃烧的污染排放和氢气散逸进行初步计算，可以指导燃烧室设计中空气量和燃料量的细节分配方案，从而为氢气高效、低氮燃烧指明优化方向。

对压力 P=1.4MPa、温度 T=300~800K、当量比 φ=0.1~2.0、容积 0.052m^3 的氢气燃烧污染排放和氢气散逸量进行了详细计算，结果如图 1-5（a）和图 1-5（b）所示，计算结果显示了如下特征及规律。

（1）不同进口温度条件下，完全搅拌反应器内氢气燃烧 NO_x 排放量与绝热火焰温度有强烈的单调函数关系，与燃烧初始温度的关系并不紧密。对 NO_x 排放量与绝热火焰温度的关系，可以采用分段拟合公式进行拟合，分别适用于温度范围为 1200~1830K 以及 1830~2250K 的贫油区间。

（2）可以实现 25ppmNO_x 排放指标对应的绝热火焰温度约为 1920K。

（3）氢气散逸量与绝热火焰温度的关系，并不如 NO_x 排放量与绝热火焰温度的关系那么直接，氢气散逸量还与停留时间有关系。对氢气散逸量与绝热火焰温度的关系进行了近似拟合，得出氢气散逸量的拟合公式只适用于燃烧温度在 1380~2660K 区间计算。

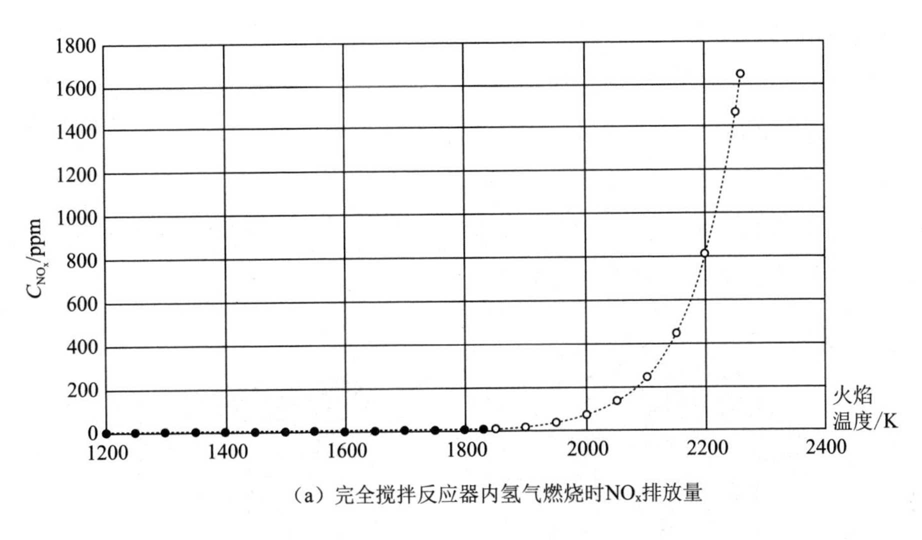

（a）完全搅拌反应器内氢气燃烧时NO_x排放量

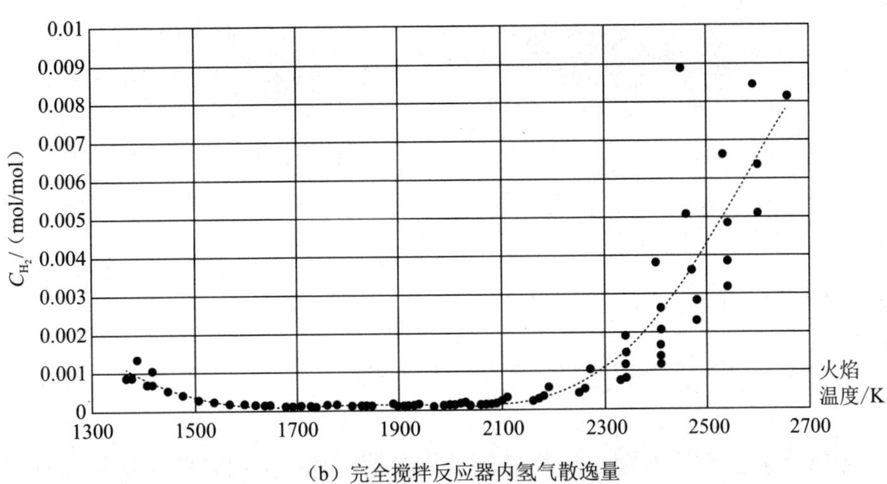

（b）完全搅拌反应器内氢气散逸量

图 1-5 完全搅拌反应器内氢气燃烧污染物排放量和氢气散逸量

1.5 纯氢燃烧室边界几何结构形状

本项目的纯氢燃烧室，拟在存量母型机的基础上进行开发，具体思路为：保留母型机的压气机、燃压缸和涡轮结构，使用新型纯氢燃烧室替换原有的常规燃料燃烧室，并根据压气机、燃烧室和涡轮的共同工作条件确定控制系统的具体控制调节方案。

在此开发策略的前提下，应当首先确定母型机的结构尺寸，从而确定新型氢燃烧室的边界几何结构形状以及安装结构尺寸，同时确定压气机的工作特性曲线，为纯氢燃烧室设计提供初始边界条件。

现有存量母型机燃压缸的结构如图 1-6 所示，明确显示了纯氢燃烧室所处的气流环境和可供利用的安装空间。

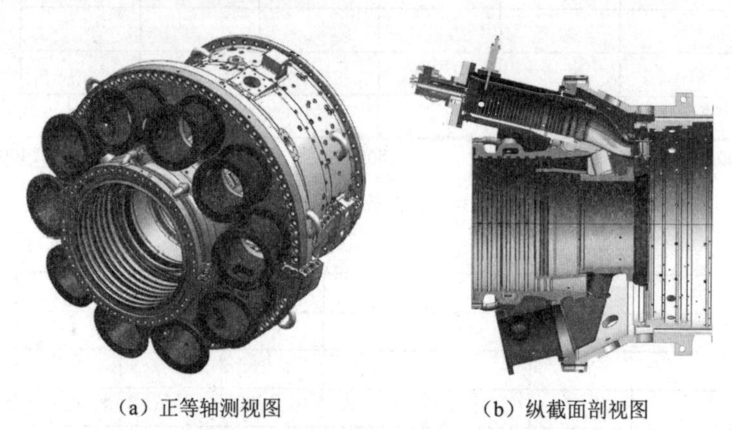

（a）正等轴测视图　　（b）纵截面剖视图

图 1-6　现有存量母型机燃压缸的结构

1.6　纯氢燃烧室进出口边界条件

本节主要汇总现有存量母型机的工作参数，包括燃用轻油和燃用低热值合成气时，压气机出口的温度、压力、流量，以及燃料成分的供给温度、压力和流量等。

1.6.1　燃料种类及其成分

现有存量母型机主要燃料为燃用轻油和合成气，工作过程基本是采用轻油完成点火和联焰，待燃机运行至最小稳定负荷后，切换为燃用低热值合成气。纯氢燃烧室的工作过程初步拟定为沿用原本的燃料切换方案，可确保点火及联焰过程的安全性。

纯氢燃烧室研发过程中涉及的燃料种类、成分及基本理化性质汇总见表 1-1。从表中可见天然气的体积热值约为氢气的 3 倍，但氢气的质量热值约为天然气的 2.5 倍。而低热值合成气的质量热值、体积热值均远低于天然气，相较于氢气，低热值合成气的体积热值为氢气的 1/2，质量热值仅为氢气的 1/25，热力学性质相差明显。

表 1-1　燃料种类、成分及基本理化性质

燃料	成分/性质	单位	数值
合成气	CO	V%	18.7
	H_2	V%	14.3
	CO_2	V%	16
	N_2	V%	45.6
	CH_4	V%	4.4
	O_2	V%	0.7
	C_mH_n	V%	0.3
	燃料标况密度	kg/Nm^3	1.1167
	燃料体积热值	MJ/m^3	5.764
	燃料质量热值	MJ/kg	5.161
天然气	CH_4	mol%	100
	燃料标况密度	kg/Nm^3	0.6771
	燃料体积热值	MJ/m^3	33.396
	燃料质量热值	MJ/kg	49.324
氢气	H_2	mol%	100
	燃料标况密度	kg/Nm^3	0.0846
	燃料体积热值	MJ/m^3	10.240
	燃料质量热值	MJ/kg	120.994
轻油	燃料热值	MJ/kg	42.566

1.6.2 压气机出口参数

母型机压气机出口参数如表 1-2 和图 1-7 所示，同时按照能量守恒规则，计算了氢气流量。其显示了如下特征及规律。

表 1-2 母型机压气机出口参数及燃料流量

燃料	状态	整机进口参数			单燃烧室空气流量	单燃烧室燃料流量
		P/MPa	T/K	m_a/ (kg/s)	m_a/ (kg/s)	m_f/ (kg/s)
轻油	点火状态	0.120	320.0	14.7	1.47	0.029
	全速空载	0.792	555.4	114.0	11.40	0.072
	25% 负荷	0.863	569.0	113.7	11.37	0.131
	50% 负荷	0.927	580.6	113.5	11.35	0.182
	75% 负荷	0.991	592.2	113.3	11.33	0.239
	满载负荷	1.250	628.6	140.7	14.07	0.295
合成气	50% 负荷	0.986	591.3	113.9	11.39	1.395
	75% 负荷	1.036	623.2	105.5	10.55	1.905
	80% 负荷	1.041	632.7	103.1	10.31	2.006
	85% 负荷	1.066	637.1	103.9	10.39	2.106
	90% 负荷	1.113	643.8	108.3	10.83	2.207
	95% 负荷	1.173	651.7	114.3	11.43	2.308
	满载负荷	1.273	670.4	124.6	12.46	2.408
氢气	50% 负荷	0.986	591.3	113.9	11.39	0.060
	75% 负荷	1.036	623.2	105.5	10.55	0.081
	80% 负荷	1.041	632.7	103.1	10.31	0.086
	85% 负荷	1.066	637.1	103.9	10.39	0.090
	90% 负荷	1.113	643.8	108.3	10.83	0.094
	95% 负荷	1.173	651.7	114.3	11.43	0.098
	满载负荷	1.273	670.4	124.6	12.46	0.103

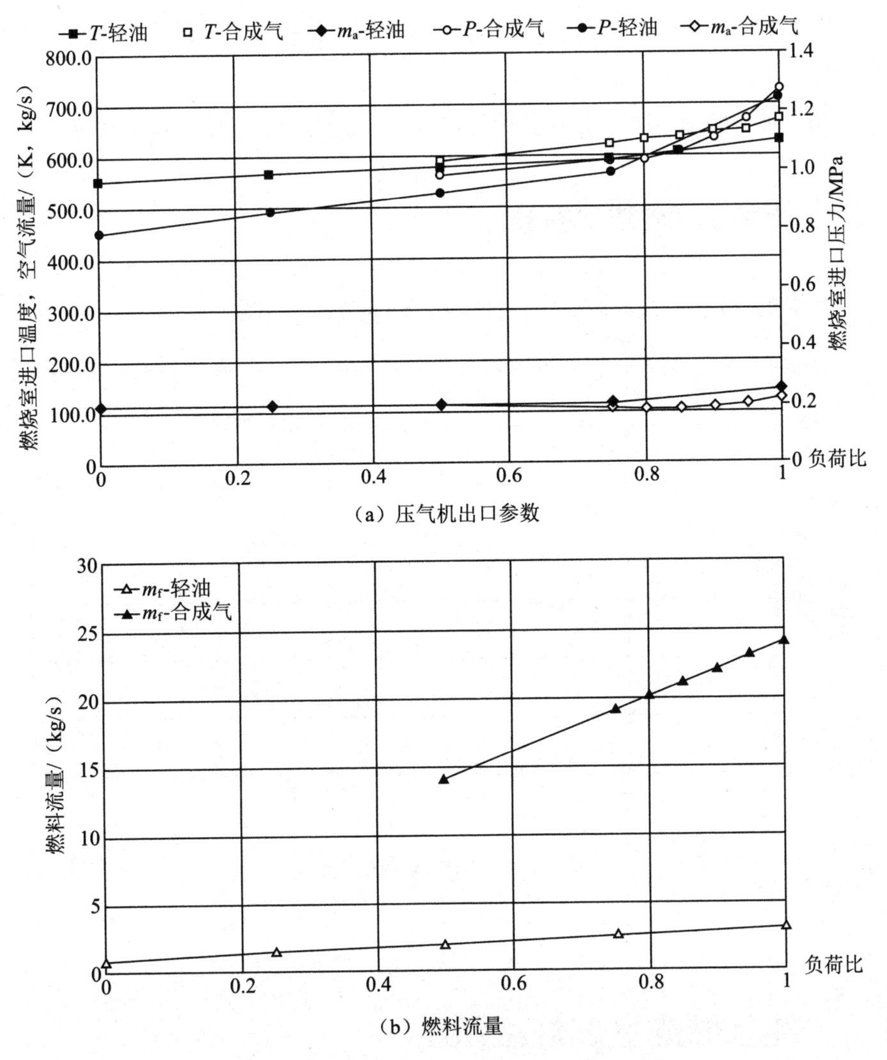

图 1-7　母型机压气机出口参数及燃料流量

（1）75% 负荷以下，压气机出口温度、压力和质量流量与负荷比呈线性关系。

（2）75% 负荷以下，压气机出口质量流量基本不变。

（3）75% 负荷以上，压气机出口温度、压力和质量流量与负荷比呈线性关系，但与 75% 负荷以下的关系不同，应采用分段函数拟合关系。

（4）燃料流量与负荷比始终呈线性关系。

（5）燃烧低热值合成气和轻油时，相同负荷下压气机排气温度、压力、质量流量不同。

（6）使用合成气时，75% 负荷时排气流量、空气流量显著低于 50% 负荷。

1.6.3 母型机涡轮进口参数

母型机涡轮进口温度参数主要是指燃气温度，如图 1-8 所示。

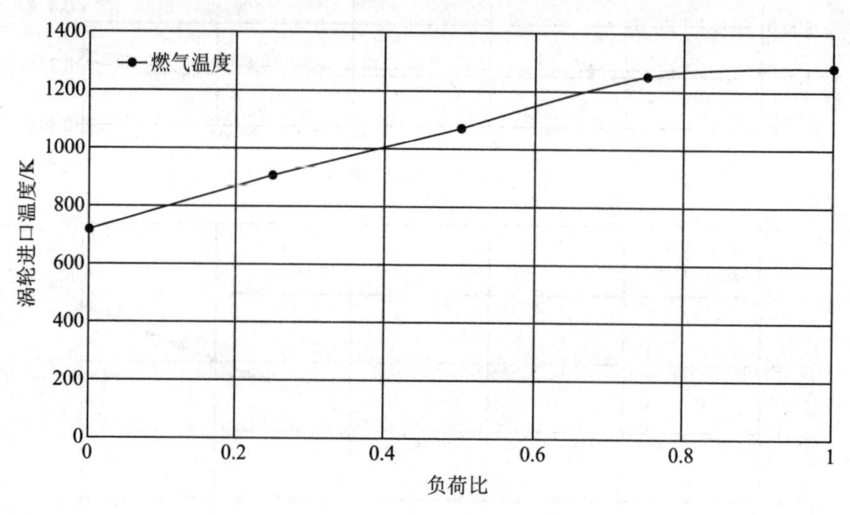

图 1-8 母型机涡轮进口温度

1.7 纯氢燃烧室燃烧组织

纯氢燃烧室燃烧组织方案从根本上决定了方案的可行性，对燃烧室燃烧性能也有关键影响。本小节将从燃气轮机启动点火、全速空载、燃料切换和满载连续运行等典型工况，详细阐述了纯氢燃烧室的燃烧组织方案。各负荷阶段的燃烧组织方案如图 1-9 所示。

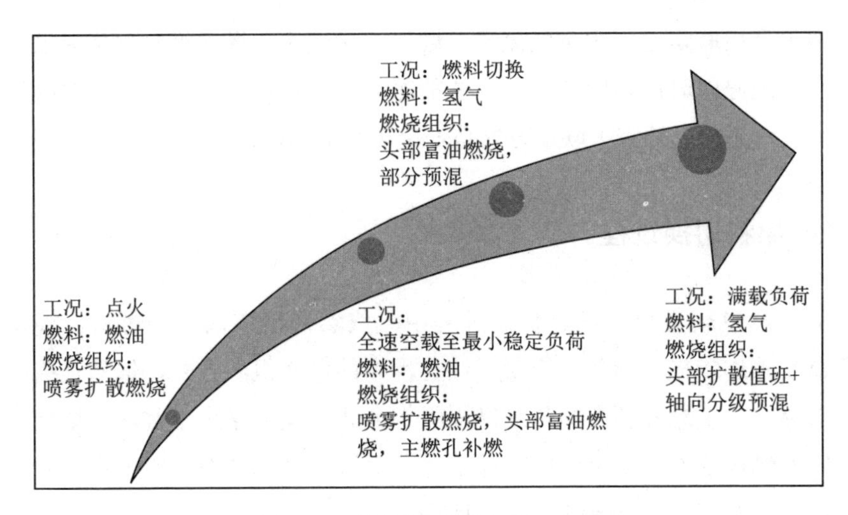

图 1-9　纯氢燃烧室燃烧组织方案

1.7.1　点火联焰过程

根据前文对氢气基础燃烧性质的综合分析可知，氢气具有极短的点火延迟时间，极快的火焰传播速度。如此可建立氢气流动燃烧的简单物理图景：流动的氢气—空气预混气，在达到合适的温度和压力后，将被快速点燃，并快速引燃整个空间内的可燃混合气。在此过程中，若空间内已留存一定量的可燃氢气—空气混合气，则容易引起爆燃现象，从而导致腔室内压力、温度的瞬间升高。这种爆燃现象有可能会造成燃烧室、涡轮等部件的结构性损坏。

当前，燃气轮机采用氢气直接点火联焰的相关研究较少，暂时无法对工程实践提供明确的指导意义。鉴于此，纯氢燃烧室的点火联焰过程，并未采用氢气直接点火—联焰的方式，而采用了传统的燃油点火—联焰方式，从而实现安全点火联焰。点火联焰过程采用头部喷雾燃烧、主燃孔补燃的传统燃烧组织方式，燃油通过离心式喷嘴喷射进入燃烧室，在高压、高速的雾化空气剪切作用下，快速离散为小液滴，与空气混合后由高能点火器点燃。头部当量比控制在化学恰当比附近，提高油气混合物的可燃性。单个火焰筒内的火焰通过联焰管将其余火焰筒内的油气混合物点燃 [1]。

由于点火联焰过程中空气流量、燃料流量较小，燃油绝热火焰温度相对较低，工况停留时间较短，由此产生的氮氧化物排放量也较少，故对纯氢燃烧室来说，采用燃油点火联焰方式是安全可行的策略。

1.7.2 燃料切换过程

从全速空载至最小稳定负荷过程中，依然采用燃油作为燃料，根据不同负荷要求逐步提高燃料供应量。该过程中的燃烧组织方式，依然是头部喷雾扩散燃烧、主燃孔补燃的传统燃烧组织方式。头部逐步由贫油燃烧状态过渡到富油燃烧状态，多余的燃料在主燃孔射流空气的补燃作用下达到完全燃烧，掺混孔射流则用于调整出口温度场分布。

在最小稳定负荷前后，需要进行燃油—氢气燃料切换：逐步减少燃油供给量，同步增加头部氢气供给量。详细设计的氢气供给方式及供给结构，可以缩短氢气与燃油火焰之间的喷射路径，避免未燃氢气在火焰前积累造成爆燃现象。此时各火焰筒内均有稳定燃烧的燃油火焰，氢气喷射到燃油火焰上即被引燃，避免了大量堆积未燃氢气，保证安全平稳地由燃油火焰过渡到氢火焰。

1.7.3 氢气燃烧过程

根据对氢气基础燃烧性质的综合分析可见，氢气绝热火焰温度较高，由此产生的热力型氮氧化物较多，使降低污染物排放更加困难。由氢气基础燃烧性质数据可得，氢火焰的绝热火焰温度低于 1830K 时，其氮氧化物的生成量约为 10ppm，相应的氢气燃烧当量比为 0.42。实现低氮燃烧的关键原则在于使火焰筒内燃烧区域温度均匀，避免出现局部高温区，那么则意味着需要使火焰筒内所有区域燃烧当量比均匀。理想情况下，若将参与燃烧的空气和氢气按照当量比 0.42 完全预混后，再通过喷孔射入火焰筒进行燃烧，则火焰筒内各处氢气燃烧当量比均可控制在 0.42，那么燃烧温度将是均匀的 1830K，氮氧化物的生成量将小于 10ppm。

为了尽可能实现理想的均匀燃烧，传统的头部富油扩散燃烧和空气轴向分级补燃的燃烧组织方式不再适用。因为头部扩散燃烧将导致出现大面积的高温区域，该区域的燃烧温度接近化学恰当比时的绝热火焰温度，这将大大增加氮氧化物的生成量。

完全预混燃烧也存在固有的缺点，预混燃烧火焰稳定性较差，容易造成燃烧释热振荡，进而引发热声不稳定性问题；同时调节比较窄，也容易造成意外熄火事故。

本项目综合利用扩散燃烧稳定和预混燃烧低氮的优点，创造性地提出头部扩散值班和轴向分级射流微预混；头部扩散值班和径向分级射流微预混两种联合燃烧组织方案。头部少量空气和燃料形成稳定的扩散小火焰，作为稳定点火源；大量燃料与空气形成可控当量比的预混气，沿火焰筒轴向或径向形成预混微火焰。对于不同的负荷要求，灵活调节轴向或径向分级燃料供应量，在各负荷状态下燃料由不同位置均匀射入火焰筒。采用上述燃烧组织方式，理论上具有以下突出的优点。

（1）头部采用纯氢扩散值班火焰，远离熄火边界，避免意外熄火造成安全事故。

（2）轴向或径向分级微预混可精确控制火焰筒内主要释热区域的燃料流量和燃烧当量比，使主要释热区域燃烧温度均匀，消除局部热点，达到低氮燃烧性能。

（3）轴向或径向微预混燃烧释热脉动方向与主脉动方向正交，降低脉动激励效应。

1.7.4　原理型纯氢燃气轮机燃烧室结构

通过综合考虑点火联焰、燃料切换、满载氢气燃烧过程的燃烧组织方案，进行了原理型纯氢燃气轮机燃烧室概念结构设计。“扩散燃烧 + 轴向分级射流微预混燃烧室”结构如图 1-10（a）所示，主要包括头部燃料燃油喷嘴、头部氢喷嘴、火焰筒、轴向一级氢气预混管阵列、轴向二级氢气预混管阵列。“扩散燃烧 + 径向分级射流微预混燃烧室”结构如图 1-10（b）所示，主要包括头部燃料燃油喷嘴、头部氢喷嘴、火焰筒、径向分级氢气预混管阵列。

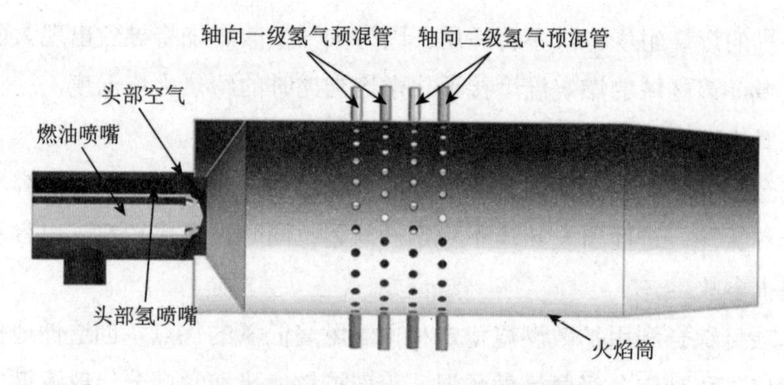

(a) “扩散燃烧+轴向分级射流微预混燃烧室”结构

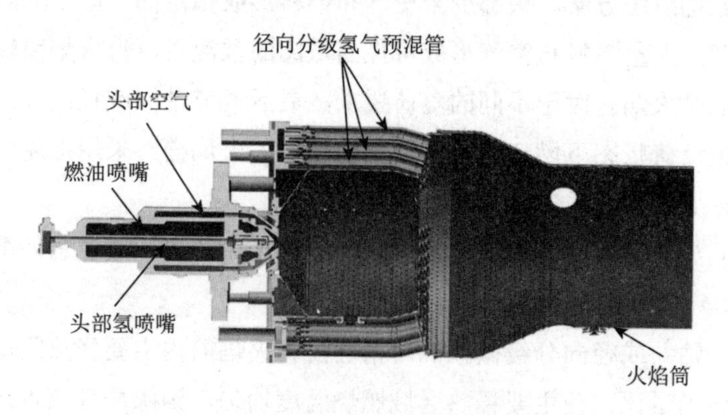

(b) “扩散燃烧+径向分级射流微预混燃烧室”结构

图 1-10 原理型纯氢燃气轮机燃烧室结构

其中，“扩散燃烧 + 径向分级射流微预混燃烧室”氢气预混管分级策略如图 1-11 所示，图示①号区域内包含的氢气预混管组成为径向一级氢气预混管，②号区域内包含的氢气预混管组成为径向二级氢气预混管。

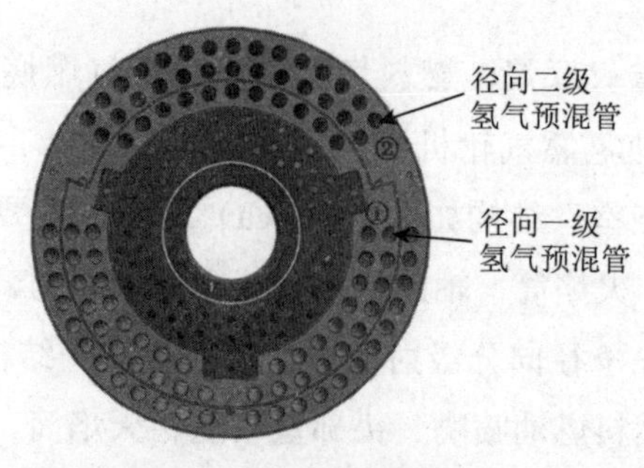

图 1-11 “扩散燃烧 + 径向分级射流微预混燃烧室”氢气预混管分级策略

“扩散燃烧 + 轴向分级射流微预混燃烧室”方案氢气预混管的原理型结构如图 1-12（a）所示，氢气通过预混管正面的一个射流孔进入预混管，空气从预混管其余开孔处进入预混管，然后在湍流作用下质量、动量和热量发生交换，在预混管出口处达到完全预混效果。“扩散燃烧 + 径向分级射流微预混燃烧室”方案氢气预混管的原理型结构如图 1-12（b）所示，氢气通过预混管前端的射流孔进入预混管，空气从预混管侧面开孔处进入预混管，采用空气射流进氢气的方式将空气与氢气预混，然后在湍流作用下进行质量、动量和热量交换，在预混管出口处达到完全预混效果。两个方案均在预混管出口处对喷口进行收缩处理，提高预混管出口处燃料射流速度，达到防止回火的目的。

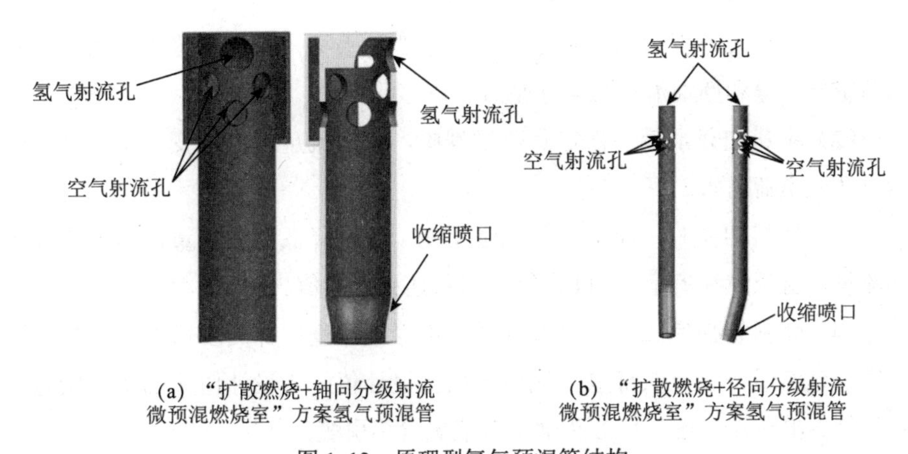

(a) “扩散燃烧+轴向分级射流微预混燃烧室”方案氢气预混管　　(b) “扩散燃烧+径向分级射流微预混燃烧室”方案氢气预混管

图 1-12　原理型氢气预混管结构

1.7.5　纯氢燃气轮机燃烧室分级比设计

根据纯氢燃烧室的具体工作过程以及纯氢燃烧室进出口边界条件，设计了火焰筒的空气流量分配，如表 1-3 所示。该空气—燃料分级比设计可保证氢气预混管内预混气的当量比始终低于 0.42，使主要的能量释放区域温度不高于 1830K，保证了该区域极低的氮氧化物生成量。

表 1-3　火焰筒燃烧用空气分配比例

项目	数值
头部空气比例	13%
轴向一级空气（设计值）比例	24%
轴向二级空气（设计值）比例	24%
火焰筒直段高温区冷却气（设计值）比例	15.83%
火焰筒直段低温区冷却气（设计值）比例	3.67%
掺混孔空气比例	19.5%

纯氢燃烧室具体工作流程如下。

（1）点火时，仅启用燃料喷嘴中心的燃油喷嘴；点火联焰成功后，同步调节空气流量和燃油流量至全速空载状态。

（2）全速空载至最小稳定负荷过程中，空气流量基本不变，增加燃油流量以适应负荷需求。

（3）燃料切换时，保持空气流量不变，缓慢降低燃油流量，增加头部氢气流量，直至燃油流量将为 0，氢气流量达到设计值。

（4）燃料切换完成后，缓慢降低头部氢气流量，并同步增加一级氢气预混管氢气流量，直至头部氢气流量降低至设计值，该设计值应确保一级氢气预混管内的预混可燃气可被头部扩散值班火焰引燃。

（5）燃料切换完成至 75% 负荷过程中，空气流量和头部氢气流量基本保持不变，增加一级氢气预混管内氢气流量以适应负荷需求，直到一级氢气预混管内预混气的当量比达到 0.42，保持一级氢气预混管内氢气流量不变，而后开启二级氢气预混管。

（6）75% 负荷至满负荷过程中，空气流量逐渐增大，同时逐渐增大二级氢气预混管内氢气流量以适应负荷需求，直至燃气轮机满负荷运行。

1.8　纯氢燃气轮机燃烧室结构特征尺寸

确定了纯氢燃烧室的燃烧组织方案和原理型结构形式后，按照燃气轮机燃烧室的一般设计方法，确定氢燃气轮机燃烧室的特征尺寸，主要分以下七个方面。本小节主要介绍“扩散燃烧 + 轴向分级射流微预混燃烧室”方案的设计计算过程，对于“扩散燃烧 + 径向分级射流微预混燃烧室”方案的设计计算过程将不再重复赘述。“扩散燃烧 + 轴向分级射流微预混燃烧室”的纯氢燃气轮机燃烧室结构如图 1-13 所示，其中一级氢气总管和二级氢气总管后安装有氢气缓冲室，氢气缓冲室上开设有氢气喷孔，氢气通过氢气喷孔喷射入氢气预混管。

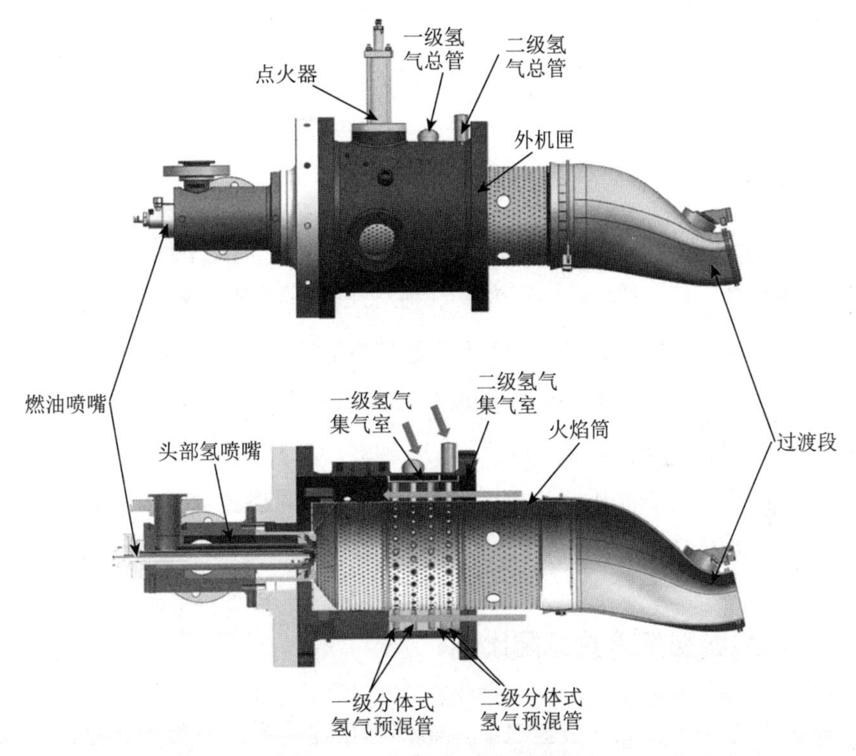

图 1-13　“扩散燃烧 + 轴向分级射流微预混燃烧室”详细结构

1.8.1　火焰筒总有效面积

首先计算火焰筒的总有效面积，火焰筒总有效面积计算方式如式（1-1）至式（1-6）所示，设定火焰筒压力降（取值范围 1%~3%）[2]，从而可以计算得到火焰筒射流速度，再结合助燃空气体积流量，即可得到火焰筒总有效面积。有效面积包括头部旋流孔有效面积、预混管阵列有效面积、掺混孔有效面积和冷却孔有效面积之和。

$$R_g = R / MW_a \tag{1-1}$$

$$\rho_a = P_a / (R_g T_a) \tag{1-2}$$

$$\Delta P = P_a \cdot L_p \tag{1-3}$$

$$U_j = \sqrt{2\Delta P_L / \rho_a} \tag{1-4}$$

$$C_d A = V_a / U_j = \dot{m}_a / \left(\rho_a U_j\right) \tag{1-5}$$

$$C_d A = \frac{\dot{m}_a}{P_a}\sqrt{\frac{RT_a}{2L_p MW_a}} \tag{1-6}$$

其中，R=8.314472J/（mol·K）为通用气体常数，MW_a 为空气摩尔质量，R_g 为气体常数，P_a、T_a、ρ_a 分别为空气绝对压力、温度和密度，L_p 为火焰筒压降比例，ΔP_L 为火焰筒压降，U_j 为火焰筒射流速度，$\dot{m}_a$、V_a 分别为空气质量流量和体积流量，C_dA 为火焰筒总有效面积。由式（1-6）可知，在 $\dot{m}_a$、P_a 和 T_a 给定时，C_dA 仅与 L_p 有关，且 L_p 越大，C_dA 越小。

经计算得，火焰筒压降比例 L_p=3% 时，火焰筒射流速度 U_j=104m/s，火焰筒总有效面积 C_dA=19510mm^2。

1.8.2 燃烧区空气流量分配比例

设定燃烧区当量比（以氢气低氮燃烧当量比为准，取值为 0.42），以确定用于燃烧的空气流量分配比例，如式（1-7）至式（1-8）所示。

$$L_{comb} = \frac{\dot{m}_{a,comb}}{\dot{m}_a} = \frac{\dot{m}_f / \dot{m}_a}{\dot{m}_f / \dot{m}_{a,comb}} = \frac{\left(f/a\right)/\left(f/a\right)_s}{\left(f/a\right)_{comb}/\left(f/a\right)_s} = \frac{\varphi}{\varphi_{comb}} \tag{1-7}$$

$$C_d A_{comb} = C_d A \cdot L_{comb} \tag{1-8}$$

其中，L_{comb} 为燃烧区空气流量分配比例，即燃烧区空气质量流量 $\dot{m}_{a,comb}$ 与总空气质量流量之比 $\dot{m}_a$，经过推导可知，其可表示为燃烧室总当量比 φ 与

燃烧区当量比 φ_{comb} 之比。$C_d A_{comb}$ 为燃烧区有效面积，即火焰筒总有效面积与燃烧区空气流量分配比例之积。

经计算可得，在燃烧室总当量比 φ=0.2533、燃烧区当量比 φ_{comb}=0.42 时，燃烧区空气流量分配比例 L_{comb}=0.61。按照本章 1.7.5 中“纯氢燃气轮机燃烧室分级比设计”表 1-3 中空气流量分配方案为例子。头部空气流量比例设为 L_{dome}=0.13，轴向一级空气流量比例设为 L_{fs}=0.24，轴向二级空气流量比例设为 L_{ss}=0.24，三者之和为 0.61。

1.8.3　火焰筒头部直径

火焰筒头部速度直接影响燃烧稳定性，设定火焰筒头部速度（取值范围 3.0~5.0m/s[2]），结合火焰筒头部气流量分配比例，即可得到火焰筒头部面积，如式（1-9）所示。可进一步计算得火焰筒直径，作为纯氢燃烧室设计的关键特征尺寸。

$$A_{dome} = \frac{V_{dome}}{U_{dome}} = \frac{V_a \times L_{dome}}{U_{dome}} = \frac{V_a \times \varphi}{U_d \cdot \varphi_{dome}} \tag{1-9}$$

其中，A_{dome} 为火焰筒头部总面积，V_{dome} 为火焰筒头部空气体积流量，等于总空气体积流量 V_a 和火焰筒头部空气流量分配比例 L_{dome} 之积，U_{dome} 为火焰筒头部气流速度。另外可得，火焰筒头部气流速度 U_{dome} 和火焰筒头部当量比 φ_{dome} 之积相等，则火焰筒头部总面积相等。

经计算得，在火焰筒头部气流速度 U_{dome}=4.5m/s 时，火焰筒头部总面积 A_{dome}=57300mm^2，进一步计算得火焰筒头部直径 D_{dome}=270mm。

1.8.4　火焰筒长度

火焰筒长度计算方式如式（1-10）至式（1-11）所示，设定火焰筒冷态停留时间（取值范围 5~20ms[2]），即未燃烧的助燃空气在火焰筒内停留时间，结合助燃空气总体积流量，即可得到火焰筒内容积，进而计算得到火焰筒长度，也作为燃烧器设计的关键特征尺寸。

$$V = V_a \cdot \tau \tag{1-10}$$

$$H = V / A_{\text{dome}} \tag{1-11}$$

其中，V、H 分别为火焰筒容积和长度，τ 为驻留时间。

经计算可得，在驻留时间 τ=20ms 时，可保证氢气充分燃烧，火焰筒长度 H=710mm。

1.8.5 预混管阵列

预混管的尺寸设计主要考虑与主流的动量比及穿透深度，设计穿透深度应为火焰筒直径的 1/3，穿透深度计算方式如式（1-12）至式（1-13）[2] 所示。

$$\frac{y_{\text{v}}}{d_{\text{j}}} = 1.02 J^{0.42} \left(\frac{x}{d_{\text{j}}} \right)^{0.35} \tag{1-12}$$

$$J = \frac{\rho_{\text{j}} u_{\text{j}}^2}{\rho_{\text{g}} u_{\text{g}}^2} \tag{1-13}$$

其中，y_{v} 为穿透深度，d_{j} 为氢气预混管直径，J 为射流与主流动量比，x 为横向流动距离，ρ_{j} 为射流气体密度，u_{j} 为射流气体速度，ρ_{g} 为主流气体密度，u_{g} 为主流气体速度。

经计算可得，在轴向一级空气流量比例为 L_{fs}=0.24、氢气预混管直径 d_{j}=12mm 时，轴向一级氢气预混管个数 n_{pfs}=50；在轴向二级空气流量比例为 L_{ss}=0.24、氢气预混管直径 d_{j}=12mm 时，轴向二级氢气预混管个数 n_{pss}=50。

1.8.6 火焰筒冷却设计

冷却气的分配量关系到火焰筒壁的冷却效果，进一步关系到燃烧室的工作安全性和工作寿命。设定单位面积、单位压力冷却气量［取值范围 0.3~0.5kg/（s·m^2·bar）[2]］，结合助燃空气压力和火焰筒需冷却面积，即可得到所需冷却气流量，进而计算得到冷却孔开孔有效面积。单个冷却孔一般直径 1.5mm，流量系数选择 0.65[3]，从而计算得冷却孔开孔数目。

$$\dot{m}_{\text{c}} = G_{\text{c}} \cdot A_{\text{c}} \cdot P_{\text{a}} \tag{1-14}$$

$$L_c = \dot{m}_c / \dot{m}_a \tag{1-15}$$

$$C_d A_c = C_d A \cdot L_c \tag{1-16}$$

$$C_d A_{c0} = \pi C_{d,ch} D_{ch}{}^2 / 4 \tag{1-17}$$

$$N_c = \frac{C_d A_c}{C_d A_{c0}} \tag{1-18}$$

$$S_p = \frac{A_c}{N_c} \tag{1-19}$$

式（1-14）至式（1-19）中，$\dot{m}_c$ 为冷却气质量流量，G_c 为单位面积、单位压力所需冷却气量，L_c 为冷却气分配比例，C_dA_c 为冷却气开孔有效面积，C_dA_{c0} 为单个冷却孔有效面积，$C_{d,ch}$ 为冷却气孔流量系数，D_{ch} 为冷却气孔直径，N_c 为冷却气孔数，S_p 为单个冷却气孔保护面积，用于初步校核冷却效果是否达到要求。

经计算得，在火焰筒高温段 G_c=0.5kg/（s·m^2·bar）时，冷却气孔数 N_c=2500 个，火焰筒高温段冷却气分配比例 L_c=0.1583；在火焰筒低温段 G_c=0.33kg/（s·m^2·bar）时，冷却气孔数 N_c=580 个，火焰筒低温段冷却气分配比例 L_c=0.0367。

1.8.7　火焰筒掺混设计

待燃烧空气流量分配比例和冷却气流量分配比例确定以后，即可确定掺混孔的流量分配比例，进而确定掺混孔的有效面积。根据式（1-20）至式（1-25）[2]，确定掺混孔的开孔个数和开孔面积，作为氢燃烧室设计的关键特征尺寸。

$$\dot{m}_j = \frac{\pi}{4} n d_j^2 \rho_a U_j \tag{1-20}$$

$$U_j = \sqrt{2\Delta P_L / \rho_a} \tag{1-21}$$

$$\dot{m}_j = \frac{\pi}{4} n d_j^2 \sqrt{2\rho_a \Delta P_L} \tag{1-22}$$

$$nd_{\mathrm{j}}^{2}=\frac{15.25\dot{m}_{\mathrm{j}}}{\sqrt{\frac{P\Delta P_{\mathrm{L}}}{T}}} \tag{1-23}$$

$$d_{\mathrm{h}}=d_{\mathrm{j}}/C_{\mathrm{D}}^{0.5} \tag{1-24}$$

$$Y_{\max}=1.25d_{\mathrm{j}}J^{0.5}\frac{\dot{m}_{\mathrm{g}}}{\dot{m}_{\mathrm{g}}+\dot{m}_{\mathrm{j}}} \tag{1-25}$$

其中，$\dot{m}_{\mathrm{j}}$ 掺混孔空气射流流量，n 为掺混孔个数，d_{j} 为掺混孔直径，d_{h} 为掺混孔开孔直径，ρ_{a} 为空气密度，U_{j} 为射流速度，ΔP_{L} 为火焰筒压降，P 燃烧室前压力，T 燃烧室前温度，C_{D} 为流量系数，J 为射流与主流动量比，$Y_{\max}$ 为最大穿透深度。

经计算得，在最大穿透深度 $Y_{\max}=\frac{D_{\mathrm{dome}}}{3}$ 时，掺混孔个数 n=5，掺混孔开孔直径 d_{h}=38.6mm。

1.9 纯氢燃气轮机燃烧室加工制造

在纯氢燃气轮机燃烧室结构方案基础上，综合考虑了燃烧性能、零部件加工、组装、便于组件替换、成本等因素。零件采用两种材料，分别为 GH 3536 和 304 不锈钢，其中 GH 3536 是镍铬铁基固溶强化型变形高温合金，在铸造使用时对应牌号为 K4536。该合金在 900℃以下具有中等的持久和蠕变强度，具有良好的抗氧化和耐腐蚀性能、良好的冷热加工成型性和焊接性能。同时适于制造在 900℃以下长期使用的航空发动机燃烧室等部件和工作温度达 1080℃短时使用的高温部件，其常规力学性能如表 1-4 所示。

表 1-4 高温合金 GH3536 常规力学性能

温度/℃	抗拉强度/MPa	屈服强度/MPa	伸长率/%	截面收缩率/%	弹性模量/GPa
20	810	388	48	15	206
815	327	222	88	34	149

本小节主要介绍“扩散燃烧 + 轴向分级射流微预混燃烧室”方案的加工与制造，“扩散燃烧 + 径向风机射流微预混燃烧室”方案的加工与制造不再赘述。

试验件由四大部分组成，分别为燃压缸、燃烧室、进气口、出气口（零件加工前会按需要对零部件画线，以保证装配的准确性），试验件整体结构如图 1-14 所示。

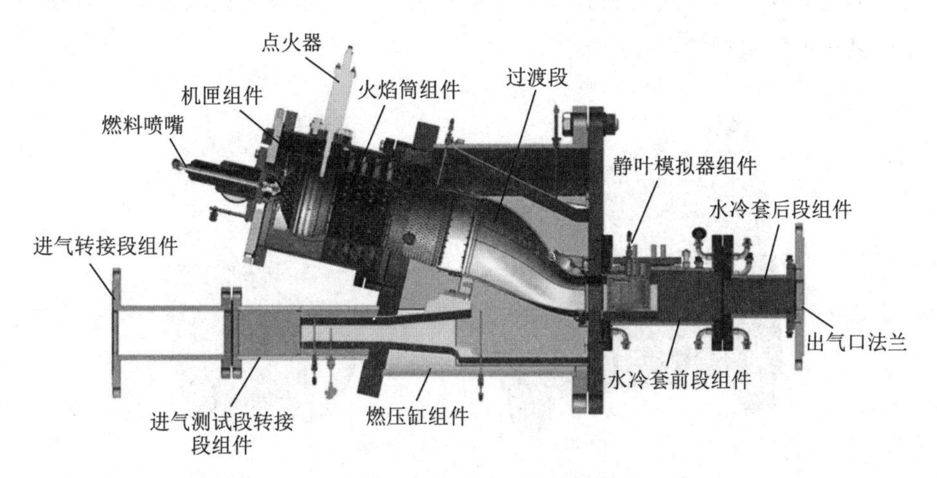

图 1-14　试验件整体结构

燃烧室由燃烧室机匣、一级氢气集气室、二级氢气集气室、机匣法兰、喷嘴组件、火焰筒组件、过渡段、点火器组成，纯氢燃气轮机燃烧室结构如图 1-15 所示。

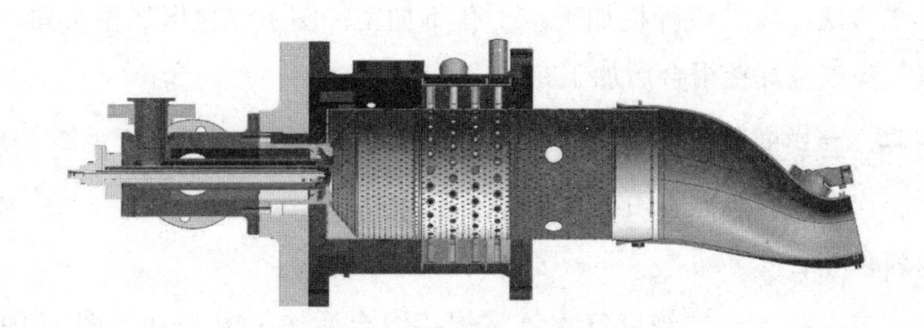

图 1-15　纯氢燃气轮机燃烧室结构

1. 燃烧室机匣的加工制造

燃烧室机匣如图 1-16 所示。

材料：304 不锈钢。

加工方法：采用铸造成型，之后再进行机加工。

2. 一级氢气集气室的加工制造

一级氢气集气室如图 1–17 所示。

材料：锻件 304。

加工方法：零件进行机加工，小孔不加工，图示红色区域留余量，待与二级氢气集气室焊接组合后加工。

图 1–16　燃烧室机匣

图 1–17　一级氢气集气室

3. 二级氢气集气室的加工制造

二级氢气集气室如图 1–18 所示。

材料：锻件 304。

加工方法：零件进行机加工，小孔不加工，图示红色区域留余量，待与一级氢气集气室焊接组合后加工。

4. 一、二级氢气集气室的组合加工制造

一、二级氢气集气室组合件如图 1–19 所示。

材料：304。

加工方法：一、二级氢气集气室焊接组合后加工图 1–18、图 1–19 中红色留余量部位，保证与燃烧室机匣径向间隙 0.05~0.1，然后再用电火花小孔机打孔。

图 1-18　二级氢气集气室

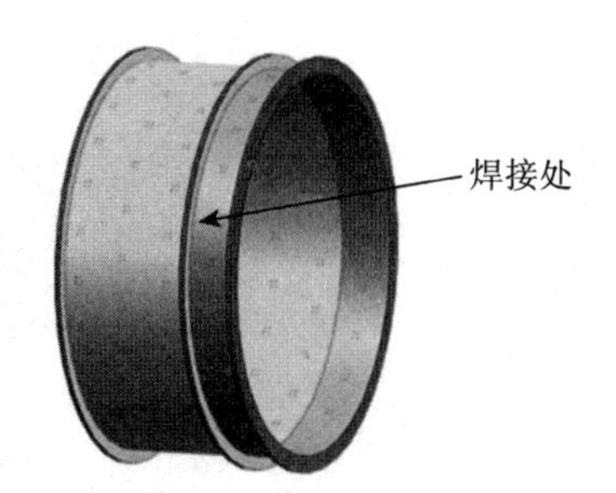

图 1-19　一、二级氢气集气室组合件

5. 喷嘴组件的加工制造

喷嘴组件由喷嘴进气法兰、喷嘴壳体、喷油管、旋流喷气嘴组成，其中喷嘴进气法兰、喷嘴壳体、喷油管通过外购方式获得，旋流喷气嘴需加工制造。

喷嘴结构如图 1-20 所示。

图 1-20　喷嘴结构

6. 旋流喷气嘴零件的加工制造

旋流喷气嘴的结构如图 1-21 所示。

材料：GH 3536。

加工方法：采用机加工方式成型。

图 1-21　旋流喷气嘴结构

7. 火焰筒组件的加工制造

火焰筒组件由四个零件组成：火焰筒前段、火焰筒中段、火焰筒后段和挡溅盘，火焰筒组件如图 1-22 所示。

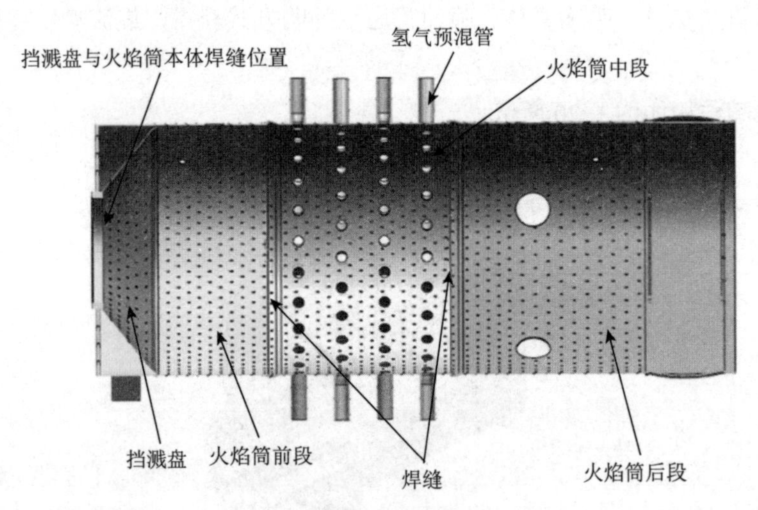

图 1-22　火焰筒组件

材料：GH 3536。

加工方法：筒状火焰筒前后段采用钣金后焊接制造，火焰筒中段采用 3D 打印（预混管端面留余量）。挡溅盘与火焰筒本体采用氩弧焊连接，将前、中、后三段火焰筒用氩弧焊焊接在一起，再用线切割加工掉预混管的余量位置，保证与机匣内壁间隙为 0.5mm。

8. 过渡段的加工制造

过渡段通过外购方式获得。

材料：GH 3536。

过渡段如图 1-23 所示。

9. 点火器的加工制造

伸缩式点火器通过外购方式获得。

伸缩式点火器如图 1-24 所示。

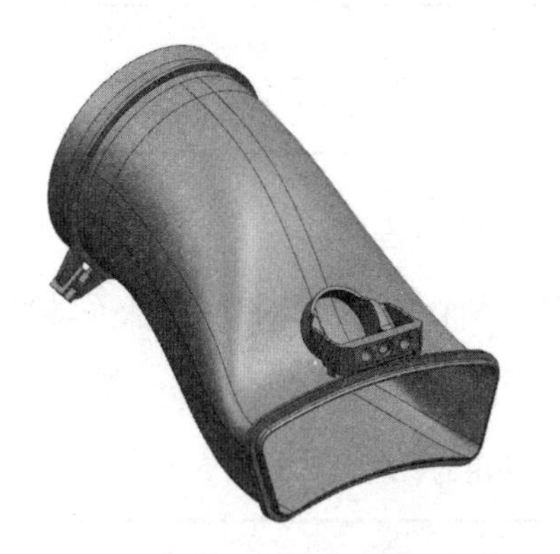

图 1-23　过渡段

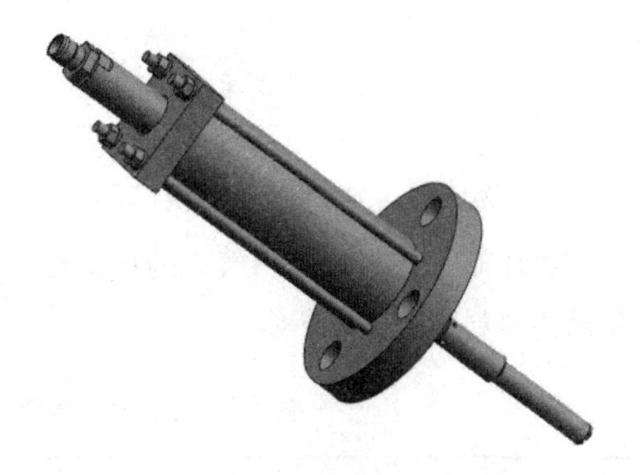

图 1-24　伸缩式点火器

伸缩式点火器技术指标如表 1-5 所示。

表 1-5　伸缩式点火器技术指标

名称		指标值
点火变压器	输入电源	220VAC±10%，50Hz
	输出电压	2500V
	火花输出频率	8~10Hz
	火花输出能量	2~3J/each spark
	工作环境温度	-30~85℃
	工作环境湿度	0~100%
	防爆等级	CT4
	防护等级	IP65

续表

名称		指标值
火花塞法兰组	点火头外径	16mm
	环境温度	1800℃（15s），1300℃（5min）
	环境温度长期	450℃
	环境压力（燃烧室内）	18.5atm
	接口类型	M18×1
	行程	80mm
	使用环境	420℃、18atm

10. 燃压缸、进气口及出气口零部件的加工与制造

燃压缸、进气口及出气口的加工与制造方式不再详细说明，相关零部件使用的材料如表 1-6 所示。

表 1-6　试验件相关零部件使用的材料

名称	材料	名称	材料
进气转接段圆法兰	304	扩压器	304
进气转接段上、下底板	304	水冷套前段进气法兰	304
进气转接段侧板	304	水冷套前段进气法兰水冷密封板	304
进气转接段导流板	304	水冷套前段水冷上、下密封板	304
进气转接段方法兰	304	水冷套前段水冷侧密封板	304
进气测试段转接段法兰	304	水冷套前段上、下水冷板	304
进气测试段转阶段上、下底板	304	水冷套前段侧水冷板	304
进气测试段转接段侧板	304	水冷套前段出气法兰	304
进气测试段转接段挡板组件	304	水冷套前段出气法兰水冷密封板	304
燃压缸连接法兰	304	水冷套导流套组件	304
燃压缸缸体	304	水冷套后段进气法兰	304
燃压缸法兰	304	水冷套后段进气法兰水冷密封板	304

续表

名称	材料	名称	材料
燃压缸底板	304	水冷套后段水冷上、下密封板	304
燃压缸导流板组件	304	水冷套后段水冷侧密封板	304
过渡段密封锁片	304	水冷套后段上、下水冷板	304
过渡段上、下密封片	GH 3536	水冷套后段侧水冷板	304
过渡段侧密封片	304	水冷套后段出气法兰	304
过渡段侧密封片挡块	304	静叶模拟器安装法兰	304
牛角支架组件	304	模拟静叶	304

第2章 试验台的设备组成

无锡明阳氢燃动力科技有限公司（以下简称“明阳氢燃”）在江苏省无锡市滨湖区胡埭镇建设大型纯氢燃气轮机燃烧室试验台。该试验台是开发低排放纯氢燃气轮机燃烧室的重要内容，旨在解决燃气轮机领域这一“关键核心”技术，最终实现自主生产氢燃气轮机的目标。实施该项目有利于早日建成“风光制储燃”示范项目，解决新能源电站“弃风弃光”难题，也有利于加快我国燃气轮机设计、制造、国产化、自主化的步伐。

该试验台可以开展氢燃料燃烧室的冷态流动试验、点熄火试验和全温带压性能试验。

2.1 设备原理

纯氢燃气轮机燃烧室试验台主要由空气气源系统、进气系统、排气系统、冷却水系统、燃油系统、氢气系统、电气控制系统、数据采集系统、视频监控系统和烟气分析系统组成，各系统作用如下。

（1）空气气源系统主要由两台螺杆式空气压缩机及后处理设备组成，作用为试验设备提供一定温度、压力、流量与品质要求的压缩空气。

（2）进气系统主要由调节计量单元和加热单元组成，用于为试验件提供一定温度和流量的压缩空气。

（3）排气系统主要由试验段出口到排气塔之间的管路组成，其作用是将燃气进行降温、降压后排入消音器并配合进气系统调节试验段的压力。

（4）冷却水系统分为两部分：一部分为循环水，为试验台高温部件提供加压循环水冷却；另一部分为喷淋水，直接将高压水喷入出口的高温燃气中，降低燃气温度，以满足排气装置的温度要求。

（5）燃油系统为试验件提供一定压力、流量和有要求清洁度的燃油，以满足试验件的供油需求。

（6）氢气系统为试验件提供三路一定流量和压力的氢气。

（7）电气控制系统主要用于对试验器用电设备提供电力及对自动化设备进行远程控制。

（8）数据采集系统用于试验器中空气、燃油、冷却水系统中压力、温度、流量等参数的测量、采集及显示，以及试验件温度、压力等参数的采集和显示。操作台用于远程操作用电设备。

（9）视频监控系统通过摄像头监控试验件和试验台设备运转情况。

（10）烟气分析系统用于监测试验台高温燃气中的污染物排放和氧含量。

试验台通过空气气源提供压缩空气，压缩空气经进气系统调节阀调节流量，流量计测量流量，加温炉进行加温后为试验件提供燃烧室用空气，经试验件燃烧后的高温燃气进入排气系统。喷淋段向管道内喷入喷淋水，将最高 1300℃燃气降温到 300℃以下，经过背压调节阀调节背压后从消音器排入大气。试验台采用双燃料设置，其中燃油系统主要用于燃烧室试验件的前期点火，氢气系统用于点火后的燃料供应。试验台原理如图 2-1 所示。

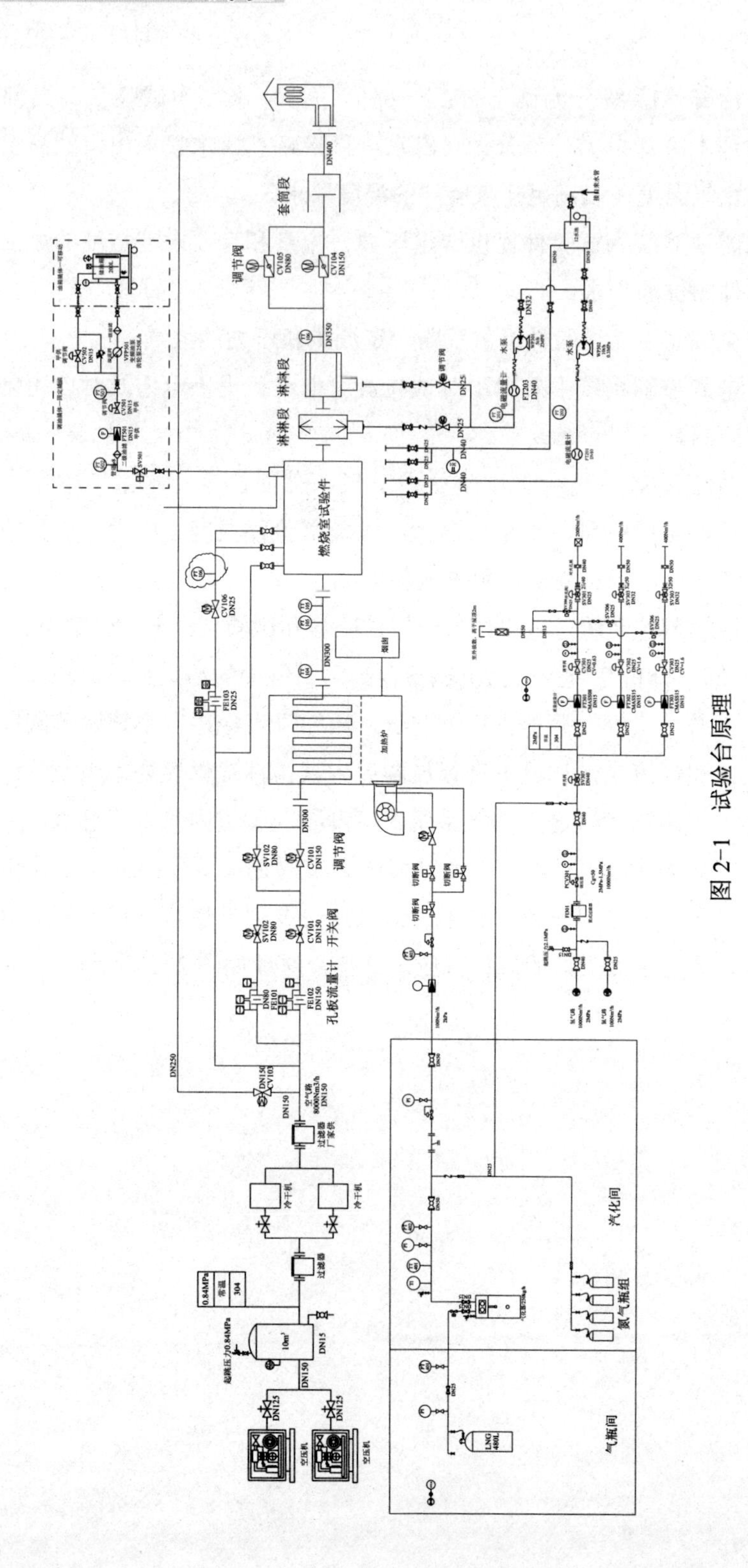

套筒段
调节阀
CV105 DN80
CV104 DN150
DN400
DN350
淋淋段
燃烧室试验件
CV106 DN25
FE103 DN25
DN300
烟囱
加热炉
调节阀
开关阀
孔板流量计
SV102 DN80
CV101 DN150
FE102 DN150
CV103 DN150
DN250
过滤器
冷干机
空压机
DN125
DN150
10m³
0.84MPa
常温
304
水泵
汽化间
氮气瓶组
气瓶间
LNG 480L

图 2-1 试验台原理

2.2　设备组成

纯氢燃气轮机燃烧室试验台由空气气源、进气系统、排气系统、冷却水系统、燃油系统、氢气系统、电气控制系统、数据采集系统、视频监控系统和烟气分析系统组成。

2.2.1　空气气源

空气气源采用两台螺杆式空气压缩机，配置储罐、冷干机和过滤器等设备，空气气源原理如图 2-2 所示。

两台螺杆式空气压缩机采用并联方案，可以单台供气，也可以两台同时供气，螺杆式空气压缩机和冷干机均选用风冷方案，无须另外配置循环水。

两台螺杆式空气压缩机后配置一个稳压罐稳定出口压力，在储罐后配置冷干机和过滤器，对压缩空气进行除水和除油处理。

空气气源指标如下。

- 最大总供气量：不小于 7500Nm^3/h。
- 最高供气压力：不小于 0.5MPa（G）。
- 储罐容积：不小于 10m^3。
- 设备耐压：不小于 0.8MPa（A）。

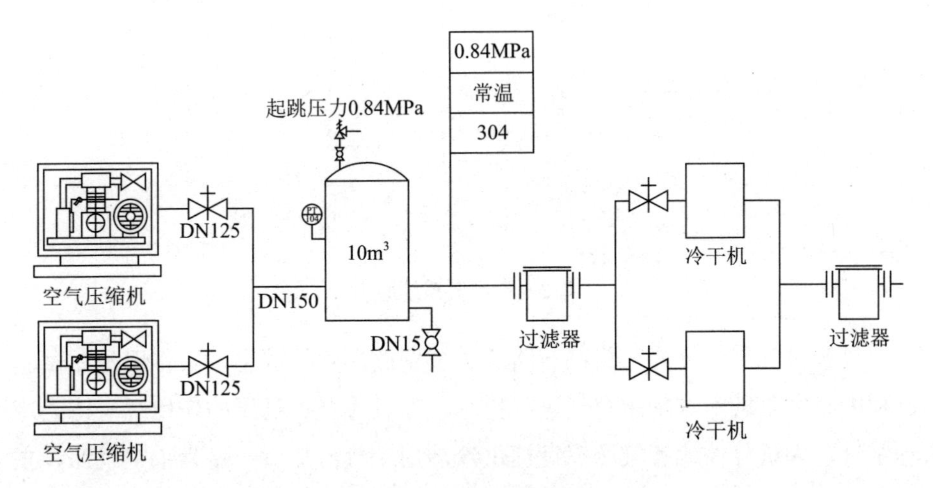

图 2-2　空气气源原理

空压机连接形式如图 2-3 所示。

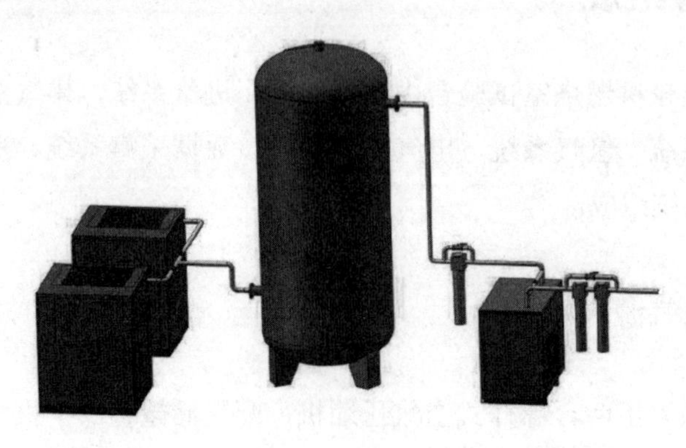

图 2-3　空压机连接形式

2.2.2　进气系统

进气系统原理如图 2-4 所示，进气系统主要包括调节阀、开关阀、流量计、加热炉等设备。调节阀用于调节空气流量，开关阀用于进气通断，流量计用于测量流量，加热炉用于对空气进行加温。

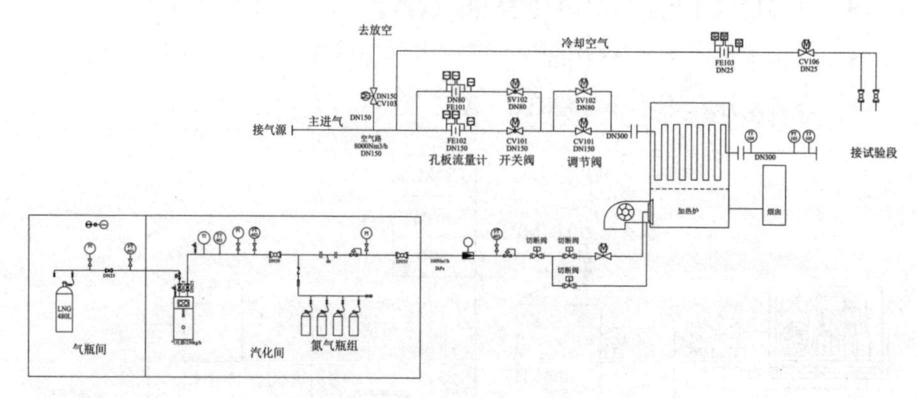

图 2-4　进气系统原理

气源进气首先分为三路：一路通过放空阀门直接放空，其作用是在试验过程中将空压机中过量的空气进行排空，兼具排空和稳压的作用；一路为冷却空气，为试验件或者气冷探针提供冷却用空气；最后一路为主空气路，主空气路采用两台流量计进行计量，以拓宽进气测量范围，每台流量计下游配置开关阀门，方便进行通断的选择。流量计下游也配置两台调节阀，作用为精粗调节，保证进气流量更精确。

进气系统调节阀采用套筒式单座阀，如图 2-5 所示。套筒式单座阀调节范围宽，可以提供等百分比调节曲线，调节精度 1%。主气主路阀门口径 DN150，主气旁路阀门口径 DN80，压力等级 PN16，阀体材质 CF8，阀芯材质 316L，阀座材质 316L。

流量计采用标准孔板流量计进行流量测量，如图 2-6 所示。测量精度达到 1%，主气主路流量计口径 DN150，主气旁路流量计口径 DN80，压力等级 PN16，不锈钢材质。

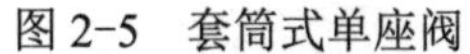

图 2-5　套筒式单座阀

图 2-6　孔板流量计

热风炉如图 2-7 所示。经过调节和计量的空气进入热风炉进行加热，将常温空气加热到 750K，保证试验件 700K 的用气温度。热风炉采用液化燃料气作为燃料，液化燃料气经过汽化后进入燃料母管，再经过稳压设备、截断阀、调节阀等设施供入热风炉。加温的烟气与被加热空气在下游板式换热器中换热，降温后的烟气通过烟囱排入大气。

燃料气气源采用室外液化燃料气罐（杜瓦罐），如图 2-8 所示。液化燃料气在气化器中进行气化，气化后的燃料气经减压阀减压到 20~30kPa 供加温炉燃烧器使用。

图 2-7 热风炉

图 2-8 杜瓦罐及其气化器

加热炉燃料气用气量约 240Nm^3/h，最高出口温度 750K。根据每天最大 3h 运行时长，单日最大燃料用气量约 720Nm^3/h。如果采用单瓶 400L 杜瓦罐，那么单日最大用量 3 瓶。

2.2.3 排气系统

排气系统由试验件、试验台、排气管道和金属消音器四部分组成。试验区域预留了 2.5m 的安装空间，试验台具备轴向不小于 0.5 米的滑移量，可通过不同长度的调长段满足不同试验件的安装。排气管道上设置单式补偿器，用于吸收管道的热膨胀，排气系统的布局图如图 2-9 所示。

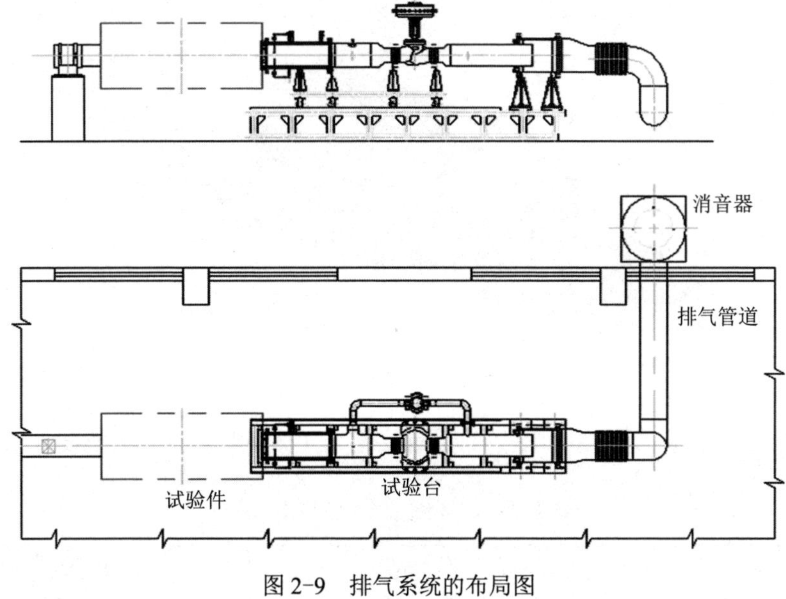

图 2-9　排气系统的布局图

试验台由喷水降温段、滑移段和套筒段三部分组成，主要功能如下。

（1）试验台工作时，试验件后端排气温度高达 1300℃，普通材料已无法在该工况下使用，故采用喷水降温的方式使排气温度降低至 300℃以内，解决后端材料、阀门以及排气塔高温工况下无法正常工作的问题；

（2）滑移段上设置背压阀组，为试验件提供试验所需的工况环境，背压阀口径 DN200，压力等级 PN16，阀体材质 CF8，阀芯材质 CF8，阀座材质 316L，工作温度不大于 300℃，调节精度 1%；

（3）试验台为高温设备，通常试验件前端为固定点，设备受热膨胀时需释放轴向热位移，避免设备自限；

（4）试验件通过法兰与前后设备相连，试验台滑移段可前后滑移，方便试验件拆卸，同时可在一定范围内满足不同长度的试验件进行试验，试验台轴向调节距离不小于 0.5m。

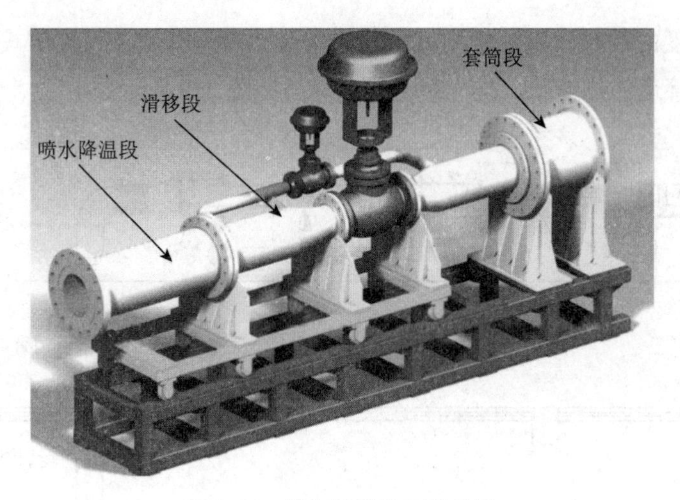

图 2-10　排气系统的三维效果

排气系统的三维效果如图 2-10 所示，表 2-1 为试验台排气系统技术参数。

表 2-1　试验台排气系统技术参数

名称	单位	技术要求
工作流量	kg/s	不小于 4.5
工作温度	℃	不小于 1300
工作压力	MPa（A）	不小于 0.2
降温后温度	℃	不大于 300
滑移长度	m	不小于 0.5
连接形式	—	法兰
密封	—	石墨盘根
材质	—	321/304

2.2.4　冷却水系统

冷却水系统分为循环水系统和喷淋水系统。循环水系统为试验段高温部件提供冷却水，喷淋水系统为排气系统提供加压水，将排气温度从最高1300℃降低到不大于 300℃，冷却水系统原理如图 2-11 所示。

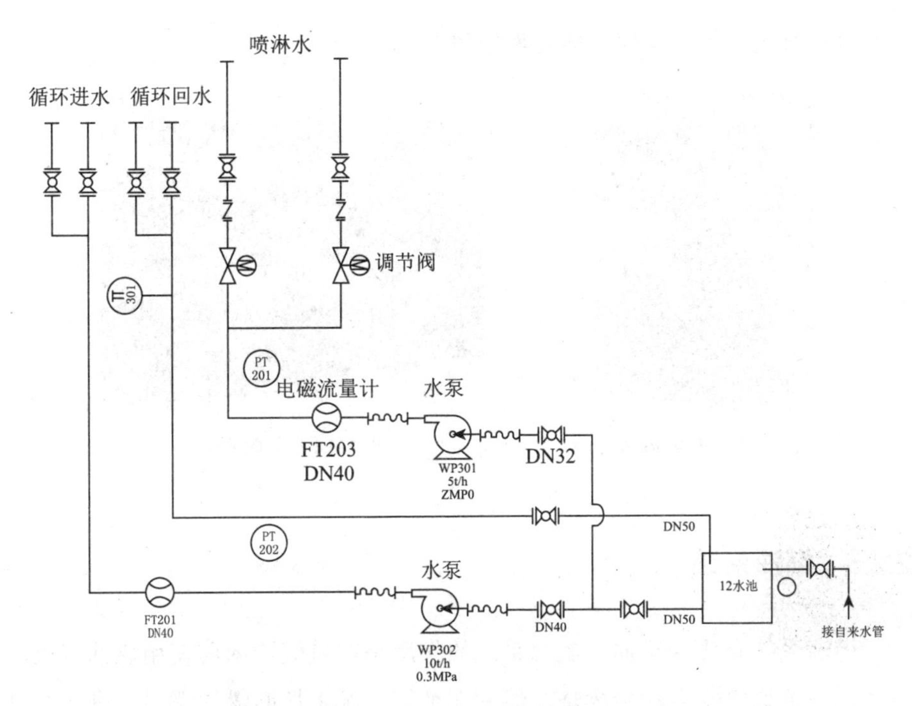

图 2-11　冷却水系统原理

冷却水系统水泵采用离心泵，循环水供水量 10t/h，供水压力 0.3MPa，喷淋水供水量 5t/h，供水压力 2MPa，离心泵如图 2-12 所示。

图 2-12　离心泵

冷却水系统调节阀采用单座阀，流量计采用电磁流量计，电磁流量计如图 2-13 所示。

循环水和喷淋水均取自于水箱，水箱采用不锈钢结构，容积 12 吨，冷却水从水箱下部引出，一路供给循环水路为试验台供水，回水回至水箱顶部，另一路进入喷淋水泵直接喷淋到管道当中，喷淋水汽化后形成水蒸气随排气直接排入大气，金属水箱实物如图 2-14 所示。

图 2-13　电磁流量计

图 2-14　金属水箱

2.2.5　燃油系统

燃油系统介质为柴油，燃油系统的作用是在氢气通入前使用燃油点火，点火后保证氢气安全稳定燃烧，然后在纯氢工况下切断燃油燃料，进入纯气燃烧模式。

燃油系统使用 200L 的油箱，通过油泵加压的方式对燃油进行加压，加压后通过调节阀调节柴油流量，电磁阀负责柴油的切断，质量流量计负责测量燃油流量，柴油系统原理如图 2-15 所示。

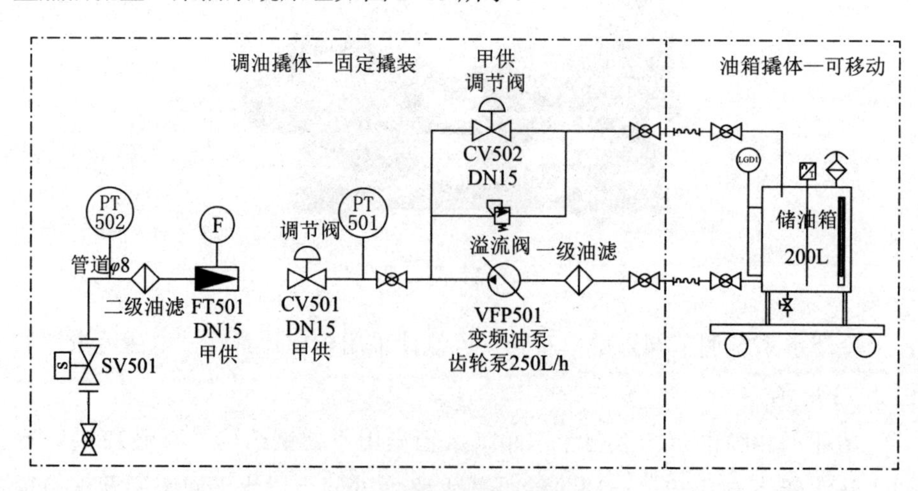

图 2-15　柴油系统原理

燃油系统技术指标如下。

- 燃油最大流量：200L/h；
- 燃油最高压力：5MPa。

燃油系统调节阀采用微小流量单座阀，流量计采用质量流量计，如图 2-16 所示。

燃油系统末端切断阀采用电磁阀，如图 2-17 所示。

图 2-16　质量流量计

图 2-17　电磁阀

2.2.6　氢气系统

氢气系统用于为试验件提供三路氢气，每路氢气具备单独的调节、计量和切断功能，氢气系统原理如图 2-18 所示。

氢气系统从氢站引气，氢站供气压力 2MPa，供气流量不小于 800Nm^3/h，管道口径 DN40。氢气系统主要包含开关阀、调节阀、质量流量计、过滤器等设备。

氢气系统开关阀选用气动软密封球阀，阀门口径 DN25~DN40，耐压等级 PN25，不锈钢材质，如图 2-19 所示。

氢气系统调节阀采用气动单座阀，阀门口径 DN15~DN25，压力等级 PN25，不锈钢材质，如图 2-20 所示。

氢气系统流量计采用质量流量计，在三路燃料中，两路燃料流量按照 400Nm^3/h，一路燃料流量按照 200Nm^3/h，耐压 PN25，不锈钢材质。

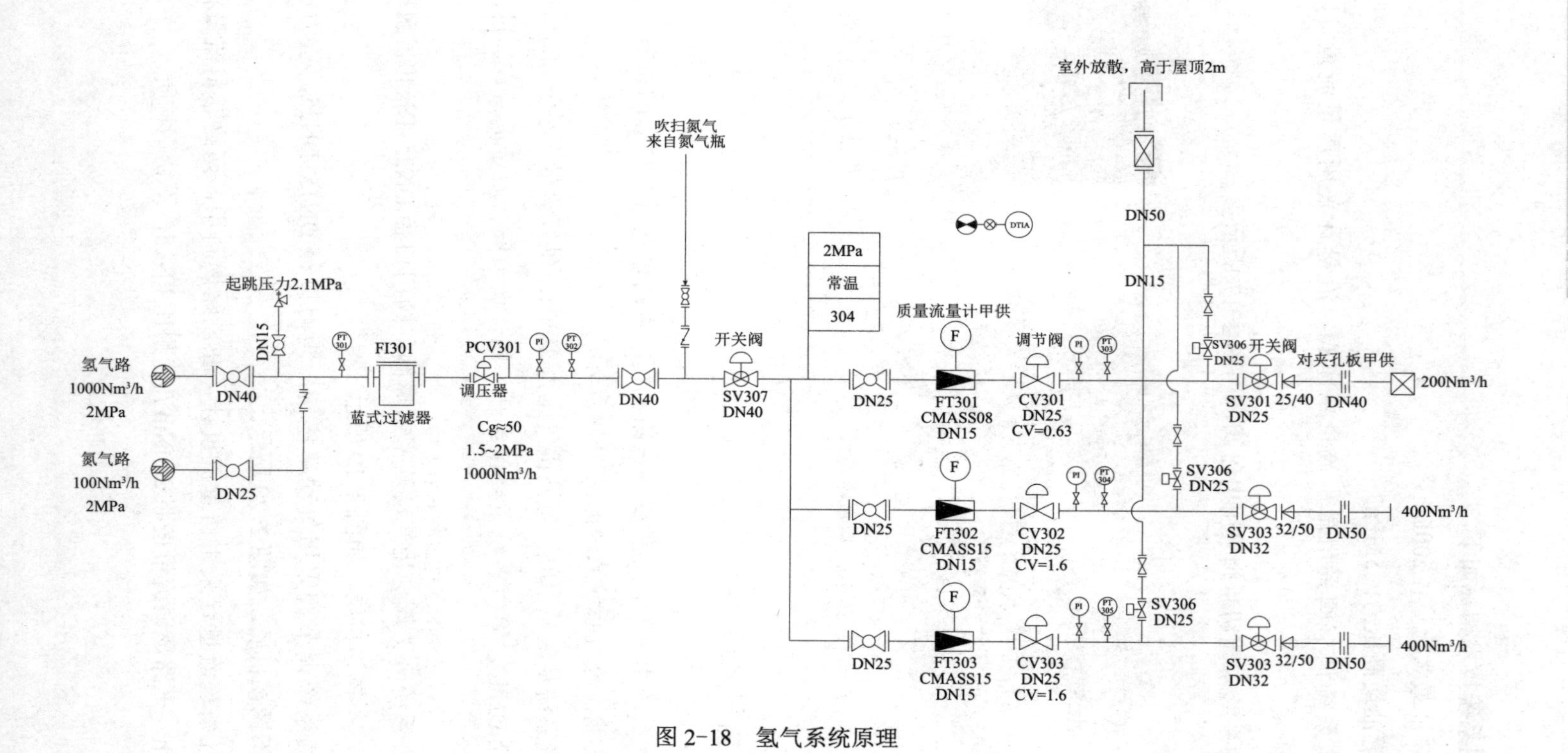
室外放散，高于屋顶2m
吹扫氮气
来自氮气瓶
DTIA
DN50
DN15
2MPa
常温
304
起跳压力2.1MPa
DN15
PT 301
FI301
PCV301
PI
PT 302
质量流量计甲供
开关阀
调节阀
PI
PT 303
SV306 开关阀
DN25
对夹孔板甲供
氢气路
1000Nm^3/h
2MPa
DN40
蓝式过滤器
调压器
DN40
SV307
DN40
DN25
FT301
CMASS08
DN15
CV301
DN25
CV=0.63
SV301 25/40
DN25
DN40
200Nm^3/h
Cg≈50
1.5~2MPa
1000Nm^3/h
氮气路
100Nm^3/h
2MPa
DN25
SV306
DN25
PI
PT 304
DN25
FT302
CMASS15
DN15
CV302
DN25
CV=1.6
SV303 32/50
DN32
DN50
400Nm^3/h
PI
PT 305
SV306
DN25
DN25
FT303
CMASS15
DN15
CV303
DN25
CV=1.6
SV303 32/50
DN32
DN50
400Nm^3/h

图 2-18　氢气系统原理

图 2-19　气动软密封球阀

图 2-20　气动调节阀

2.2.7　电气控制系统

电气控制系统包括电气系统和控制系统，电气系统主要完成空压机、冷干机、阀门、机柜等设备的供电。控制系统主要完成试验过程中相应阀门的调节控制、测量信号的采集、状态监视、报警显示等功能，控制系统原理如图 2-21 所示。

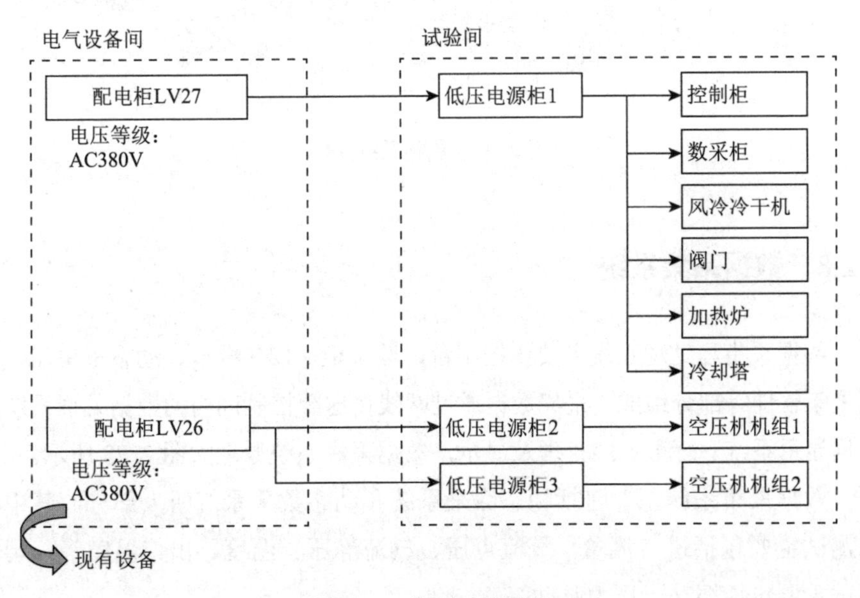

图 2-21　控制系统原理

控制系统采用分散控制系统（DCS），支持冗余环型网络拓扑结构。每个网络设备都具有两个独立的完全隔离的网络接口，冗余网络可以同时工作。发送的数据在接收端进行数据过滤和冗余处理，如果发生网络切换，数据应用上不会出现中断和延时。控制系统支持控制器及IO模块的带电更换，支持Modbus、TCP/RTU、Profibus、DP/PA、HART等多种标准现场总线通信接口，控制系统硬件如图2-22所示。

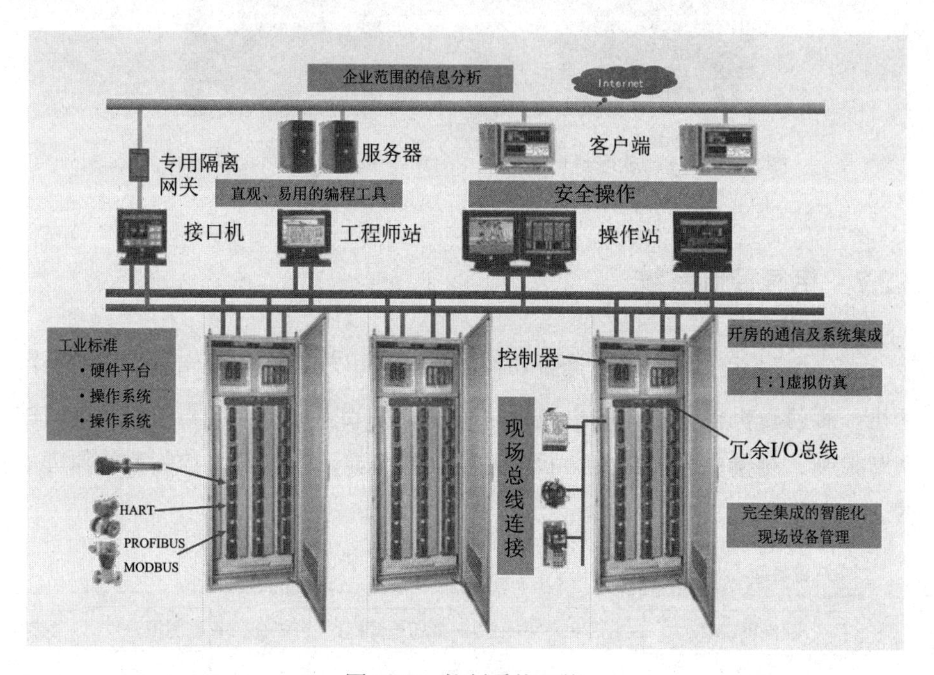

图2-22　控制系统硬件

2.2.8　数据采集系统

数据采集与处理系统主要由控制台、数采柜、LXI板卡、动态采集器、数据采集软件等部分组成。采集数据通过网线传送至控制间内的数据处理系统，数据显示系统进行数据的处理及显示，数据采集系统原理如图2-23所示。

数据采集系统主要包括稳态数采系统和动态数采系统两大部分，其中稳态测试主要包括进口流量、气流点压、气流静压、温度、出口温度等。动态测试主要包括振动、压力脉动等。

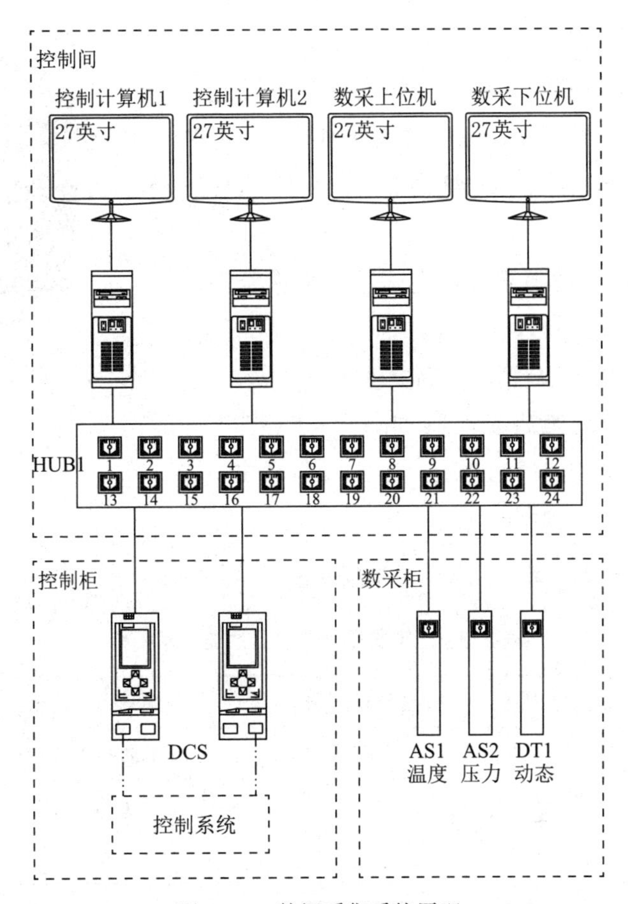

图 2-23　数据采集系统原理

稳态数采系统主要技术指标如下。

- 压力通道：48 通道；
- 温度通道：48 通道。

稳态测试系统使用网络接口技术，基于网络分布的、模块化的设计，用于试验过程中采集性能参数和设备监视参数。主要功能如下。

- 测试系统采用实时操纵系统，有在线监视和在线显示功能；
- 测量通道和计算通道的配置功能；
- 数据存储功能；
- 日志读写功能；
- 数据后处理功能；

- 报警监视功能。

图 2-24　压电式压力传感器

动态测试系统为独立的系统，用于振动、压力脉动等信号测量，采样通道数 16 个，其中振动通道 8 个，压力脉动通道 8 个，采样频率为 200kHz。

压力脉动传感器采用压电式压力传感器，如图 2-24 所示，具有以下特点。

- 无源 PE 电荷型，特高灵敏度；
- 气、液体微动压测量；
- 可进行管道泄漏监测；
- 频响宽、刚度大。

压电式压力传感器主要技术指标如表 2-2 所示。

表 2-2　压电式压力传感器主要技术指标

静态指标	
压力灵敏度（20±5℃）	0~50000Pc/MPa
测压范围	1~50MPa
过载能力	500%
非线性	<5%FS
迟滞	<5%FS
重复性	<5%FS
绝缘电阻	>109Ω
电容（1000Hz）	0~4000pF
动态指标	
自振频率	>50kHz
工作温度	-40~ +80℃
物理参数	
壳体材料	不锈钢
压电材料	PZT-5

集成式热电偶测温耙如图 2-25 所示，燃烧室出口温度采用集成式热电偶测温耙测取，测温耙上安装有 12 支 S 型热电偶，按照等径高度分布，设置有冷却水系统和位移系统，可实现测温耙的单方向往复运动，该测温耙可在出口燃气温度 1000~1500K、出口燃气压力 0.1~0.25MPa 条件下进行燃烧室出口温度分布的测量。

图 2-25　集成式热电偶测温耙

2.2.9　视频监控系统

燃烧试验台的闭路视频监控系统为 10 头 3 尾系统，由大屏幕液晶显示器、摄像头、硬盘录像机等组成，用于试验过程中，对试验台的工作情况进行监视，所用摄像头均采用 200 万像素网络球机。视频监控系统原理如图 2-26 所示。

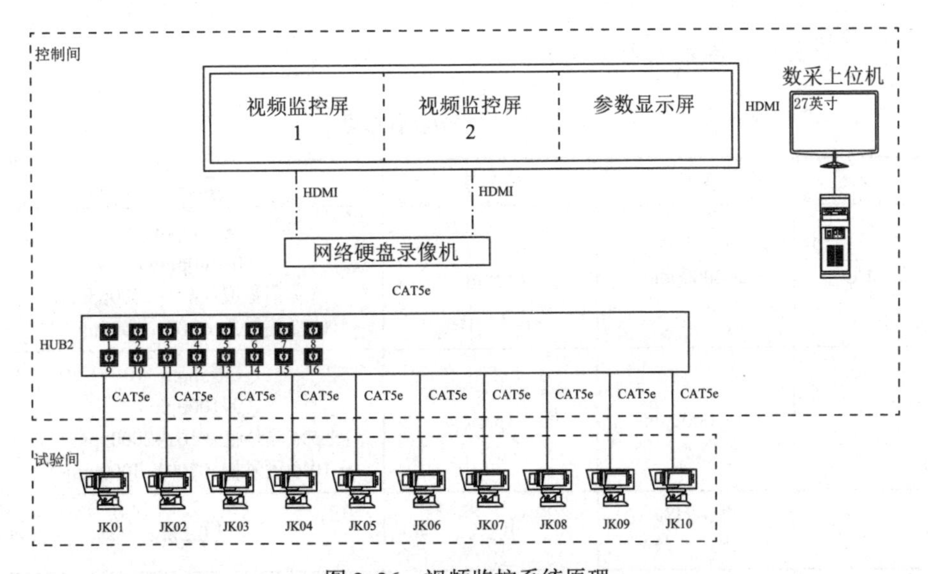

图 2-26　视频监控系统原理

2.2.10 烟气分析系统

烟气分析系统采用 testo 330-1 LL 专业型烟气分析仪，用于测量试验件排气段烟气中的氮氧化物、一氧化碳以及氧含量，烟气分析仪如图 2-27 所示。

烟气从排气段引出一路通入烟气分析仪进行分析，为防止喷淋水喷入排气段的水经高温后形成的水蒸气进入烟气分析仪，设计一小型蓄水罐对烟气中的水蒸气进行收集过滤，小型蓄水罐如图 2-28 所示。

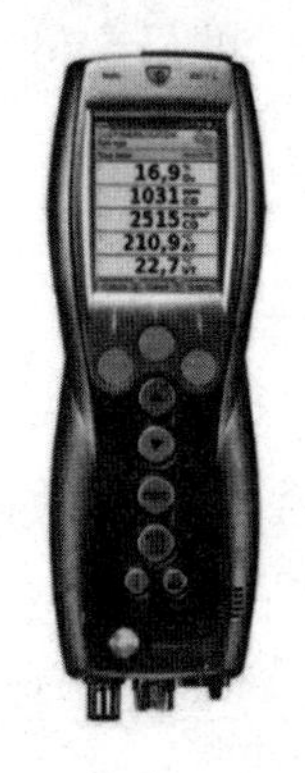

图 2-27 烟气分析仪

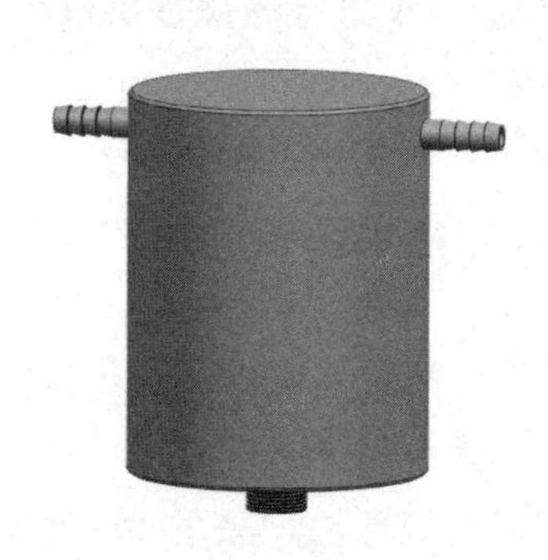

图 2-28 小型蓄水罐

烟气分析仪参数如表 2-3 所示。

表 2-3 烟气分析仪参数

参数	量程	分辨率	精度
CO	0~4000ppm	1ppm	±20ppm （0~400ppm） ±5% 测量值（401~2000ppm） ±10% 测量值（2001~4000ppm）
NO	0~3000ppm	1ppm	±5ppm （0~100ppm） ±5% 测量值（101~2000ppm） ±10% 测量值（2001~3000ppm）
O_2	0%~21% （体积分数）	0.1%	±0.2%
温度	-40~1200℃	0.1℃ （-40~999.9℃） 1℃（>1000℃）	±0.5℃（0~100℃） ±0.5% 测量值（其余量程）

2.3　试验台主要技术指标

- 试验段空气流量：2.6kg/s；
- 试验段进口温度：700K；
- 试验段进口压力：0.2MPa（A）；
- 氢气流量：总管 800Nm^3/h，分三路，其中一路 200Nm^3/h，另外两路 400Nm^3/h，试验台氢气压力不低于 0.8MPa（A）；
- 天然气流量：240Nm^3/h，供应热风炉加热；
- 柴油流量：一路柴油供给试验件，200L/h；
- 排气温度：燃烧后最高排气温度 1150℃；
- 排气流量：4.5kg/s，对排气进行降噪和降温，符合环保和噪声要求；
- 设备控制与信号采集：用于试验件和系统的信号采集，稳态信号不少于 96 路，其中温度信号不少于 48 路，动态数采不少于 16 通道。

第3章
试验测试和数据处理方法

本章将说明明阳氢燃纯氢燃气轮机燃烧室试验测试和数据处理的方式方法，通过对燃烧室采集到的数据，亦称之为性能参数进行处理，判断燃烧室工作优劣、是否正常。性能参数包括燃烧效率、燃烧室出口温度分布、污染物排放、燃烧不稳定性、火焰筒壁温等。

3.1 试验测试方案

根据纯氢燃烧室点火性能及升负荷特性试验要求，结合现有设备的硬件，制定了试验测试方案。

1. 燃烧室进口温度

燃烧室进口温度测量由安装在设备管道上的单点温度探针测量，铠装K型热电偶。

2. 燃烧室出口温度

燃烧室出口温度采用集成式热电偶测温耙测量，测温耙为S型热电偶。

3. 燃烧室进口压力

燃烧室进口压力由安装在设备管道上的单点压力探针测量。

4. 燃烧室出口压力

燃烧室出口压力由安装在设备管道上的单点压力探针测量。

5. 压力脉动测量

燃烧室的压力脉动测点位于火焰筒前端、火焰筒后端、火焰筒头部喷嘴及环腔，采用 PE+IEPE 测量。

6. 烟气分析

燃烧室出口有一点烟气分析取样点对燃烧室出口的污染物排放进行测量，烟气分析仪采用 testo 330-1 LL。

3.2　燃烧不稳定性

燃烧室在特定试验或工作环境下会发生振荡燃烧，其进出口的气体压力会发生大幅度变化。流量和火焰长度也会随之变化，并伴随有噪声和机械振动，严重时会导致熄火或金属部件共振，造成机械损伤。所以脉动压力的测量也是开展燃烧室试验的重要目的之一。燃烧不稳定现象伴随着明显的燃烧脉动。脉动压力监测作为目前最有效的测试手段，是评估流场稳定性的重要手段之一。测量燃烧瞬变过程中的脉动压力和流场特性并掌握其变化规律，对燃烧室的设计和调试是极其重要的。

振荡燃烧时的脉动压力幅度最高可达 20%，高频振荡燃烧频率超过 2000Hz。这就要求测量用的压力传感器响应速度、灵敏度和分辨率足够高。试验时主要录取脉动压力的时序数据，即压力随时间的变化（对于固体壁面，一般还需要采用加速度计测量其壁面振动），再通过数据处理得出脉动压力的特征参数，如振幅的时均值、峰—峰值、特征频率等 [4]。

3.2.1　压力脉动测点位置

本项目试验台采用压电式压力传感器对压力脉动数据进行采集，通过布置在试验件上的动态压力传感器，测量试验条件下压力脉动，反映出燃烧振荡情况。

动态压力传感器 Al-09，位于燃压缸后端，测量环腔内的压力脉动。动态压力传感器 Al-10，位于燃压缸前端，测量火焰筒后端的压力脉动。动态压力传感器 Al-11，位于机匣前端，测量火焰筒前端的压力脉动。动态压力传感器 Al-12，位于机匣端面法兰，测量火焰筒喷嘴（旋流器）附近的压力脉动。压力脉动测点位置如图 3-1 所示。

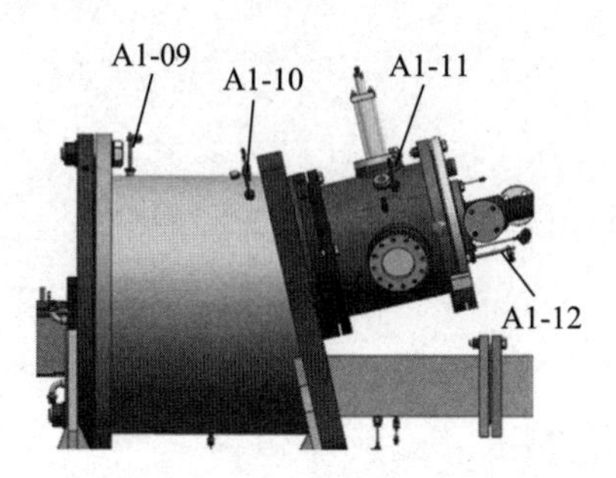

图 3-1　压力脉动测点位置

Al-10 压力脉动测点位于火焰筒后端，能较好地反映出燃烧室压力脉动，一般在燃烧室压力脉动分析中选取该点的数据进行分析。

3.2.2　压力脉动数据处理方法

众所周知，燃烧不稳定受到燃料种类、燃料—空气当量比、喷嘴结构、安装位置、燃烧室几何结构、燃烧室温度和压力等参数的影响，因此在每个燃烧系统中所表现的特征都不同。

1. 时域图脉动处理

本项目试验台采用两台螺杆式空气压缩机向燃烧室提供压缩空气，由于螺杆式空气压缩机本身产生的气源压力脉动较大，试验前测试了两台空压机自身产生的压力脉动时域图，在燃烧室压力脉动时域图分析中排除掉空压机产生的气源压力脉动干扰因素，从而计算出燃烧室压力脉动幅值最大值。

2. 频谱图脉动处理

为了进一步研究纯氢燃气轮机燃烧室的燃烧振荡问题，对试验数采系统采集到的试验稳态燃烧时的压力脉动时域信号经过 FFT 处理后得到试验压力脉动频谱图，即压力脉动频率与幅值的关系。由于采集到的压力脉动信号包含许多干扰因素，如空气气源干扰、热风炉燃烧干扰、排气段加压干扰等，所以在试验前在采集燃烧室不点火时的压力脉动时域信号，经过 FFT 处理后得到燃烧室不点火时的压力脉动频谱图。再将相同频率下燃烧室稳态燃烧时的压力脉动幅值与燃烧室点火前的压力脉动幅值分别相减，就获得经过压力脉动干扰处理后的试验燃烧脉动频谱图。图 3-2 是某次试验不同温度下压力脉动经干扰处理后制成一张频率与幅值的关系图。

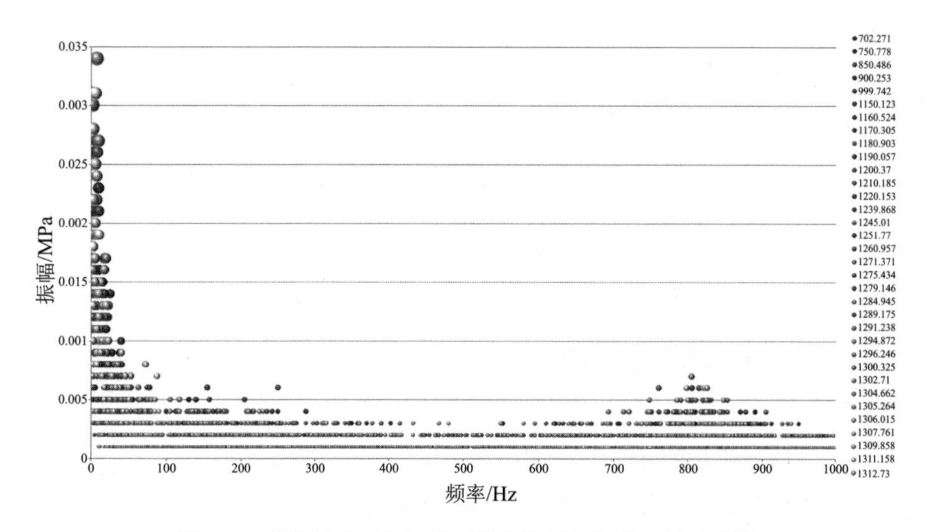

图 3-2　某次试验不同温度下燃烧脉动的频率与幅值关系

在燃烧室设计中燃烧室的燃烧最大压力脉动幅值与扩压器进气压力的比值小于 4%，称为平稳燃烧，即不存在燃烧振荡；反之，则表示为存在燃烧振荡。

3.3　火焰筒壁温

在纯氢燃气轮机燃烧室试验研究中，热端部件壁面温度的测量是至关重要的。测量壁温的方法很多，一般分为接触法和非接触法。接触法测量有热电偶测温、热电阻测温、示温漆测温、测温晶体测温等技术；非接触法有红外测温仪测温、比色温度计测温、光纤测温等技术。本项目纯氢燃气轮机燃烧室试验台采用了两种方法测量火焰筒壁温，分别为示温漆判读法和热电偶测温法。

3.3.1 示温漆判读法测量火焰筒壁温

示温漆判读法是一种简便、快速、可靠而且非常经济的壁温测量方法。示温漆是以涂料本身颜色变化为特征的测温技术，又称为示温涂料、热敏涂料，它一般由颜料、填料和黏合剂组成。示温漆颜色变化的原理非常复杂，主要取决于示温漆的成分性质，同时还受恒温时间、升温速度、环境气氛、漆膜厚度等影响[5]。

示温漆测量法有以下优点。

- 适用于一般温度计无法或难以测量的场合，如连续运转的部件、大面积表面、复杂构件等的温度测量；
- 用多变色示温漆能测量表面温度分布，而且不会破坏被测试件的结构和工作状态；
- 火焰筒不用改装，使用方便，成本较低。

其缺点如下。

- 示温漆测量的是试验中的最高温度，不是实时测量；
- 受使用条件（加热速度、时间、环境污染等）影响较大；
- 精度比一般测温工具要差。

火焰筒表面涂覆示温漆后如图 3-3 所示，该示温漆的标准样板比色卡如图 3-4 所示。

图 3-3　某次试验火焰筒表面涂覆示温漆

图 3-4　示温漆标准比色卡

使用示温漆判读法测量火焰筒壁温试验方法：首先试验前根据测温范围要求，选择一种示温漆，将该示温漆按一定规程涂覆在被测件表面。其次经数小时以上常温干燥，即可进行温度测量试验。最后将其变色结果与用同一种牌号示温漆制作的标准样板进行比较，判读被测件表面温度和温度分布。

3.3.2 热电偶测温法测量火焰筒壁温

热电偶测温法是一种接触测温法，热电偶测温法的原理是通过测量热电动势的变化来实现测温。热电偶测温是火焰筒壁温测量最早应用的技术之一，也是目前的主要测温方法之一。

热电偶测温法的优点是实时测量、测量结构简单、响应快、准确度高、测温范围广、成本低，能适应各种复杂的测量对象。

热电偶测温的缺点是在恶劣工况下使用会受燃气轮机燃烧室振动和燃气烧蚀的作用而劣化损坏，又由于热电偶信号传输是有引线的，所以测量燃烧室内部壁温时需要大量改变[5]。

为了验证示温漆判读法测量的火焰筒壁面最高温度，明阳氢燃纯氢燃气轮机燃烧室试验台设计了热电偶测温法测量火焰筒壁温，热电偶采用 K 型热电偶，测量温度范围 0~1100℃。

3.4 燃烧效率

计算燃烧效率的方式有三种：温升法、热焓法和燃气分析法。最常用方法为燃气分析法和温升法。试验以燃烧室出口温度场为主要研究对象，因排气中氢气含量难以测量，故本试验室采用温升法计算燃烧效率。

3.4.1 温升法

温升法是燃烧过程中的实际温升与理论温升的比，具体表征为使用燃烧室出口温升来计算燃烧室的燃烧效率[6]，公式如式（3-1）所示。

$$\eta_{\mathrm{bt}}=\frac{T_{4\mathrm{ave}}-T_{3\mathrm{ave}}}{T_{4\mathrm{th}}-T_{3\mathrm{ave}}} \tag{3-1}$$

式中，$T_{4\mathrm{ave}}$ 为实际燃烧室出口平均温度；$T_{3\mathrm{ave}}$ 为燃烧室入口平均温度；$T_{4\mathrm{th}}$ 为理论计算（完全燃烧时）的燃烧室出口平均温度，利用燃烧过程前后焓值守恒计算得到。

T_{4th} 的具体可以通过燃气比和燃烧室入口温度查表获得。燃气比定义为进入燃烧室的燃料质量流量 m_f 和空气质量流量 m_a 的比值，燃气比计算方式如式（3-2）至式（3-6）所示[7]。

$$f_a = \frac{m_f}{m_a} \tag{3-2}$$

燃料质量流量可以通过测得燃料流量 m_f 利用式（3-3）计算得到，ρ_f 是燃料的密度。

$$m_f = \rho_f m_f \tag{3-3}$$

由伯努利方程和所测得到的总压 P_t 和静压 P_s，可以计算得到燃气流速 u_4。

$$P_t - P_s = \frac{1}{2}\rho_4 u_4^2 \tag{3-4}$$

利用式（3-5）可以计算燃气质量流量。

$$m = \rho_4 u_4 A_4 \tag{3-5}$$

A_4 为燃烧室出口截面积，由质量守恒可以得到空气质量流量。

$$m_a = m - m_f \tag{3-6}$$

3.4.2 热焓法

热焓法定义为燃烧过程中工质的实际焓增与理论焓增之比，公式如式（3-7）所示。

$$\eta_{bt} = \frac{(m_a + m_f) I_{T4} - m_a I_{T3} - m_f I_{Tf}}{m_f H_f} \tag{3-7}$$

式中，I_{T4} 为燃烧室出口燃气的滞止热焓；I_{T3} 为燃烧室进口空气的滞止热焓；I_{Tf} 为燃油进口热焓；H_f 为燃油低热值。式中热焓值以 273.15K 为基准，并近似假定燃油低热值是在 273.15K 的条件下的测量数据。

3.4.3 燃气分析法

根据燃烧室出口的燃气成分，燃烧效率定义为燃料完全燃烧时的理论放热量与实际燃烧产物中残存的可燃成分所蕴藏的化学能之差对理论放热量的比值用 η_{bt} 表示，对于航空煤油，可近似表示成如式（3-8）所示的表达式。

$$\eta_{bt}=\frac{CO_2+0.531CO-0.319CH_4-0.397H_2}{CO_2+CO+UHC} \tag{3-8}$$

式中 UHC 是产物中除 CH_4 之外的未燃碳氢化合物的各成分之值为容积百分比。

3.5 燃烧室出口温度分布

燃烧室出口温度分布质量的衡量方法有两种：一种是一般性的衡量燃烧室出口温度分布品质，这包括燃烧室出口周向温度分布系数 *OTDF* 和燃烧室出口径向温度分布系数 *RTDF*；另一种是涡轮设计的理论温度分布曲线确定后，实际温度分布与理论温度分布之间的差别，这包括沿周向平均的径向温度分布的最大偏差及径向温度的最大偏差[6]。

在本试验台中主要采用一般性衡量燃烧室出口温度分布品质的方法，即燃烧室出口周向温度分布系数 *OTDF* 和燃烧室出口径向温度分布系数 *RTDF*。

3.5.1 燃烧室出口周向温度分布系数

燃烧室出口周向温度分布系数 *OTDF* 定义为燃烧室出口截面内的最高燃气温度 T_{4max} 和燃气平均温度 T_{4ave} 之差与燃烧室温升的比值[6]，公式如式（3-9）所示：

$$OTDF=\frac{T_{4max}-T_{4ave}}{T_{4ave}-T_{3ave}} \tag{3-9}$$

设计指标要求燃烧室出口温度场在 Ne=1.0 时，燃烧室出口周向温度分布系数 $OTDF\leqslant 0.15$。

3.5.2 燃烧室出口径向温度分布系数

燃烧室出口径向温度分布系数 *RTDF* 定义为燃烧室出口截面同一半径上各点温度，按周向取算术平均值后求得的最高平均径向温度 T_{4avc} 和出口平均温度 T_{4ave} 之差与燃烧室温升的比值 [6]，公式如式（3-10）所示：

$$RTDF = \frac{T_{4avc} - T_{4ave}}{T_{4ave} - T_{3ave}} \tag{3-10}$$

设计指标要求燃烧室出口温度场在 Ne=1.0 时，燃烧室出口径向温度分布系数 $RTDF \leqslant 0.1$。

3.6 污染物排放

通常来讲，工业燃气轮机的气态排放物包括完全燃烧产物二氧化碳（CO_2）和水蒸气（H_2O）。不完全燃烧产物或气态污染成分主要包括一氧化碳（CO）、未燃碳氢（Unburned Hydrocarbon，UHC）、氮氧化物（NO_x）和硫化物（SO_x）。另外，颗粒状污染物主要是燃烧室的烟尘。

从广义的角度，即从大气污染以及对全球环境和生态造成影响的角度来看，那么上述燃气轮机燃烧的排放物都属于排气污染成分。因为二氧化碳和水蒸气都是造成地球温室效应的主要成分，其他污染排放物是直接对人体有害的污染物。从狭义的角度，即从对人体是否有直接有害来看，则主要的气态污染物如一氧化碳、未燃碳氢和氮氧化物以及颗粒状污染物是燃气轮机燃烧的污染排放物 [6]。

在明阳氢燃纯氢燃气轮机燃烧室中，除点火过程使用柴油点火外，其余过程使用的燃料为 100% 纯氢进行燃烧，燃料中基本不存在硫元素以及碳元素，所以在污染物排放中主要考虑氮氧化物以及一氧化碳的排放。

在国际上，工业燃气轮机气态污染物的成分通常以干基燃气的 15% 氧含量条件下作为标准进行数据分析，以利于不同燃气轮机燃烧污染成分的比较。

根据中华人民共和国国家标准《火电厂大气污染物排放标准》（GB 13223—

2011）规定，以气体为燃料的燃气轮机组氮氧化物排放小于 50mg/m^3，约为 25ppm（折算到 15%O_2）。实测的氮氧化物排放浓度，必须遵守（GB/T 16157）的规定，按式（3-11）折算为基准氧含量排放浓度，其中，燃气轮机组基准氧含量为 15%。

$$\rho = \rho' \times \frac{21-\omega(O_2)}{21-\omega'(O_2)} \tag{3-11}$$

式中：ρ——大气污染物基准含量排放浓度；

ρ'——实测的大气污染物排放浓度；

$\omega'(O_2)$——实测的氧含量；

$\omega(O_2)$——基准氧含量。

对于以气体为燃料的燃气轮机组一氧化碳的排放需小于 50ppm。

第 4 章

试验操作安全准则及流程

本项目纯氢燃气轮机燃烧室试验台采用国产自主化研发试验控制台，可以实现对空气流量、氢气流量、柴油流量、循环水及喷淋水流量、热风炉温度等精确调节控制。

试验台操作界面总貌如图 4-1、图 4-2、图 4-3 所示。

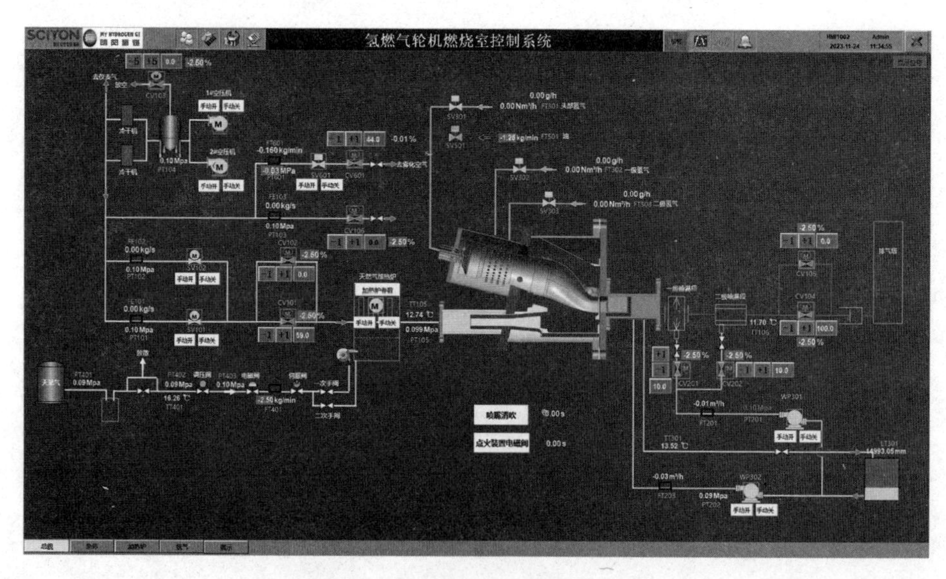

图 4-1　试验台操作界面总貌

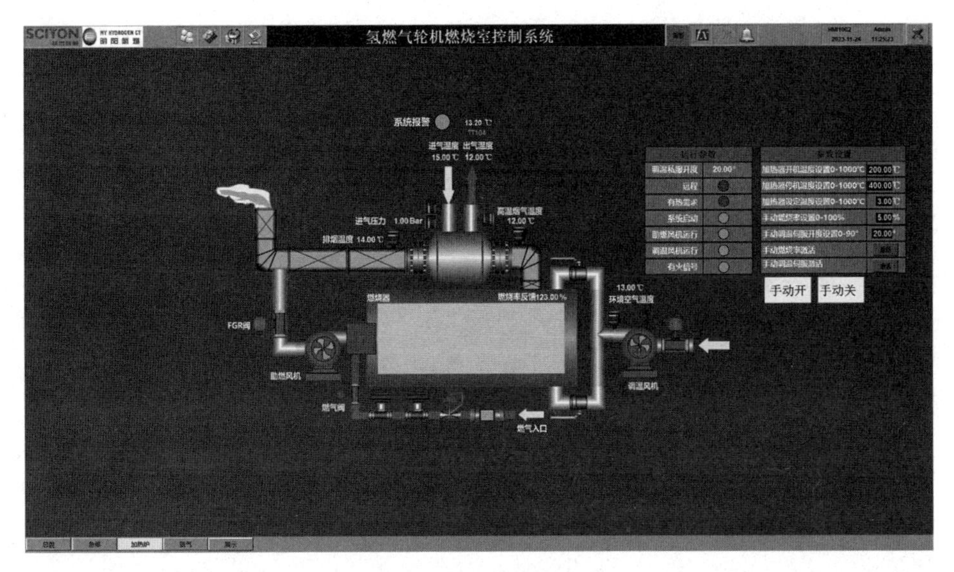

图 4-2　热风炉操作界面

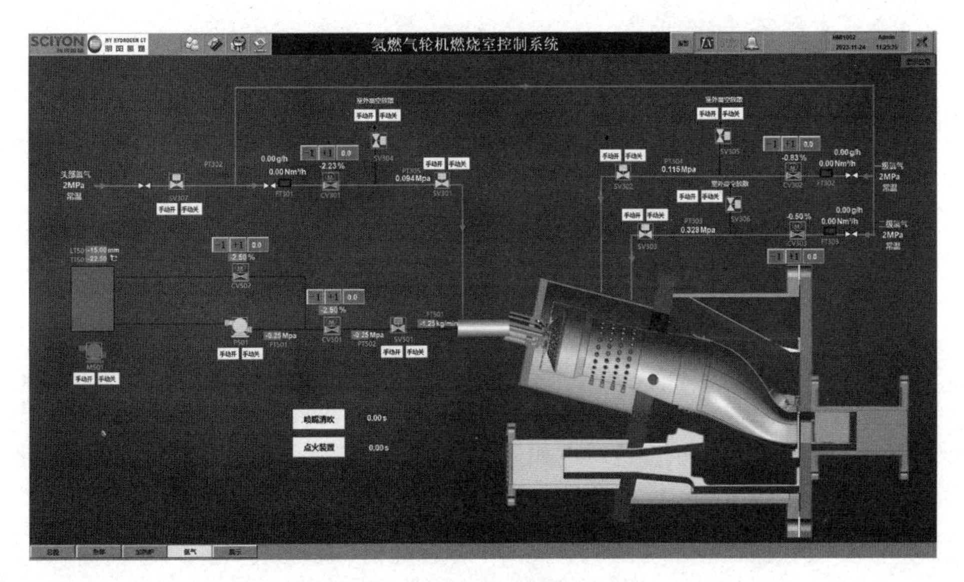

图 4-3　氢气及柴油流量操作界面

4.1 安全操作准则

凡是从事本试验台使用、操作、保养和维修的人员都必须熟知以下安全规则。

4.1.1 安全措施

根据我国安全规则要求，本试验台设备运行时应有以下安全防护措施：

（1）工作过程中，操作人员应佩戴安全帽；

（2）工作过程中，无关人员应远离工作设备；

（3）当设备经过保养或维修后再次运行前，所有元器件安装必须恢复原状。

4.1.2 人员安全准则

试验台操作人员必须具备以下条件。

（1）操作人员必须经过相关培训方可操作试验台。

（2）操作之前，操作员必须阅读《操作安全手册》并熟悉试验台各子系统。

（3）只有授权的机械人员和电气人员可以维修设备。

（4）在操作之前必须检察设备是否具备工作条件。

（5）操作员必须全神贯注地操作本试验台并时刻关注设备运行状态。

（6）试验人员在试验过程中如遇突发情况，应执行进气停车流程。在处理问题并确认解除隐患后方可重新试验。

（7）设备操作台不可乱放工具，不得有脏物、油脂或积水，保持操作台整洁。

（8）操作人员在试验完成后需确认各个子系统均停止工作后方可离开。

4.1.3　空压机安全准则

空压机在使用过程中应遵守如下准则。

（1）空压机在运行前应根据操作规范检查仪表气源、润滑油液位，确保空压机可以自动进行运行前的待机操作；

（2）空压机两次启动间隔不小于 10min，每天启动次数不大于 3 次；

（3）空压机出口放空阀在开机前需要开启 50% 以上，不允许在阀门关闭状态下启动空压机；

（4）空压机启动前需要提前开启冷干机并检查进气管路上所有手阀是否处于开启状态；

（5）空压机进行工作时，试验人员应关注罐体内的工作压力，工作压力不应大于空压机的卸载压力（0.61MPa）。

4.1.4　热风炉安全准则

热风炉在使用过程中应遵守如下准则。

（1）热风炉必须在空气流通情况下开启，防止热风炉干烧；

（2）热风炉的设定功率应采用阶梯渐进式，加热温度阶梯应不大于 50℃；

（3）在试验台紧急停车状态下应先关闭热风炉，保障热风炉的运行安全。

4.1.5　水泵安全准则

水泵在使用过程中应遵守如下准则。

（1）开启水泵前，需确保水泵进口手阀处于开启状态，并检查水池液位不低于 1m；

（2）如水泵超过一周未工作，则开泵前需拧开阀门底部排空阀（喷淋水泵在水泵中部）将水泵内空气排净；

（3）喷淋水泵开启前需确保试验台喷淋进水阀处于关闭状态，防止喷淋水倒灌；

（4）开启水泵后应观察水泵后压力，循环水泵后压力不应低于 0.3MPa，喷淋水泵后压力不应低于 1.5MPa（压力过低会导致水泵过载停机），如出现压力过低或压力不稳情况需停泵检查；

（5）水泵不应长时间低压力运行，运行压力过低容易出现电机烧损故障。

4.1.6 油泵安全准则

油泵在使用过程中应遵守如下准则。

（1）开启油泵前，油箱液位应不低于油箱的 2/3；

（2）应避免油泵在过低频率下（小于 10Hz）长时间工作，防止减少油泵寿命；

（3）油泵不应在过低频率下（小于 10Hz）进行加压操作，防止减少油泵寿命；

（4）开启油泵前应打开油泵回油阀门 CV502，防止油泵超压。

4.2 试验台操作流程

4.2.1 空压机操作流程

1. 运行前检查

（1）检查空压机送电情况，提前对厂区发布用电通知；

（2）开启空压机放空阀 CV103 到 50% 开度；

（3）开启冷干机；

（4）开启排气调节阀 CV104 到 45% 以上。

2. 空压机启动

（1）在空压机就地面板上点击启动按钮或者远程控制台上进行远程启动；

（2）空压机应逐台启动，需等待先启动的空压机压力稳定后再开启另外一台；

（3）空压机启动后关注空压机后储罐内压力，罐内压力应不大于 0.6MPa，如压力偏高可以开启放空阀门 CV103 降低压力。

3. 空压机停机

（1）试验结束后对空压机进行停机操作，停机前需要确认喷淋水泵和喷淋水阀门已经关闭；

（2）在空压机就地面板上点击停机按钮或者远程控制台上进行远程停机。

4.2.2　进排气系统操作流程

试验前检查：

（1）启动空压机前，开启试验台进气系统开关阀 SV101，开启放空阀门 CV103 不小于 50%，开启排气阀门 CV104 不小于 45% 开度；

（2）空压机加载后，通过放空阀门将储罐内压力调节到 0.55~0.6MPa。

4.2.3　性能试验

1. 试验过程

（1）试验台试压：进气旁调阀开度 45%，排气主调阀全关，试验台憋压约 0.2MPa，试验人员进入试验间检查各法兰口和安装座是否密封完整；

（2）点火状态：进气主调阀全关，进气旁调阀开度在 45% 左右，冷却空气调节阀开度 12%，两台背压调节阀开度约 20%，PT105 压力显示约为 0.12MPa，空气流量为 0.37~0.4kg/s，开启燃油系统设备，调整好压力准备点火；

（3）全开回油阀门，开启燃油泵，频率设定在 8Hz 左右，此时油压约为 0.06MPa；

（4）开启循环水和喷淋水泵，循环水供水，喷淋水暂不供水；

（5）按下点火按钮，开启燃油进油电磁阀 SV501，点火成功后松开点火按钮，观察燃油流量如燃油流量小于 10g/s 则适当增加油泵频率；

（6）开启喷淋水进水调节阀至开度 30% 左右，保证排气温度不超过 300℃；

（7）提高空气流量和燃油流量，在保证燃烧室出口温度在 600~1000℃基础上阶梯的提高燃油和空气流量；

（8）开启热风炉对主路空气进行加温；

（9）性能试验：按照试验前工况表进行空气流量和燃料流量调节，通过喷淋水保证排气温度不超过标准温度。

2. 试验停车

（1）关闭热风炉，关闭氢气供气阀门；

（2）降低油泵频率或者开大回油调节阀开度，降低燃油流量，控制燃烧室出口温度不超过 600℃；

（3）逐步降低空气流量和燃油流量，直至空气流量在 1kg/s，保持管道冷吹状态，当进气温度 TT105 达到 200℃以下，关闭燃油，关闭油泵；

（4）空气持续保持冷吹状态；

（5）同步关小喷淋水流量以及冷却空气流量；

（6）熄火后关闭喷淋水泵和喷淋水调节阀门；

（7）保持冷吹状态，直到管道和试验段冷却到 70℃以下；

（8）关闭试验段循环水；

（9）空压机卸载停机。

4.2.4 冷却水系统操作流程

1. 循环水系统

（1）开启前检查水箱水位，若水位低于 1.5m 则需要补充水箱水量；

（2）循环水泵开启后，水压应在 0.2MPa 以上，供水流量不小于 10t/h。

2. 喷淋水系统

（1）喷淋水泵工作压力不应低于 1.5MPa，低于此值容易造成水泵过载，供电柜跳闸；

（2）喷淋水泵开启后如压力低于 2MPa 或泵后压力不稳定，可能原因为水泵内未灌满水。

4.2.5　燃油系统操作流程

（1）检查油箱液位，如油箱液位低于 0.3m，则向油箱内充油达到 0.5m 左右；

（2）燃烧室进气流量达到点火流量后，开启回油调节阀 CV501 到 100%；

（3）油泵运行频率调整为 8Hz，开启油泵；

（4）待油泵后方压力稳定后准备点火；

（5）变频油泵可以通过改变油泵频率调整泵后压力，从而调节燃油流量，油泵变频可以采用 ±1Hz 操作；

（6）回油调节阀 CV501 可以通过改变开度从而调整油泵压力，进而调节燃油流量。

4.3　试验台维护说明

本节简要叙述试验台的维护方法，各设备详细维护及使用请查找设备厂家提供的使用维护说明书。

4.3.1　冷却水系统的维护

（1）水泵为旋转部件，其在工作过程中会产生振动，长时间的振动会导致水泵发生紧固件松脱的情况以及水系统管路法兰口泄漏问题，因此使用期间应经常检查水泵及水管路连接情况，保证水泵无泄漏；

（2）如连续一周未开启水泵，则试验前需对水泵进行灌泵处理，将循环水泵下部或者喷淋水泵中间的放气孔拧开，观察是否有水流出，如有水流出说明泵内充满水可以启泵。

4.3.2 燃油系统的维护

（1）燃油系统主要包含油泵、调节阀和电磁阀等设备。工作时应关注油泵的振动和发热问题，阀门开关是否有卡涩问题。

（2）由于燃油系统工作时存在振动问题，因此维护时应关注管路接口是否有泄漏，如产生泄漏需清理密封面并重新安装。

（3）如半个月以上未进行试验，则试验前应先开启回油阀门和油泵开启进行循环，同时在进油电磁阀关闭状态下观察是否有进油流量。如存在进油问题则说明电磁阀密封不严，应将电磁阀返厂维修或者拆解后清理密封面。

4.3.3 空气系统的维护

（1）空气系统主要由空压机以及进排气管道阀门等设备构成，其工作过程中常见问题为管道密封面泄漏问题；

（2）由于管道在受冷热交变工况下，其紧固件会出现松动情况，因此在日常试验过程中应定期对法兰进行复紧，保证法兰密封；

（3）根据空压机维护要求，空压机应定期更换润滑油，具体牌号及更换时间见空压机使用维护说明书。

第5章

轴向分级射流预混燃烧室氢气试验

本章将主要介绍本项目纯氢燃气轮机燃烧室自建成以来，截至 2023 年 12 月两套火焰筒方案的数次试验报告，本项目不断地通过试验与仿真改进纯氢燃气轮机燃烧室的试验方法与燃烧室结构，力求在回火、振荡以及氮氧化物排放这三大燃气轮机问题中寻找平衡点。

2023 年 9 月 17 日前，采用火焰筒径向点火器，2023 年 9 月 17 日后，采用火焰筒轴向点火器，试验台结构如图 5-1 所示。

图 5-1　试验台结构

本试验台燃烧室共计使用过三种燃料进行试验，分别为氢气（包括柴油点火和纯氢点火）、氨掺氢及天然气，其中，本章分别为“扩散燃烧 + 轴向分级射流微预混燃烧室”方案氢气燃烧试验、“扩散燃烧 + 径向分级射流微预混燃烧室”方案氢气燃烧试验。

“扩散燃烧 + 轴向分级射流微预混燃烧室”方案与“扩散燃烧 + 径向分

级射流微预混燃烧室”方案采用纯氢燃烧技术，具有安全、低氮、功率调节范围宽、长寿命、低成本等特点。

5.1 轴向分级射流微预混燃烧室氢气试验

5.1.1 30MW级纯氢燃气轮机燃烧室首次点火

本次试验完成“扩散燃烧+轴向分级射流微预混燃烧室”方案首次柴油点火，并顺利通过油氢切换，实现纯氢燃烧，为后续试验奠定了基础。

本次试验压力脉动测量系统及烟气分析测量装置尚处于调试阶段，未获得有效的测量数据。

1. 试验信息

试验编号：MYCS-01-20230528。

试验时间：2023 年 5 月 28 日 19:30—20:00。

试验地点：明阳氢燃纯氢燃气轮机燃烧室研发中心。

试验目的：（1）对“扩散燃烧+轴向分级射流微预混燃烧室”方案进行常温常压点火测试及油氢切换测试，通过试验验证燃烧室的柴油点火特性、油氢切换特性；（2）验证燃烧室能否实现纯氢燃烧；（3）测量燃烧室出口温度数据。

环境条件：气压 1atm，温度 25℃，相对湿度 68%。

2. 试验状态参数

试验状态参数如表 5-1 所示。

表 5-1 试验状态参数

扩压器进气温度/℃	扩压器进气压力/MPa	主路空气流量/（kg/s）	雾化空气流量/（kg/s）	柴油流量/(kg/s)	氢气流量/(Nm^3/h)
25	0.16	1.0	0.038	0.03	400

3. 试验流程

本次试验未开启热风炉，采用常温点火方式。火焰筒头部通入雾化空气和柴油进行柴油点火，点火后通入头部氢气，保持燃烧稳定的同时逐渐降低柴油流量至 0kg/s，实现柴油点火到纯氢燃烧阶段过渡，纯氢稳态燃烧 3 分钟。

4. 试验结果及分析

（1）燃烧室点火。

本次试验通过观察燃烧室温升、稳定燃烧情况判断点火是否成功。试验常温、常压点火，点火后由柴油燃烧过渡到纯氢燃烧，实现 3 分钟纯氢稳态燃烧，燃烧室出口温度如图 5-2 所示。

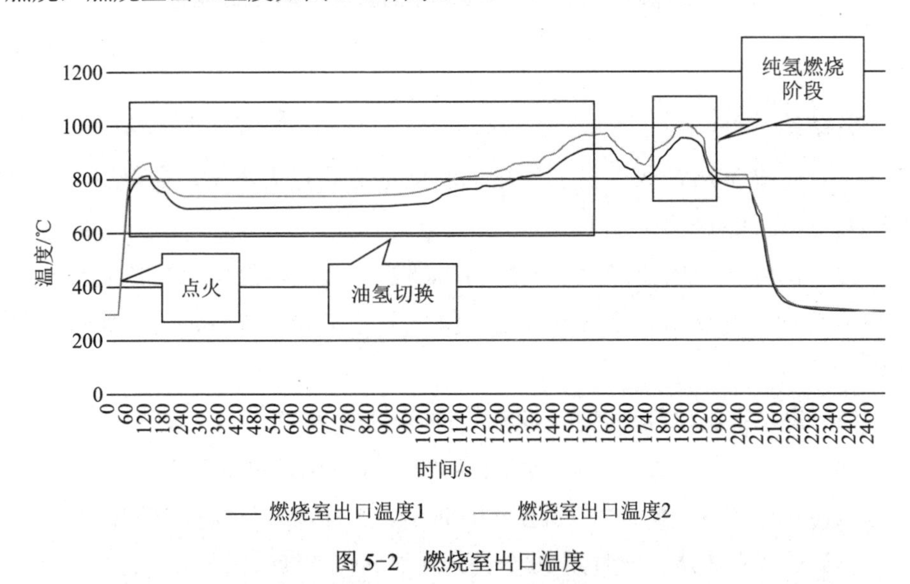

图 5-2　燃烧室出口温度

（2）燃烧室出口温度。

观察图 5-2，可以看到燃烧室出口温度变化情况。

纯氢稳态燃烧阶段，燃烧室出口最高温度为 1005℃。

纯氢稳态燃烧阶段，燃烧室出口平均温度为 967℃。

由于本次试验未对测温耙进行移动测试，故无法分析燃烧室出口温度分布数据 *OTDF* 及 *RTDF*。

5. 30MW 级纯氢燃气轮机燃烧室首次点火现场

图 5-3 为试验准备工作现场。

图 5-3　试验准备工作现场

6. 结论

（1）完成 30MW 级纯氢燃气轮机燃烧室首次点火测试，实现纯氢燃烧 3 分钟，验证纯氢燃烧可行性；

（2）试验采用柴油点火，火焰筒头部通入柴油，经雾化后成功点火，点火成功后进行燃料切换，持续通入氢气并逐渐减少柴油流量，实现纯氢燃烧；

（3）燃烧室出口最高温度 1005℃，平均温度 967℃；

（4）空气流量 1.0kg/s，氢气流量 400Nm^3/h，柴油流量 0.03kg/s，扩压器进气压力 0.16MPa，雾化空气流量 0.038kg/s，扩压器进气温度 25℃；

（5）燃烧室燃烧持续时间 30 分钟，纯氢燃烧持续时间 3 分钟。

5.1.2　全流量纯氢燃烧试验

本次试验完成“扩散燃烧 + 轴向分级射流微预混燃烧室”方案全流量纯氢燃烧测试，燃料分配比例 2∶4∶4，验证试验台设计值氢气全流量 800Nm^3/h 纯氢燃烧可行性。

本次试验压力脉动测量系统及烟气分析测量装置尚处于调试阶段，未获得有效的测量数据。

1. 试验信息

试验编号：MYCS-01-20230613。

试验时间：2023 年 6 月 13 日 17:10—18:10。

试验地点：明阳氢燃纯氢燃气轮机燃烧室研发中心。

试验目的：（1）对“扩散燃烧 + 轴向分级射流微预混燃烧室”方案进行常温带压全流量燃烧测试，通过试验验证燃烧室的柴油点火特性、油氢切换特性、800Nm^3/h 全流量纯氢燃烧特性；（2）验证本套方案燃烧室能否承受 800Nm^3/h 全流量纯氢燃烧测试；（3）测量燃烧室出口温度数据。

环境条件：气压 1atm，温度 23℃，相对湿度 75%。

2. 试验状态参数

试验状态参数如表 5-2 所示。

表 5-2　试验状态参数

状态	扩压器进气温度/℃	扩压器进气压力/MPa	主路空气流量/（kg/s）	雾化空气流量/（kg/s）	氢气总流量/(Nm^3/h)
1.0 工况	23	0.25	1.87	0.038	800

3. 试验流程

本次试验未开启热风炉，采用常温、带压点火方式。空气流量 1.47kg/s，火焰筒头部通入雾化空气和柴油进行柴油点火，点火后通入头部氢气及轴向一级氢气，保持燃烧稳定的同时逐渐降低柴油流量至 0kg/s，实现柴油点火到纯氢燃烧阶段过渡，随后将燃烧室压力增加至 0.25MPa，最后将头部氢气、轴向一级氢气和轴向二级氢气分别增加至 160Nm^3/h、320Nm^3/h、320Nm^3/h，负荷升至 1.0 工况，稳态燃烧时氢气总流量为 800Nm^3/h。1.0 工况稳态燃烧时火焰筒头部氢气、轴向一级氢气、轴向二级氢气比例为 2∶4∶4，具体试验参数如表 5-3 所示。

表 5-3 1.0 工况升负荷参数

状态	空气流量/(kg/s)	柴油流量/(kg/s)	头部氢气流量/(Nm^3/h)	轴向一级氢气流量/(Nm^3/h)	轴向二级氢气流量/(Nm^3/h)
点火	1.47	0.03	0	0	0
油氢切换	1.47	0.03	0	120	0
	1.6	0.015	80	120	0
	1.7	0	80	200	0
1.0 工况	1.87	0	160	320	320

4. 试验结果及分析

（1）燃烧室点火。

本次试验通过观察燃烧室温升、稳定燃烧情况判断点火是否成功。试验为常温、带压模拟试验，采用柴油点火，并顺利通过燃料切换变为纯氢燃烧，实现 1.0 工况纯氢燃烧 5 分钟，燃烧室出口温度如图 5-4 所示。

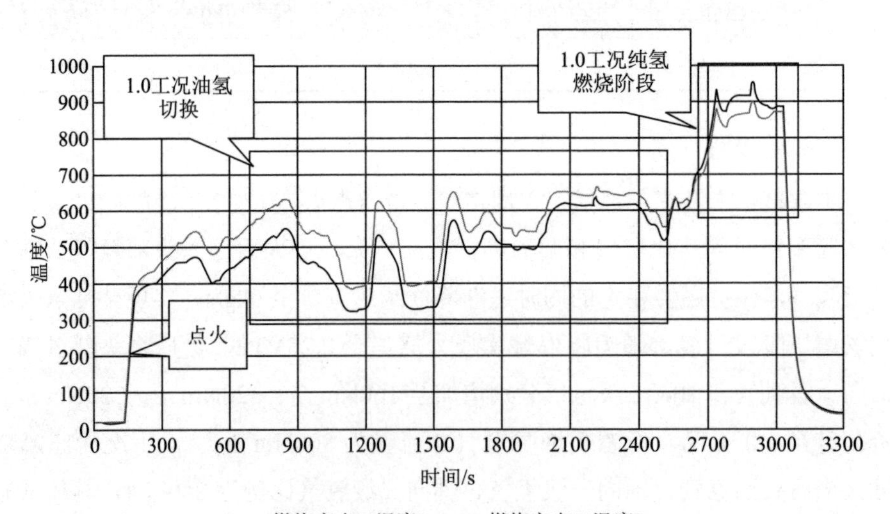

图 5-4 燃烧室出口温度

（2）燃烧室出口温度。

观察图 5-4，可以看到燃烧室出口温度变化情况。

1.0 工况纯氢稳态燃烧阶段，燃烧室出口最高温度为 956℃。

1.0 工况纯氢稳态燃烧阶段，燃烧室出口平均温度为 879℃。

由于本次试验未对测温耙进行移动测试，故无法分析燃烧室出口温度分布数据 *OTDF* 及 *RTDF*。

5. 结论

（1）完成 30MW 纯氢燃气轮机燃烧室首次 800Nm^3/h 氢气全流量纯氢燃烧测试，为后续试验奠定基础；

（2）试验采用柴油点火，火焰筒头部通入柴油，经雾化后成功点火，后续通入氢气，并逐渐减少柴油流量至 0kg/s，实现 800Nm^3/h 流量纯氢燃烧；

（3）燃烧室出口最高温度 956℃，平均温度 879℃；

（4）火焰筒头部、轴向一级、轴向二级的燃料配比 2∶4∶4，氢气总流量 800Nm^3/h，空气流量 1.87kg/s，扩压器进气压力 0.25MPa，扩压器进气温度 23℃；

（5）燃烧室实际试验稳态燃烧持续时间 5 分钟。

5.1.3 全流量、全温纯氢燃烧测试

本次试验完成“扩散燃烧 + 轴向分级射流微预混燃烧室”方案全流量、全温纯氢燃烧测试，燃料分配比例为 2∶4∶4，对试验件进行首次拆解检查。

本次试验烟气分析测量装置尚处于调试阶段，未获得有效的测量数据。

1. 试验信息

试验编号：MYCS-01-20230722。

试验时间：2023 年 7 月 22 日 10:20—11:00。

试验地点：明阳氢燃纯氢燃气轮机燃烧室研发中心。

试验目的：（1）对“扩散燃烧 + 轴向分级射流微预混燃烧室”方案进行全温常压全流量燃烧测试，通过试验验证燃烧室的柴油点火特性、油氢切换特性、800Nm^3/h 全流量纯氢燃烧特性；（2）测量燃烧室出口温度、压力脉动数据；（3）试验结束后对试验件进行拆解检查，观察本套方案火焰筒回火情况。

环境条件：气压 1atm，温度 29℃，相对湿度 46%。

2. 试验状态参数

试验状态参数如表 5-4 所示。

表 5-4　试验状态参数

状态	扩压器进气温度/℃	扩压器进气压力/MPa	主路空气流量/(kg/s)	雾化空气流量/(kg/s)	氢气总流量/(Nm^3/h)
1.0 工况	200	0.12	1.87	0.038	800

3. 试验流程

本次试验开启热风炉，点火前空气流量调节至 1.47kg/s，扩压器进气温度加热至 200℃时火焰筒头部通入柴油和雾化空气进行柴油点火，点火成功后通入火焰筒头部氢气及轴向一级氢气，保持燃烧稳定的同时逐渐降低柴油流量至 0kg/s，实现柴油点火到纯氢燃烧阶段过渡，随后将火焰筒头部氢气、轴向一级氢气和轴向二级氢气分别增加至 160Nm^3/h、320Nm^3/h、320Nm^3/h，负荷升至 1.0 工况，稳态燃烧时氢气总流量为 800Nm^3/h。1.0 工况稳态燃烧时火焰筒头部氢气、轴向一级氢气、轴向二级氢气比例为 2∶4∶4，具体试验参数见表 5-5。

表 5-5　1.0 工况升负荷参数

状态	空气流量/(kg/s)	柴油流量/(kg/s)	头部氢气流量/(Nm^3/h)	轴向一级氢气流量/（Nm^3/h）	轴向二级氢气流量/（Nm^3/h）
点火	1.47	0.03	0	0	0
油氢切换	1.47	0.03	0	120	0
	1.6	0.015	80	120	0
	1.7	0	80	200	0
1.0 工况	1.87	0	160	320	320

4. 试验结果及分析

（1）燃烧室点火。

本次试验通过观察燃烧室温升、稳定燃烧情况判断点火是否成功。试验按照 1.0 工况进行，点火前开启热风炉，将扩压器进气温度升温至 200℃时进行柴油点火，点火成功后由柴油燃烧过渡到纯氢燃烧。纯氢燃烧阶段，测温耙在燃烧室出口处往返行走测量燃烧室出口温度分布，行走过程中有两个温度明显下降节点，分析认为这两个节点靠近过渡段出口壁面处（远离燃烧温度中心），温度较低。燃烧室出口温度如图 5-5 所示。

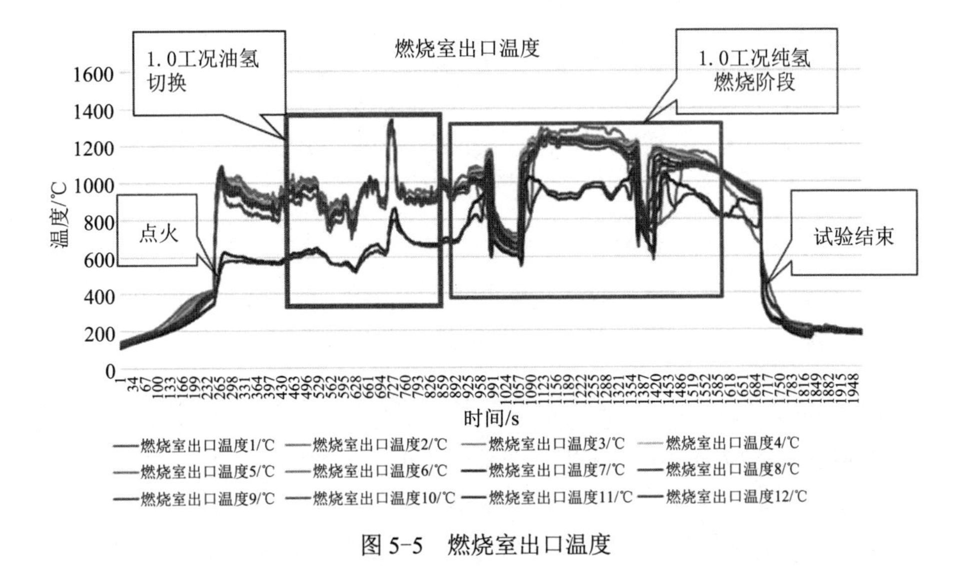

图 5-5　燃烧室出口温度

（2）燃烧室出口温度分布。

1.0 工况纯氢稳态燃烧阶段，燃烧室出口温度沿叶高分布如图 5-6 所示。可以看出，燃烧室出口温度靠近上下两端壁面温度相对较低，中心温度相对较高。

1.0 工况纯氢稳态燃烧阶段，燃烧室最高平均径向温度为 1211℃。

观察图 5-5，可以看到燃烧室出口温度变化情况。

1.0 工况纯氢稳态燃烧阶段，燃烧室出口最高温度为 1302℃。

1.0 工况纯氢稳态燃烧阶段，燃烧室出口平均温度为 1144℃。

根据计算得到 *OTDF*=0.17，*RTDF*=0.07。在燃烧室设计中，一般要求 *OTDF* ≤ 0.15，*RTDF* ≤ 0.1。本次试验数据 *OTDF* 高于设计要求，*RTDF* 符合设计要求。

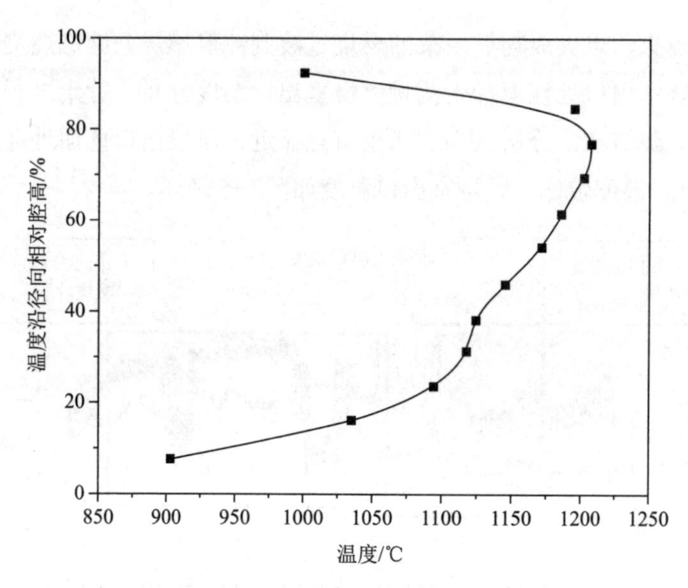

图 5-6　燃烧室出口温度沿叶高分布

分析认为造成 *OTDF* 高于设计要求的原因可能有以下四点。

①火焰筒头部燃油喷嘴出口速度分布不均，导致 *OTDF* 高于设计要求。

②由于氢气采用气瓶组供气，气瓶组氢气压力会随着试验进行而降低，造成氢气流量不稳定，导致 *OTDF* 高于设计要求。

③本次试验存在燃烧振荡，也可能导致 *OTDF* 高于设计要求。

④轴向一、二级预混管存在回火问题，导致 *OTDF* 高于设计要求。

（3）回火。

本次试验燃烧室的燃料分配比例如下。

火焰筒头部氢气、轴向一级氢气、轴向二级氢气等于 2∶4∶4。

火焰筒拆解检查情况如图 5-7 所示，火焰筒有一根氢气预混管未通氢气与其他氢气预混管作对比，可以看到轴向一级氢气预混管以及轴向二级氢气预混管均有不同程度的燃烧痕迹，说明轴向一级氢气预混管以及轴向二级氢气预混管均出现了回火问题。分析认为回火的原因与氢气燃料分配比例有关，后续试验将更改氢气燃料分配比例，采用喷涂示温漆方式测量火焰筒壁温，观察是否会出现回火问题以及回火的程度。

火焰筒头部拆解检查情况如图 5-8 所示，可以看到火焰筒头部鱼鳞孔附近有燃烧痕迹，说明火焰筒头部也出现了回火问题。分析认为火焰筒头部出现回火的原因可能与柴油点火有关，柴油经喷嘴与雾化空气混合后喷入火焰筒内，部分雾化柴油直接在火焰筒头部鱼鳞孔壁面处燃烧导致回火。

图 5-7　火焰筒拆解检查情况

图 5-8　火焰筒头部拆解检查情况

（4）压力脉动。

1.0 工况纯氢稳态燃烧阶段四个动态压力传感器的压力脉动时域如图 5-9 所示，两台螺杆式空压机自身产生的压力脉动时域如图 5-10 所示。

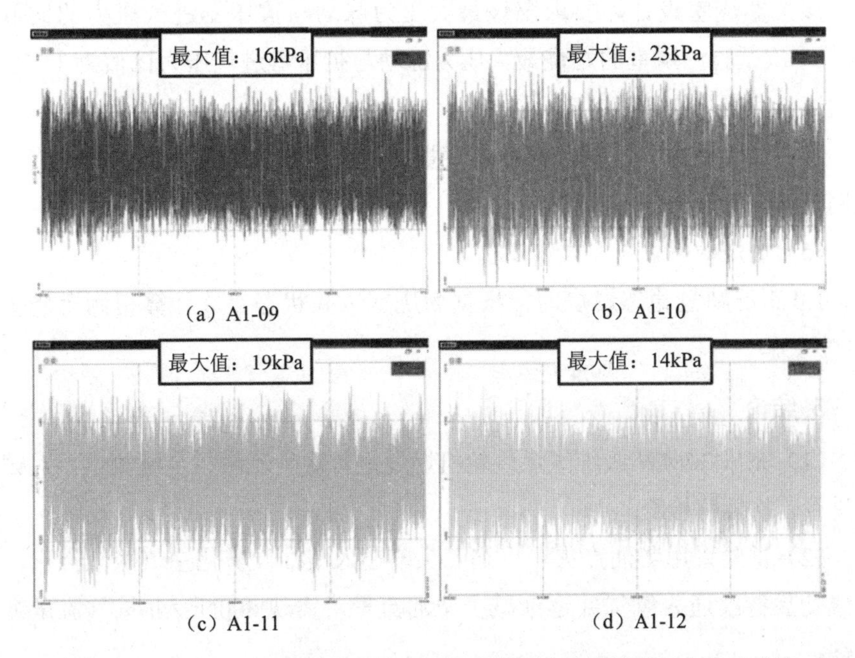

（a）A1-09　（b）A1-10

（c）A1-11　（d）A1-12

图 5-9　1.0 工况纯氢稳态燃烧阶段四个动态压力传感器的压力脉动时域

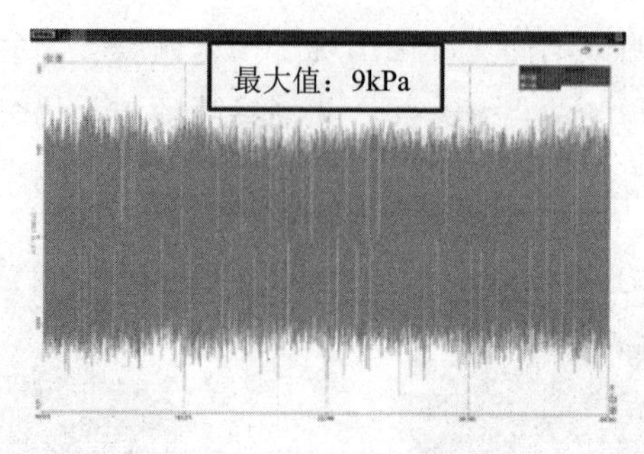

图 5-10　螺杆式空压机压力脉动时域

Al-09 环腔压力脉动最大值为 16kPa、Al-10 火焰筒后端压力脉动最大值为 23kPa、Al-11 火焰筒前端压力脉动最大值为 19kPa、Al-12 火焰筒头部喷嘴附近压力脉动最大值为 14kPa。

在仅开启两台空压机的情况下，Al-10 火焰筒后端压力脉动最大值为 9kPa。排除空气气源压力脉动干扰后，Al-10 火焰筒后端压力脉动最大值为 14kPa。

参考燃烧室设计，要求燃烧最大压力脉动与扩压器进气压力的比值≤4%，本次试验燃烧室的燃烧最大压力脉动与扩压器进气压力比值为 11.7%，本次试验存在燃烧振荡。

分析认为造成本次试验存在燃烧振荡的原因为火焰筒头部扩散燃烧燃料比例较低，氢气火焰不稳定。

（5）燃烧效率。

1.0 工况纯氢稳态燃烧时，根据燃烧室试验状态参数计算得到燃烧效率 η_{bt}=99.9%。

5. 结论

（1）完成 30MW 级纯氢燃气轮机燃烧室首次全流量、全温测试，对试验件进行首次拆解检查。

（2）试验采用柴油点火，火焰筒头部通入柴油及雾化空气成功点火，点火成功后持续通入氢气并逐渐减少柴油流量，实现 800Nm^3/h 氢气流量纯氢燃烧。

（3）燃烧室出口最高温度 1302℃，平均温度 1144℃。

（4）燃烧室出口周向温度分布系数 *OTDF*=0.17，高于燃烧室设计要求，燃烧室出口径向温度分布系数 *RTDF*=0.07，符合燃烧室设计要求。分析认为造成 *OTDF* 高于设计要求的原因可能为火焰筒头部燃油喷嘴出口速度分布不均、氢气气瓶组供气压力不稳定、试验存在燃烧振荡、试验存在回火问题等。

（5）火焰筒轴向一级氢气预混管、轴向二级氢气预混管以及火焰筒头部均出现了回火问题。分析认为回火与氢气燃料分配比例有关，后续试验将更改氢气燃料分配比例，采用火焰筒表面喷涂示温漆方式，观察火焰筒是否会出现回火问题以及回火的程度。本次试验火焰筒头部出现回火问题的原因可能与柴油点火有关，柴油经喷嘴与雾化空气混合后喷入火焰筒内，部分雾化柴油直接在火焰筒头部鱼鳞孔壁面处燃烧导致回火。

（6）燃烧室压力脉动最大值 14kPa，燃烧室的燃烧最大压力脉动与扩压器进气压力比值为 11.7%（>4%），本次试验存在燃烧振荡。分析认为造成本次试验存在燃烧振荡的原因为火焰筒头部扩散燃烧燃料比例较低，氢气火焰不稳定。

（7）燃烧效率 η_{bt}=99.9%。

（8）火焰筒头部、轴向一级、轴向二级的燃料配比 2∶4∶4，氢气总流量 800Nm^3/h，空气流量 1.87kg/s，扩压器进气压力 0.12MPa，扩压器进气温度 200℃。

（9）燃烧室实际试验稳态燃烧持续时间 12 分钟。

5.1.4　首次火焰筒喷涂示温漆测试壁温试验

本次试验对火焰筒表面喷涂示温漆，试验结束后观察火焰筒表面的最高壁温，燃料分配比例更改为 2∶3∶5，调整了氢气流量及空气流量，测量燃烧室氮氧化物排放数据。

1. 试验信息

试验编号：MYCS-01-20230807。

试验时间：2023 年 8 月 7 日 11:20—12:00。

试验地点：明阳氢燃纯氢燃气轮机燃烧室研发中心。

试验目的：（1）对“扩散燃烧 + 轴向分级射流微预混燃烧室”方案进行

全温常压 0.5 工况燃烧测试，通过试验验证燃烧室的柴油点火特性、油氢切换特性、400Nm^3/h 流量纯氢燃烧特性；（2）更改燃烧室燃料分配比例，观察燃烧室氮氧化物排放特性、压力脉动变化特性、火焰筒回火情况；（3）测量燃烧室出口温度、压力脉动、氮氧化物排放数据；（4）采用示温漆判读法测量火焰筒壁面温度，试验结束后对试验件进行拆解检查，观察本套方案火焰筒壁面温度分布情况及回火情况。

环境条件：气压 1atm，温度 30℃，相对湿度 73%。

2. 试验状态参数

试验状态参数如表 5-6 所示。

表 5-6　试验状态参数

状态	扩压器进气温度/℃	扩压器进气压力/MPa	主路空气流量/(kg/s)	雾化空气流量/(kg/s)	氢气总流量/(Nm^3/h)
0.3 工况	307	0.12	0.744	0.038	240
0.4 工况	319	0.12	1.0	0.038	320
0.5 工况	355	0.12	1.24	0.038	400

3. 试验流程

本次试验开启热风炉，点火前空气流量调节至 1.47kg/s，扩压器进气温度加热至 200℃时火焰筒头部通入柴油和雾化空气进行点火，点火成功后通入火焰筒头部氢气及轴向一级氢气，保持燃烧稳定的同时逐渐降低柴油流量至 0kg/s，实现柴油点火到纯氢燃烧阶段过渡。随后将火焰筒头部氢气、轴向一级氢气和轴向二级氢气分别增加至 48Nm^3/h、72Nm^3/h、120Nm^3/h，扩压器进气温度升至 307℃。负荷升至 0.3 工况，达到 0.3 工况稳态燃烧 5 分钟后将火焰筒头部氢气、轴向一级氢气和轴向二级氢气分别增加至 64Nm^3/h、96Nm^3/h、160Nm^3/h，扩压器进气温度升至 319℃。负荷升至 0.4 工况，同理在达到 0.4 工况稳态燃烧 5 分钟后将火焰筒头部氢气、轴向一级氢气和轴向二级氢气分别增加至 80Nm^3/h、120Nm^3/h、200Nm^3/h，扩压器进气温度升至 355℃。负荷升至 0.5 工况，观察三个工况调节过程中及稳态燃烧时氮氧化物排放的差异。

试验分为三个阶段，分别为 0.3 工况、0.4 工况和 0.5 工况阶段，三个阶段稳态燃烧时火焰筒头部氢气、轴向一级氢气、轴向二级氢气的比例均为 2∶3∶5，稳态燃烧时氢气总流量分别为 240Nm³/h、320Nm³/h、400Nm³/h，具体试验参数如表 5-7、表 5-8、表 5-9 所示。

表 5-7 0.3 工况油氢能切换参数

状态	空气流量/(kg/s)	柴油流量/(kg/s)	头部氢气流量/(Nm³/h)	轴向一级氢气流量/(Nm³/h)	轴向二级氢气流量/(Nm³/h)
点火	1.47	0.03	0	0	0
油氢切换	1.2	0.03	0	72	0
	1.0	0.015	48	72	0
	0.744	0	48	72	80
0.3 工况	0.744	0	48	72	120

表 5-8 0.4 工况氢气调节参数

状态	空气流量/(kg/s)	扩压器进气温度/°C	头部氢气流量/(Nm³/h)	轴向一级氢气流量/(Nm³/h)	轴向二级氢气流量/(Nm³/h)
0.3 工况	0.744	307	48	72	120
0.4 工况	1.0	319	64	96	160

表 5-9 0.5 工况氢气调节参数

状态	空气流量/(kg/s)	扩压器进气温度/°C	头部氢气流量/(Nm³/h)	轴向一级氢气流量/(Nm³/h)	轴向二级氢气流量/(Nm³/h)
0.4 工况	1.0	319	64	96	160
0.5 工况	1.24	355	80	120	200

4. 试验结果及分析

(1) 燃烧室点火。

本次试验通过观察燃烧室温升、稳定燃烧情况判断点火是否成功。点火前开启热风炉，将扩压器进气温度加温至 200℃时进行柴油点火。试验第一次点火按照 0.3 工况进行试验，试验在燃料切换过程中熄火，判断熄火原因为减少柴油流量时通入的氢气气量过少，导致燃烧室熄火。试验第二次点火按照 0.4 工况进行试验，试验顺利通过燃料切换，并进入纯氢燃烧阶段稳定燃烧 4 分钟。由于本次试验氢气气量不足，最后未完成 0.5 工况试验。燃烧室出口温度如图 5-11 所示。

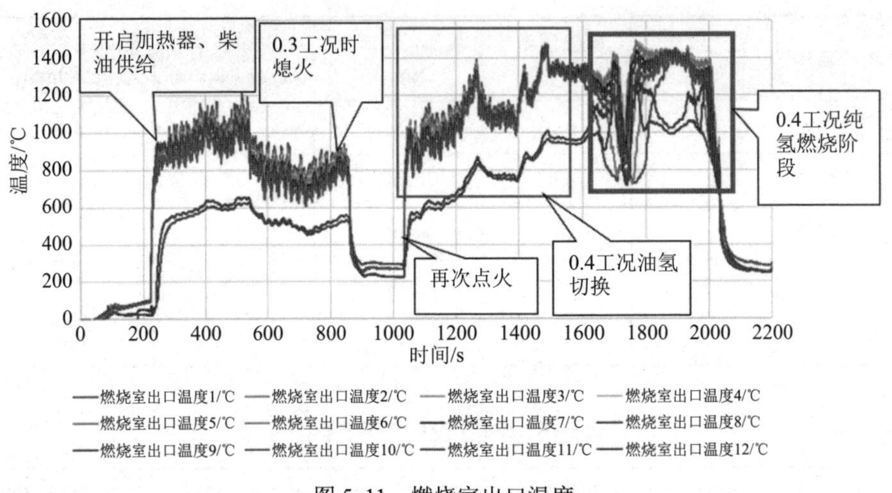

图 5-11　燃烧室出口温度

（2）燃烧室出口温度分布。

0.4 工况纯氢稳态燃烧阶段，燃烧室出口温度沿叶高分布如图 5-12 所示。可以看出，燃烧室出口温度靠近上下两端壁面温度相对较低，中心温度相对较高。

0.4 工况纯氢稳态燃烧阶段，燃烧室最高平均径向温度为 1430℃。

观察图 5-11，可以看到燃烧室出口温度变化情况。

0.4 工况纯氢稳态燃烧阶段，燃烧室出口最高温度为 1439℃。

0.4 工况纯氢稳态燃烧阶段，燃烧室出口平均温度为 1312℃。

根据计算得到 *OTDF*=0.13，*RTDF*=0.12。在燃烧室设计中，一般要求 *OTDF* ≤ 0.15，*RTDF* ≤ 0.1。本次试验数据 *OTDF* 符合设计要求，*RTDF* 高于设计要求。

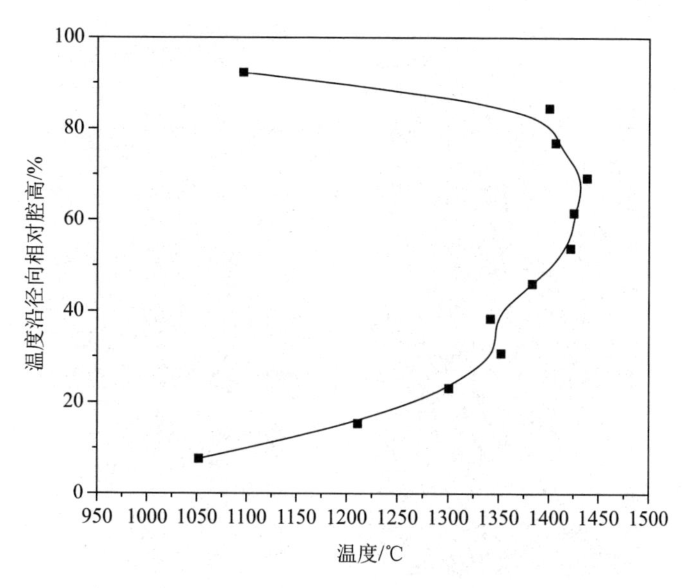

图 5-12　燃烧室出口温度沿叶高分布

分析认为造成 *RTDF* 高于设计要求的原因可能有：

①火焰筒头部燃油喷嘴出口速度分布不均，导致 *RTDF* 高于设计要求。

②由于氢气采用气瓶组供气，气瓶组氢气压力会随着试验进行而降低，造成氢气流量不稳定，导致 *RTDF* 高于设计要求。

③本次试验存在燃烧振荡，也可能导致 *RTDF* 高于设计要求。

（3）火焰筒壁面温度。

本次试验采用示温漆判读法测量火焰筒壁面温度。

火焰筒试验前后拆解检查对比如图 5-13 所示，示温漆比色卡如图 5-14 所示。根据火焰筒上示温漆的变色情况，对比示温漆标定判读卡可以看出火焰筒壁面的高温区主要集中在主燃孔和过渡段出口区域，最高温度约为 700℃。

（4）回火。

鉴于试验编号 MYCS-01-20230722 试验件拆卸后观察发现火焰筒头部回火问题比较严重。火焰筒轴向一级、二级氢气预混管均出现了不同程度回火，初步判断是燃料分配比例不均造成回火，所以本次试验修改了燃料分配比例。

（a）试验前　　　　（b）试验后

图 5-13　火焰筒试验前后拆解检查对比

图 5-14　示温漆比色卡

试验编号 MYCS-01-20230722 燃烧室的燃料分配比例如下。

头部氢气：轴向一级氢气：轴向二级氢气等于 2∶4∶4。

本次试验燃烧室的燃料分配比例为：

头部氢气：轴向一级氢气：轴向二级氢气等于 2∶3∶5。

经观察，本次试验的回火问题得到初步控制，火焰筒轴向一级、二级氢气预混管的示温漆颜色基本没有变化，本次试验未出现回火问题。试验结束后拆解检查火焰筒轴向一级、二级氢气预混管如图 5-15 所示。

图 5-15　火焰筒轴向一级、二级预混管示温漆颜色

试验发现，采用 2∶3∶5 的燃料分配方案，即减少火焰筒轴向一级氢气流量、增大火焰筒轴向二级氢气流量更有利于防止回火。

（5）压力脉动。

0.4 工况纯氢稳态燃烧阶段四个动态压力传感器的压力脉动时域如图 5-16 所示，两台螺杆式空压机自身产生的压力脉动时域如图 5-17 所示。

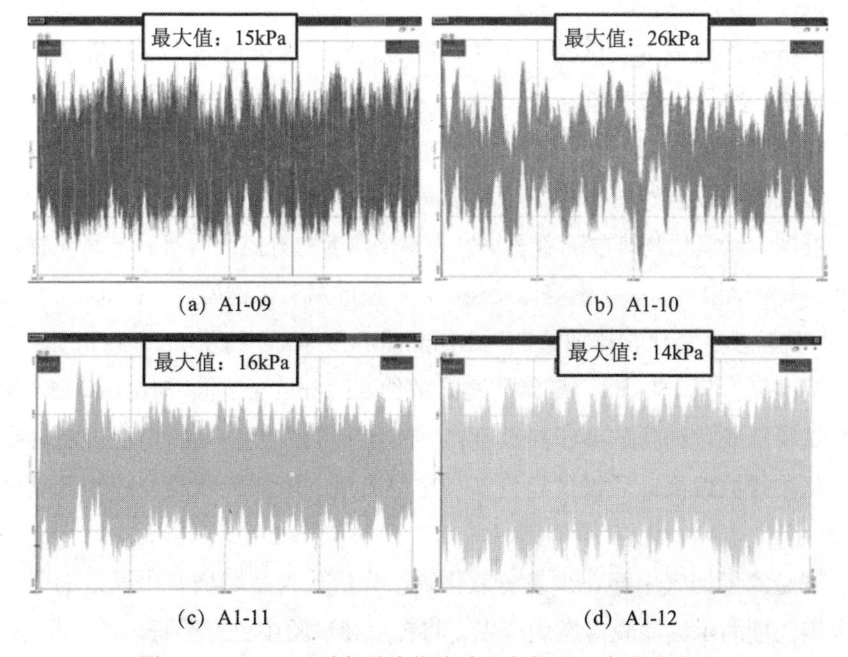

图 5-16　0.4 工况纯氢稳态燃烧阶段各位置压力脉动时域

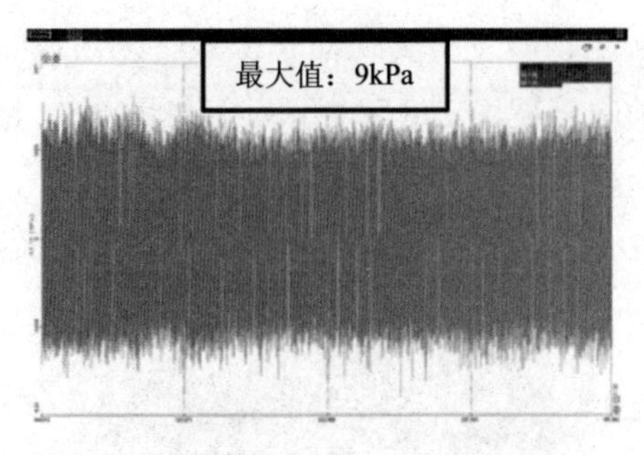

图 5-17　螺杆式空压机压力脉动时域

Al-09 环腔压力脉动最大值为 15kPa、Al-10 火焰筒后端压力脉动最大值为 26kPa、Al-11 火焰筒前端压力脉动最大值为 16kPa、Al-12 火焰筒头部喷嘴附近压力脉动最大值为 14kPa。

在仅开启两台空压机的情况下，Al-10 火焰筒后端压力脉动最大值为 9kPa。排除空气气源压力脉动干扰后，Al-10 火焰筒后端压力脉动最大值为 17kPa。

参考燃烧室设计，要求燃烧最大压力脉动与扩压器进气压力的比值≤4%，本次试验燃烧室的燃烧最大压力脉动与扩压器进气压力比值为 14.2%，本次试验存在燃烧振荡。

分析认为造成本次试验存在燃烧振荡的原因为火焰筒头部扩散燃烧燃料比例较低，氢气火焰不稳定。

（6）氮氧化物。

烟气测量数据如图 5-18 所示，氮氧化物排放值与氧含量如图 5-19 所示。可以看到，氮氧化物排放随着燃烧室内燃烧温度的升高而升高。氮氧化物排放与燃烧室燃烧温度有关，燃烧温度越高，产生的氮氧化物越多。在 0.4 工况纯氢稳态燃烧阶段氮氧化物排放最高为 81ppm@11.5%O_2，约 152.28mg/m^3。

基准氧含量 15% 时，氮氧化物排放约 96.18mg/m^3，即 51ppm@15%O_2，本次试验氮氧化物排放高于排放标准。初步判断为燃烧室出口温度超温导致氮氧化物排放偏高，后续试验将增加空气流量，降低燃烧温度控制氮氧化物排放。

试验测量烟气中存在少量一氧化碳，分析认为是燃烧室中残余的柴油或者火焰筒壁面示温漆脱落燃烧产生，将在后续试验中进行验证。

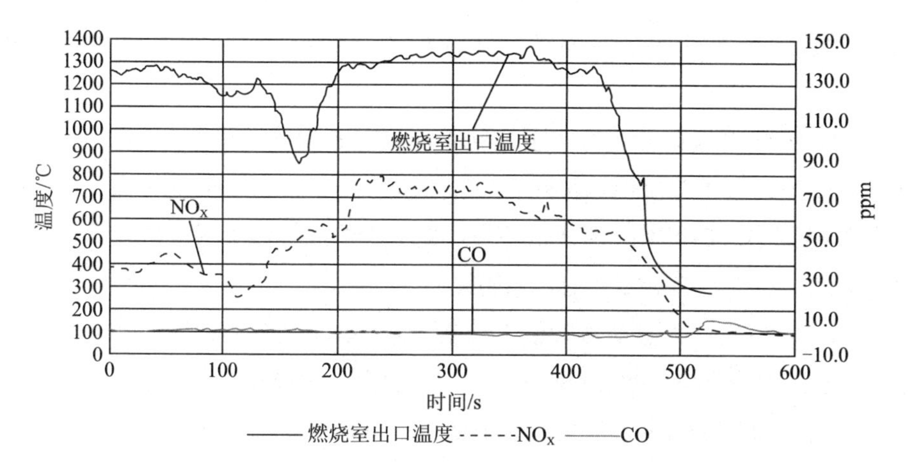

图 5-18　烟气测量数据

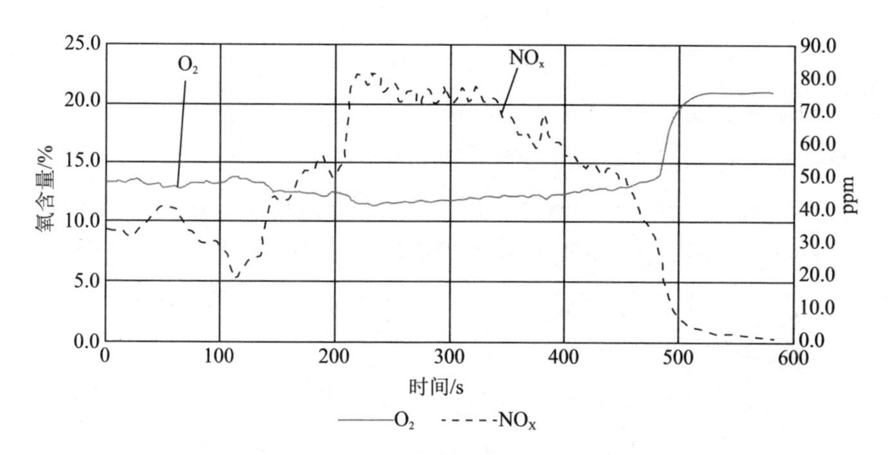

图 5-19　氮氧化物排放值与氧含量

（7）燃烧效率。

0.4 工况纯氢稳态燃烧时，根据燃烧室试验状态参数计算得到燃烧效率 η_{bt}=103.3%。

5. 结论

（1）火焰筒壁面的高温区主要集中在主燃孔和过渡段出口区域，火焰筒壁面最高温度约为 700℃。

（2）试验采用柴油点火，火焰筒头部通入柴油和雾化空气点火，点火成功后持续通入氢气并逐步减少柴油流量，实现 320Nm^3/h 氢气流量纯氢燃烧。

（3）火焰筒氢气预混管未出现回火现象，本次试验燃料分配比例 2∶3∶5，与试验编号 MYCS-01-20230722 燃料分配比例 2∶4∶4 相比，回火问题得到了初步控制。通过对比两次试验发现减少火焰筒轴向一级氢气流量、增大火焰筒轴向二级氢气流量更有利于防止回火产生。

（4）燃烧室压力脉动最大值 17kPa，燃烧室的燃烧最大压力脉动与扩压器进气压力比值为 14.2%（>4%），本次试验存在燃烧振荡。分析认为造成本次试验存在燃烧振荡的原因为火焰筒头部扩散燃烧燃料比例较低，氢气火焰筒不稳定。

（5）燃烧室出口最高温度 1439℃，平均温度 1312℃，氮氧化物排放最大值为 51ppm@15%O_2，高于国家规定排放标准，分析认为由于本次试验燃烧室出口温度超温导致氮氧化物排放偏高。

（6）燃烧室出口周向温度分布系数 *OTDF*=0.13，符合燃烧室设计要求，燃烧室出口径向温度分布系数 *RTDF*=0.12，高于燃烧室设计要求。分析认为造成 RTDF 高于设计要求的原因可能为火焰筒头部燃油喷嘴出口速度分布不均、氢气气瓶组供气压力不稳定、本次试验存在燃烧振荡等。

（7）燃烧效率 η_{bt}=103.3%。

（8）火焰筒头部、轴向一级、轴向二级燃料配比 2∶3∶5，氢气总流量 320Nm^3/h，空气流量 1.0kg/s，扩压器进气压力 0.12MPa，扩压器进气温度 319℃。

（9）燃烧室试验稳态燃烧持续时间 4 分钟（由于氢气气瓶组气量不足，导致燃烧室稳态燃烧时间较短）。

5.1.5 热电偶测量火焰筒壁温试验

本次试验采用热电偶测温法测量火焰筒壁温，与编号 MYCS-01-20230807 的试验相比，燃料分配比例由 2∶3∶5 更改为 3∶3∶4，增加了火焰筒头部燃料量，目的是观察能否降低燃烧室压力脉动。

1. 试验信息

试验编号：MYCS-01-20230814。

试验时间：2023 年 8 月 14 日 14:00—14:50。

试验地点：明阳氢燃纯氢燃气轮机燃烧室研发中心。

试验目的：（1）对“扩散燃烧 + 轴向分级射流微预混燃烧室”方案进行全温常压 0.5 工况燃烧测试，通过试验验证燃烧室的柴油点火特性、油氢切换特性、400Nm³/h 流量纯氢燃烧特性；（2）更改燃烧室燃料分配比例，观察燃烧室氮氧化物排放特性、压力脉动变化特性；（3）测量燃烧室出口温度、压力脉动、氮氧化物排放数据；（4）采用热电偶测量法测量火焰筒壁面温度，实时监测试验中火焰筒壁面温度变化情况。

环境条件：气压 1atm，温度 29℃，相对湿度 66%。

2. 试验状态参数

试验状态参数如表 5-10 所示。

表 5-10　试验状态参数

状态	扩压器进气温度/°C	扩压器进气压力/MPa	主路空气流量/(kg/s)	雾化空气流量/(kg/s)	氢气总流量/(Nm³/h)
0.5 工况	355	0.12	1.47	0.038	400

3. 试验流程

本次试验开启热风炉，扩压器进气温度加热至 200℃时，火焰筒头部通入柴油和雾化空气进行点火，点火成功后通入火焰筒头部氢气及轴向一级氢气，保持燃烧稳定的同时逐渐降低柴油流量至 0kg/s，实现柴油点火到纯氢燃烧阶段过渡。随后将火焰筒头部氢气、轴向一级氢气和轴向二级氢气分别增加至 120Nm³/h、120Nm³/h、160Nm³/h，扩压器进气温度升至 355℃，负荷升至 0.5 工况，稳态燃烧时氢气总流量为 400Nm³/h，0.5 工况稳态燃烧时火焰筒头部氢气、轴向一级氢气、轴向二级氢气的比例为 3∶3∶4，具体试验参数如表 5-11 所示。

表 5-11 0.5 工况油氢切换参数

状态	空气流量/(kg/s)	柴油流量/(kg/s)	头部氢气流量/(Nm³/h)	轴向一级氢气流量/（Nm³/h）	轴向二级氢气流量/（Nm³/h）
点火	1.47	0.03	0	0	0
油氢切换	1.0	0.03	0	120	0
	1.1	0.015	120	120	0
	1.2	0	120	120	100
0.5 工况	1.47	0	120	120	160

4. 试验结果及分析

（1）燃烧室点火。

本次试验通过观察燃烧室温升、稳定燃烧情况判断点火是否成功。试验按照 0.5 工况进行，点火前开启热风炉，将扩压器进气温度升至 200℃时点火。点火成功后进行燃料切换，试验顺利通过燃料切换阶段，并进入纯氢燃烧阶段稳定燃烧 6 分钟。纯氢燃烧阶段，测温耙在燃烧室出口处往返行走测量燃烧室出口温度分布，行走过程中发现有两个温度明显下降节点，分析认为这两个节点靠近过渡段出口壁面处（远离燃烧温度中心），温度较低。由于本次试验氢气气量不足，导致纯氢燃烧阶段温度无法维持。燃烧室出口温度如图 5-20 所示。

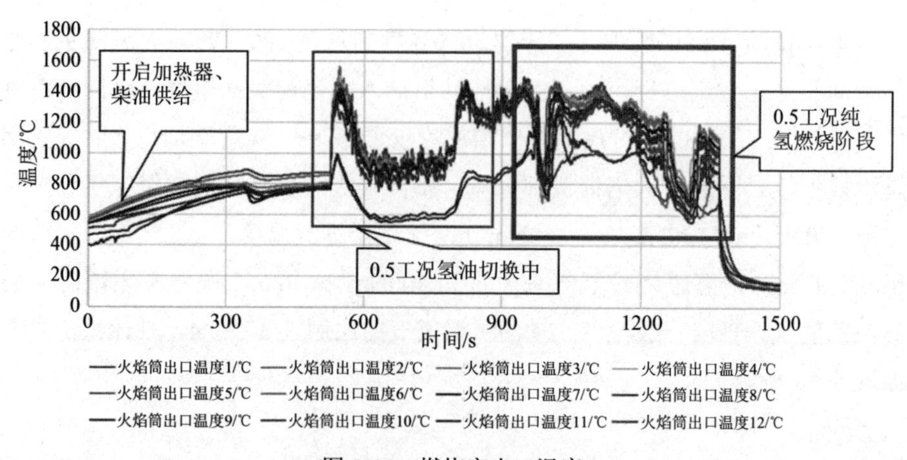

图 5-20 燃烧室出口温度

（2）燃烧室出口温度分布。

0.5 工况纯氢稳态燃烧阶段，燃烧室出口温度沿叶高分布如图 5-21 所示。可以看出，燃烧室出口温度靠近上下两端壁面温度相对较低，中心温度相对较高。

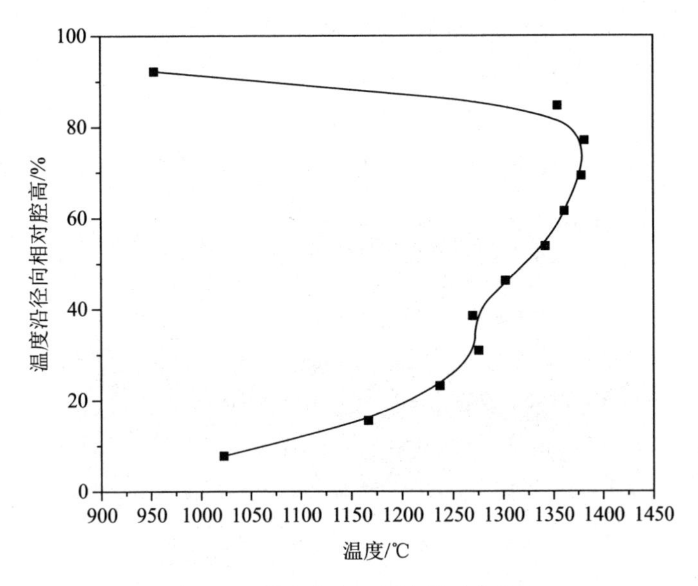

图 5-21　燃烧室出口温度沿叶高分布

0.5 工况纯氢稳态燃烧阶段，燃烧室最高平均径向温度为 1393℃。

观察图 5-20，可以看到燃烧室出口温度变化情况。

0.5 工况纯氢稳态燃烧阶段，燃烧室出口最高温度为 1469℃。

0.5 工况纯氢稳态燃烧阶段，燃烧室出口平均温度为 1258℃。

根据计算得到 $OTDF$=0.23，$RTDF$=0.15。在燃烧室设计中，一般要求 $OTDF \leqslant 0.15$，$RTDF \leqslant 0.1$。本次试验数据 $OTDF$、$RTDF$ 均高于设计要求。

分析认为造成燃烧室出口温度分布不均的原因可能有以下几点。

①火焰筒头部燃油喷嘴出口速度分布不均，导致燃烧室出口温度分布不均。

②由于氢气采用气瓶组供气，气瓶组氢气压力会随着试验进行而降低，造成氢气流量不稳定，导致燃烧室出口温度分布不均。

③本次试验存在燃烧振荡，也可能导致燃烧室出口温度分布不均。

④轴向一级、二级预混管存在回火问题，导致燃烧室出口温度分布不均。

（3）火焰筒壁面温度。

本次试验采用热电偶测量法测量火焰筒壁面温度。

热电偶测点位置如图 5-22 所示。2 个热电偶位于火焰筒头部，3 个热电偶位于火焰筒中段，3 个热电偶位于火焰筒后段，将采集的温度数据传输到试验室控制台上，通过读取 8 个热电偶测点的温度判断火焰筒壁温情况。

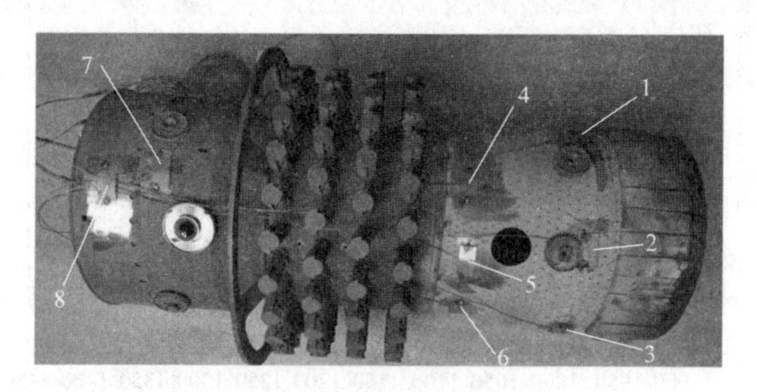

图 5-22　热电偶测点位置

试验后热电偶测量的火焰筒壁面温度曲线如图 5-23 所示。

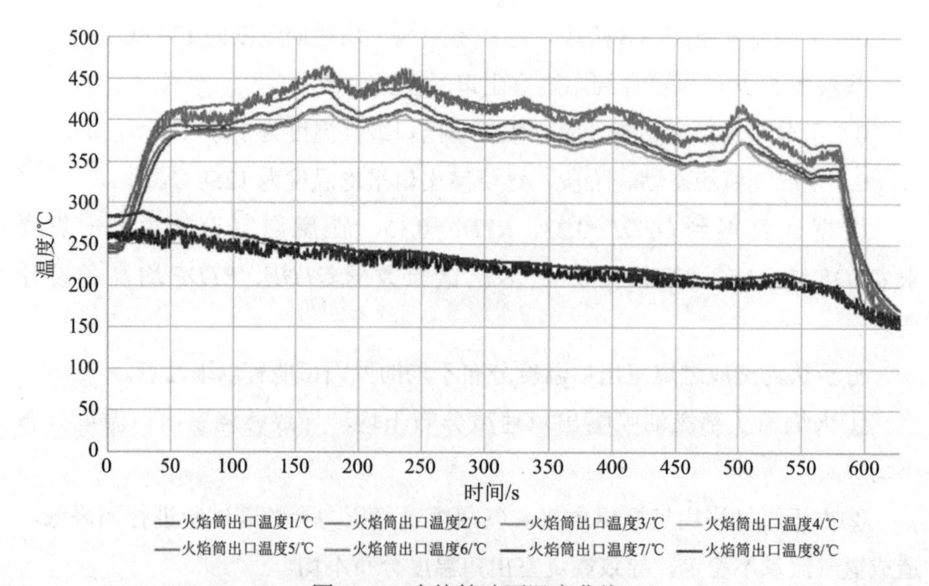

图 5-23　火焰筒壁面温度曲线

观察 8 个测点的试验数据可以发现，火焰筒壁温最高为 464℃，其中测点编号 7、8 两个热电偶在火焰筒头部，所以温度较低，将这两个数据删除后，计算火焰筒出口平均壁温为 396℃。

本次试验火焰筒出口处最高壁温为 464℃，平均壁温为 396℃，火焰筒最高壁温与测试编号 MYCS-01-20230807 示温漆测温法测得的壁温相差约 200℃。分析认为本次试验空气流量大、平均温度较低造成的两次的火焰筒壁温测量值相差较大。

（4）压力脉动。

0.5 工况纯氢稳态燃烧阶段四个动态压力传感器的压力脉动时域如图 5-24 所示，两台螺杆式空压机自身产生的压力脉动时域如图 5-25 所示。

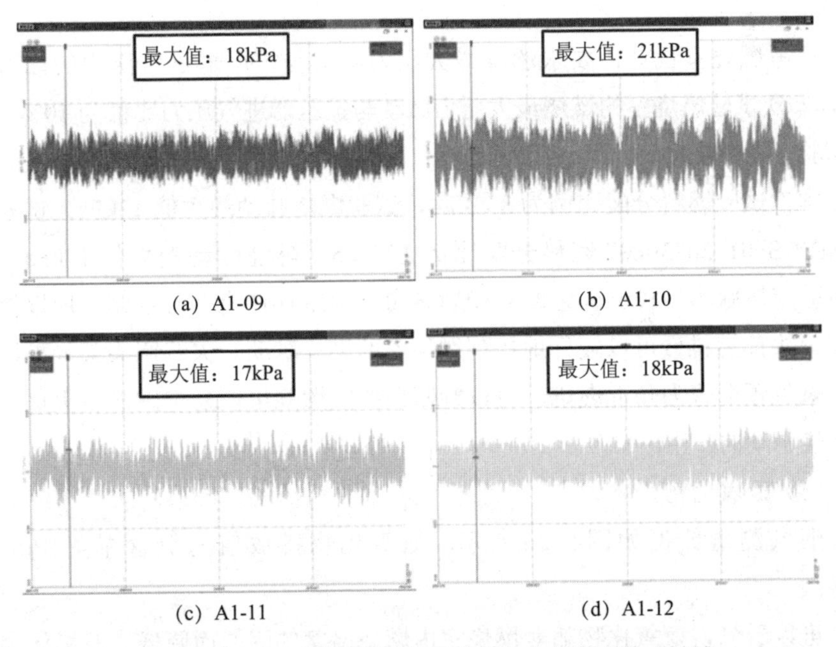

(a) A1-09　(b) A1-10

(c) A1-11　(d) A1-12

图 5-24　0.5 工况纯氢稳态燃烧阶段各位置压力脉动时域

Al-09 环腔压力脉动最大值为 18kPa、Al-10 火焰筒后端压力脉动最大值为 21kPa、Al-11 火焰筒前端压力脉动最大值为 17kPa、Al-12 火焰筒头部喷嘴附近压力脉动最大值为 18kPa。

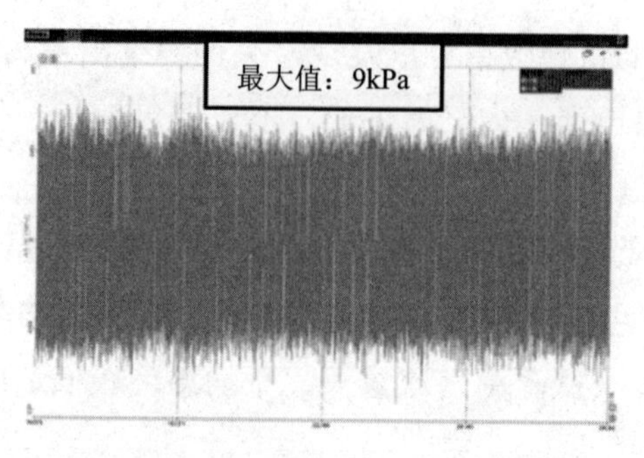

图 5-25　螺杆式空压机压力脉动时域

在仅开启两台空压机的情况下，Al-10 火焰筒后端压力脉动最大值为 9kPa。排除空气气源压力脉动干扰后，Al-10 火焰筒后端压力脉动最大值为 12kPa。

参考燃烧室设计，要求燃烧最大压力脉动与扩压器进气压力的比值≤4%，本次试验燃烧室的燃烧最大压力脉动与扩压器进气压力比值为 10%，本次试验存在燃烧振荡。

本次试验燃料分配比例为 3∶3∶4，试验燃烧脉动最大值 12kPa。试验编号 MYCS-01-20230807 燃料分配比例 2∶3∶5，燃烧脉动最大值 17kPa，本次试验燃烧脉动相较于试验编号 MYCS-01-20230807 有明显控制，所以增加火焰筒头部燃料量可以较好地控制燃烧室的燃烧脉动。火焰筒头部为扩散燃烧，氢气预混管为预混燃烧，可以判断：扩散燃烧可以稳定燃烧室火焰，防止燃烧脉动的产生。

（5）氮氧化物。

烟气测量数据如图 5-26 所示，氮氧化物排放值与氧含量如图 5-27 所示。

可以看到，氮氧化物随着燃烧室内燃烧温度的降低而降低。氮氧化物排放与燃烧室燃烧温度有关，燃烧温度越高，产生的氮氧化物越多。在 0.5 工况纯氢稳态燃烧阶段氮氧化物排放最高为 48.2ppm@11.5%O_2，约 90.62mg/m^3。

基准氧含量 15% 时，氮氧化物排放约 57.23mg/m^3，即 30.33ppm@15%O_2，本次试验氮氧化物排放高于排放标准。

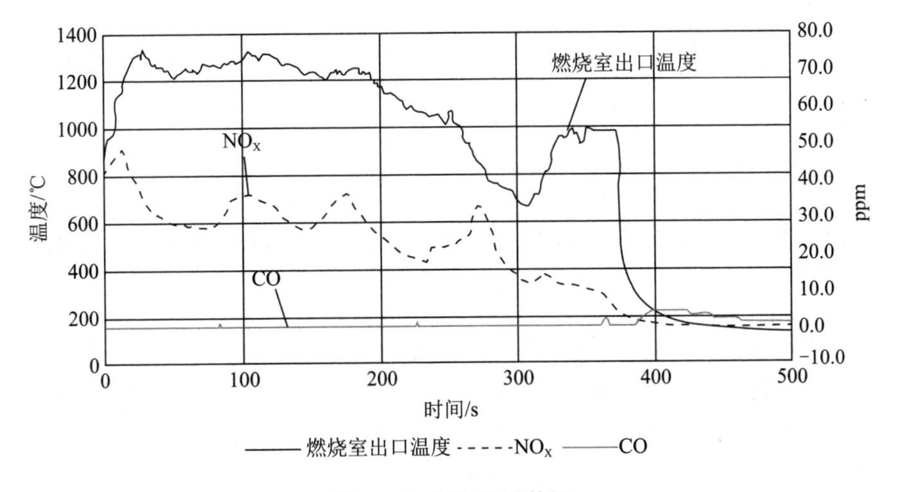

图 5-26　烟气测量数据

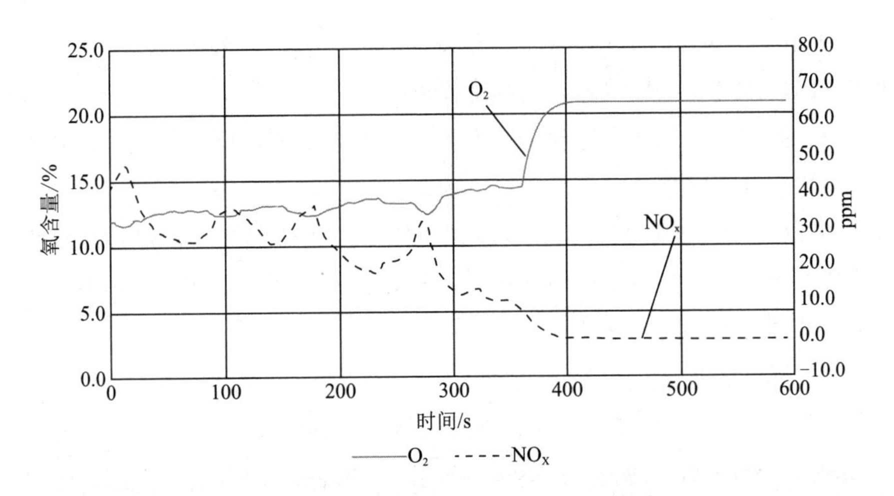

图 5-27　氮氧化物排放值与氧含量

相较于试验编号 MYCS-01-20230807 空气流量 1.0kg/s、燃烧室出口平均温度 1312℃，本次试验将空气流量增加至 1.47kg/s、燃烧室出口平均温度降低至 1258℃，氮氧化物排放从 51ppm@15%O_2 降低至 30.33ppm@15%O_2，所以降低燃烧室出口平均温度可以有效控制氮氧化物排放。

试验测量烟气中存在少量 CO 排放，由于本次试验依旧使用柴油点火，无法排除柴油残留的因素，不能判断 CO 是由柴油燃烧产生，还是由火焰筒壁面示温漆脱落燃烧产生，将于后续试验采用纯氢点火时进行验证。

（6）燃烧效率。

0.5 工况纯氢稳态燃烧时，根据燃烧室试验状态参数计算得到燃烧效率 η_{bt}=109%。

5. 结论

（1）400Nm³/h 纯氢稳态燃烧时火焰筒出口处最高壁温 464℃，平均壁温 396℃。

（2）试验采用柴油点火，火焰筒头部通入柴油和雾化空气点火，点火成功后持续通入氢气并逐渐减少柴油流量，实现 400Nm³/h 氢气纯氢燃烧。

（3）燃烧室压力脉动最大值 12kPa，燃烧室的燃烧最大压力脉动与扩压器进气压力比值为 10%（>4%），本次试验存在燃烧振荡。

（4）燃烧室出口最高温度 1469℃，平均温度 1258℃，氮氧化物排放最大值为 30.33ppm@15%O_2，高于国家规定排放标准。分析认为由于本次试验燃烧室出口温度超温导致氮氧化物排放偏高。

（5）燃烧室出口周向温度分布系数 *OTDF*=0.23，高于燃烧室设计要求，燃烧室出口径向温度分布系数 *RTDF*=0.15，高于燃烧室设计要求。分析认为造成 *OTDF*、*RTDF* 均高于设计要求的原因可能为火焰筒头部燃油喷嘴出口速度分布不均、氢气气瓶组供气压力不稳定、本次试验存在燃烧振荡、火焰筒轴向预混管存在回火问题等。

（6）燃烧效率 η_{bt}=109%。

（7）火焰筒头部、轴向一级、轴向二级的燃料配比 3∶3∶4，氢气总流量 400Nm³/h，空气流量 1.47kg/s，扩压器进气压力 0.12MPa，扩压器进气温度 355℃。

（8）燃烧室纯氢稳态燃烧持续时间 6 分钟。

（9）相较于试验编号 MYCS-01-20230807，本次试验增加了空气流量和头部氢气量，将燃烧室出口平均温度从 1312℃降低至 1258℃，燃烧室压力脉动从 17kPa 降低至 12kPa，氮氧化物排放从 51ppm@15%O_2 降低至 30.33ppm@15%O_2，有效减少了氮氧化物排放并降低了燃烧振荡。

5.1.6　纯氢点火试验

当前，燃气轮机采用氢气直接点火联焰的相关研究较少，暂时无法对工程实践提供明确的指导意义，有鉴于此，本次试验尝试使用氢气直接点火方式，探究纯氢燃气轮机燃烧室氢气直接点火可行性。

1. 试验信息

试验编号：MYCS-01-20230815。

试验时间：2023 年 8 月 15 日 14:40—16:10。

试验地点：明阳氢燃纯氢燃气轮机燃烧室研发中心。

试验目的：（1）对“扩散燃烧 + 轴向分级射流微预混燃烧室”方案进行常温常压氢气直接点火测试，通过试验验证燃烧室的氢气直接点火特性；（2）首次点火成功后进行常温常压 0.5 工况燃烧测试，验证本套方案燃烧室 400Nm^3/h 流量纯氢燃烧特性；（3）测量燃烧室出口温度、压力脉动、氮氧化物排放数据；（4）试验结束后对试验件进行拆解检查，观察本套方案火焰筒采用氢气直接点火的回火情况。

环境条件：气压 1atm，温度 31℃，相对湿度 72%。

2. 试验流程

本次试验未开启热风炉，常温、常压进行点火试验，试验计划尝试三种氢气直接点火方案。方案一：空气流量 1.0kg/s，燃烧室供入 200Nm^3/h 氢气后启动点火器，点火器持续工作 15 秒，检查燃烧室温升、稳定燃烧情况，判断点火成功与否，点火成功后，进行稳态燃烧测试试验，并记录燃烧室出口温度、压力脉动、氮氧化物等数据。方案二：空气流量 1.0kg/s，启动点火器后燃烧室供入 200Nm^3/h 氢气，点火器持续工作 15 秒，检查燃烧室温升、稳定燃烧情况，判断点火成功与否，点火成功后立即熄火。方案三：空气流量 0.5kg/s，启动点火器后燃烧室供入 100Nm^3/h 氢气，点火器持续工作 15 秒，检查燃烧室温升、稳定燃烧情况，判断点火是否成功，点火成功后立即熄火。

三种氢气直接点火方案状态参数对比如表 5-12 所示。

表 5-12　三种氢气直接点火方案状态参数对比

方案	扩压器进气温度/℃	扩压器进气压力/MPa	主路空气流量/（kg/s）	火焰筒头部氢气流量/（Nm³/h）	点火方式
一	25	0.12	1.0	200	先启动点火器，再通入氢气
二	25	0.12	1.0	200	先通入氢气，再启动点火器
三	25	0.12	0.5	100	先通入氢气，再启动点火器

3. 第一次纯氢点火

试验第一次纯氢点火，点火前使火焰筒头部氢气流量达到200Nm³/h，空气流量达到1.0kg/s后，再进行点火器点火操作。点火后观察到燃烧室出口温度迅速升高，判断为第一次纯氢点火成功，但点火瞬间试验现场出现较大爆燃声，压力脉动传感器反馈的火焰筒后端压力脉动较大，初步判断为先通入的氢气在燃烧室中聚集，之后再点火造成聚集的氢气遇电火花爆燃，产生较大的爆燃声。

火焰筒后端压力脉动如图5-28所示，点火爆燃瞬间压力脉动最大值为107kPa，点火阶段燃烧室出口温度如图5-29所示。

采用先通氢、后点火的操作方式会使氢气聚集在火焰筒内，点火时造成聚集的氢气爆燃，产生较大的爆鸣声。

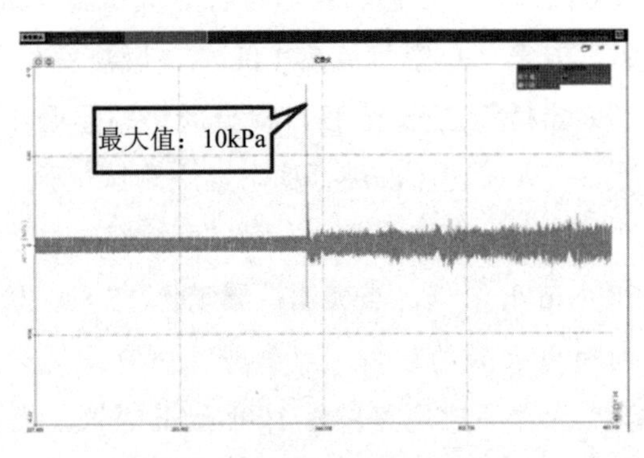

图 5-28　火焰筒后端压力脉动

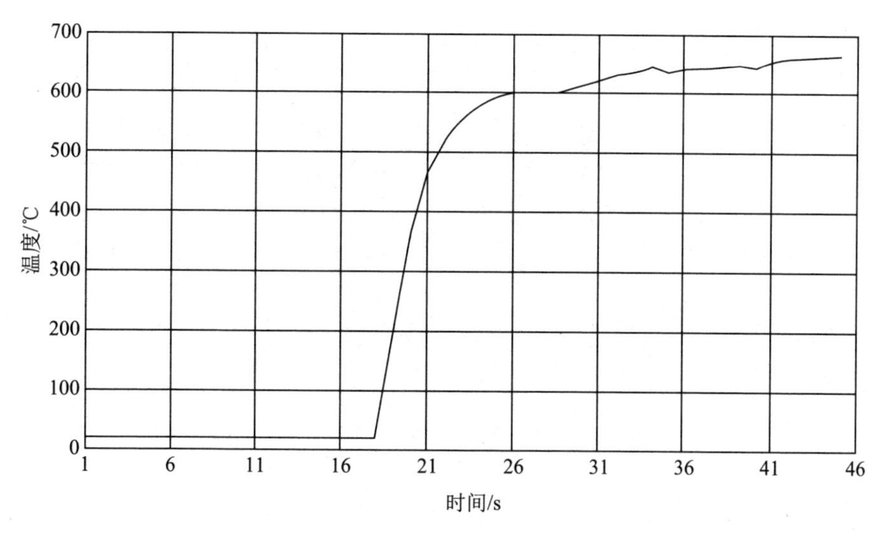

图 5-29　点火阶段燃烧室出口温度

（1）额定工况纯氢燃烧。

试验第一次纯氢点火，点火成功后将燃烧室负荷升至 0.5 工况纯氢燃烧阶段继续试验，火焰筒头部氢气、轴向一级氢气、轴向二级氢气的比例为 3∶3∶4，具体参数如表 5-13 所示。

表 5-13　0.5 工况纯氢燃烧参数

状态	扩压器进气温度/℃	扩压器进气压力/MPa	空气流量/(kg/s)	氢气总流量/(Nm^3/h)	头部氢气流量/(Nm^3/h)	一级氢气流量/(Nm^3/h)	二级氢气流量/(Nm^3/h)
0.5 工况	25	0.12	1.47	400	120	120	160

本次试验未开启热风炉，采用常温、常压纯氢的点火方式，扩压器进气温度为 25℃，试验负荷升至 0.5 工况，燃烧室出口温度如图 5-30 所示。在 0.5 工况纯氢燃烧阶段，测温耙在燃烧室出口处往返行走测量燃烧室出口温度分布，行走过程中有两个温度明显下降节点，分析认为这两个节点靠近过渡段出口壁面处（远离燃烧温度中心），温度较低。

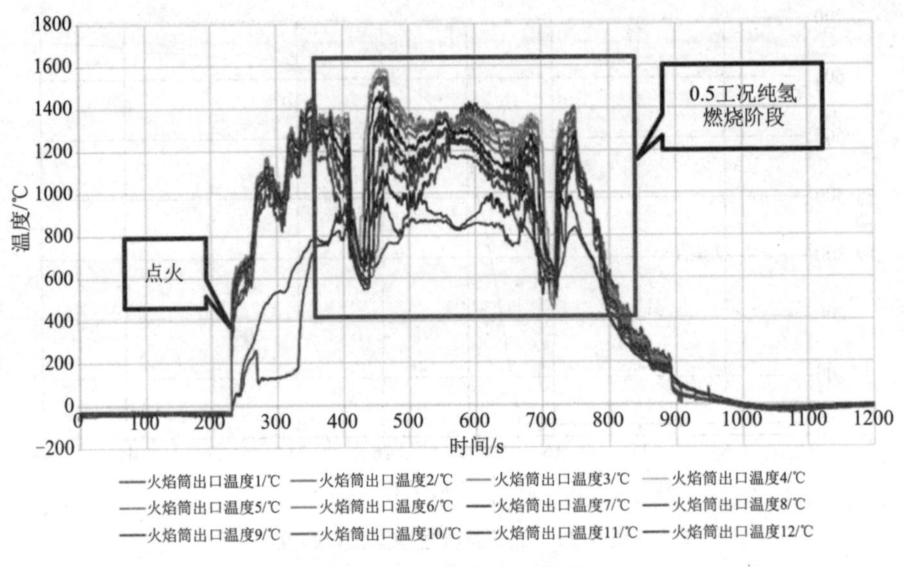

图 5-30　燃烧室出口温度

（2）燃烧室出口温度分布。

0.5 工况纯氢稳态燃烧阶段，燃烧室出口温度沿叶高分布如图 5-31 所示。可以看出，燃烧室出口温度靠近上下两端壁面温度相对较低，中心温度相对较高。

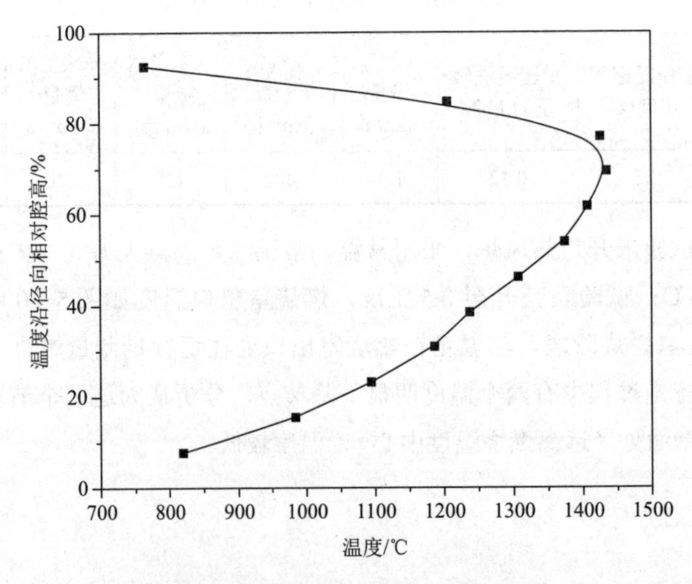

图 5-31　燃烧室出口温度沿叶高分布

0.5 工况纯氢稳态燃烧阶段，燃烧室最高平均径向温度为 1383℃。

观察图 5-30，可以看到燃烧室出口温度变化情况。

0.5 工况纯氢稳态燃烧阶段，燃烧室出口最高温度为 1450℃。

0.5 工况纯氢稳态燃烧阶段，燃烧室出口平均温度为 1187℃。

根据计算得到 *OTDF*=0.23，*RTDF*=0.17。在燃烧室设计中，一般要求 *OTDF* ≤ 0.15，*RTDF* ≤ 0.1。本次试验数据 *OTDF*、*RTDF* 均高于设计要求。

分析认为造成燃烧室出口温度分布不均的原因可能有：

①火焰筒头部燃油喷嘴出口速度分布不均，导致燃烧室出口温度分布不均。

②由于氢气采用气瓶组供气，气瓶组氢气压力会随着试验进行而降低，造成氢气流量不稳定，导致燃烧室出口温度分布不均。

③本次试验存在燃烧振荡，也可能导致燃烧室出口温度分布不均。

④轴向一级、二级预混管存在回火问题，导致燃烧室出口温度分布不均。

（3）压力脉动。

0.5 工况纯氢稳态燃烧阶段四个动态压力传感器的压力脉动时域如图 5-32 所示，两台螺杆式空压机自身产生的压力脉动时域如图 5-33 所示。

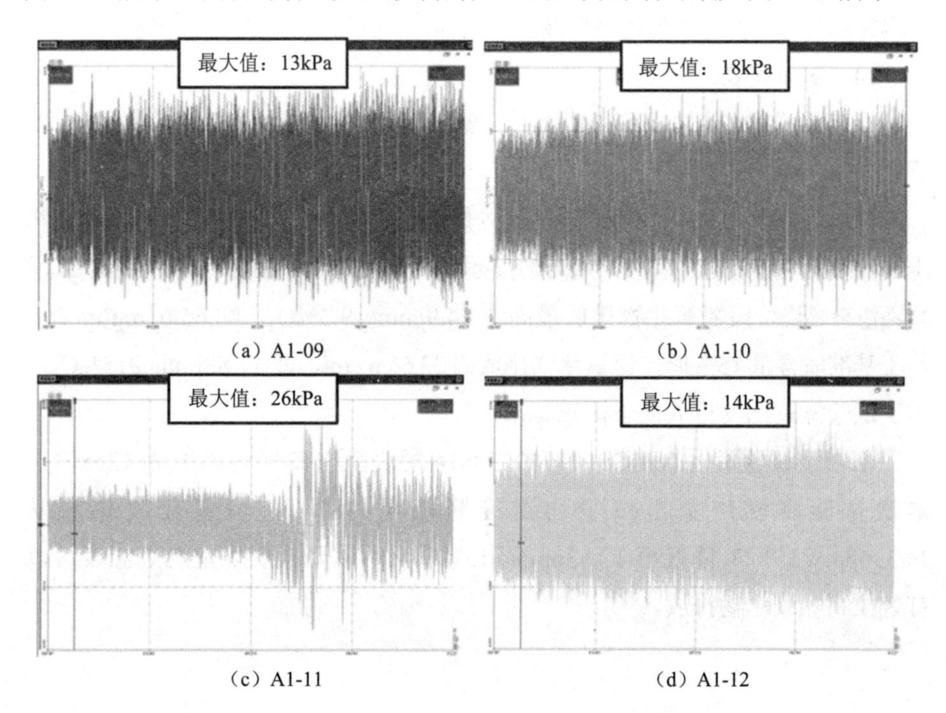

（a）A1-09　（b）A1-10

（c）A1-11　（d）A1-12

图 5-32　0.5 工况纯氢稳态燃烧阶段各位置压力脉动时域

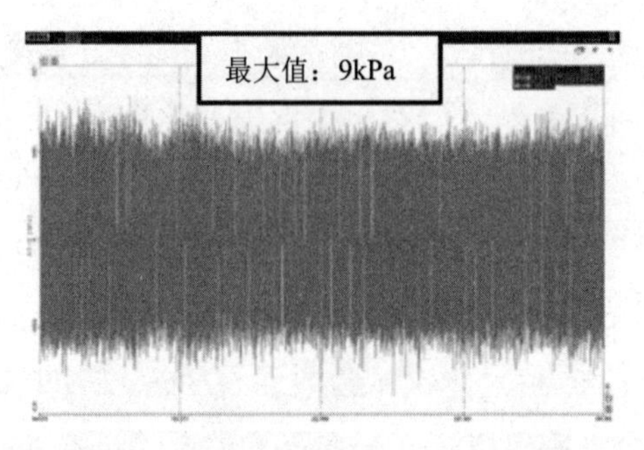

图 5-33　螺杆式空压机压力脉动时域

Al-09 环腔压力脉动最大值为 13kPa、Al-10 火焰筒后端压力脉动最大值为 18kPa、Al-11 火焰筒前端压力脉动最大值为 26kPa、Al-12 火焰筒头部喷嘴附近压力脉动最大值为 14kPa。

在仅开启两台空压机的情况下，Al-10 火焰筒后端压力脉动最大值为 9kPa。排除空气气源压力脉动干扰后，Al-10 火焰筒后端压力脉动最大值为 9kPa。

参考燃烧室设计，要求燃烧最大压力脉动与扩压器进气压力的比值≤4%，本次试验燃烧室的燃烧最大压力脉动与扩压器进气压力比值为 7.5%（>4%）。本次试验存在燃烧振荡。

（4）氮氧化物。

烟气测量数据如图 5-34 所示，氮氧化物排放值与氧含量如图 5-35 所示。

可以看到，氮氧化物随着燃烧室内燃烧温度的降低而降低，所以氮氧化物排放与燃烧室燃烧温度有关，燃烧温度越高，产生的氮氧化物越多。在 0.5 工况纯氢稳态燃烧阶段氮氧化物排放最高达 34.9ppm@9.3%O_2，约 65.61mg/m^3。

基准氧含量 15% 时，氮氧化物排放约 33.65mg/m^3，即 17.83ppm@15%O_2，本次试验氮氧化物排放低于国家标准。

相较于试验编号 MYCS-01-20230814 燃烧室出口平均温度为 1258℃，本次试验将燃烧室出口平均温度降低至 1187℃，氮氧化物排放从 30.33ppm@15%O_2 降低至 17.83ppm@15%O_2，所以降低燃烧室燃烧温度可以有效控制氮氧化物排放。

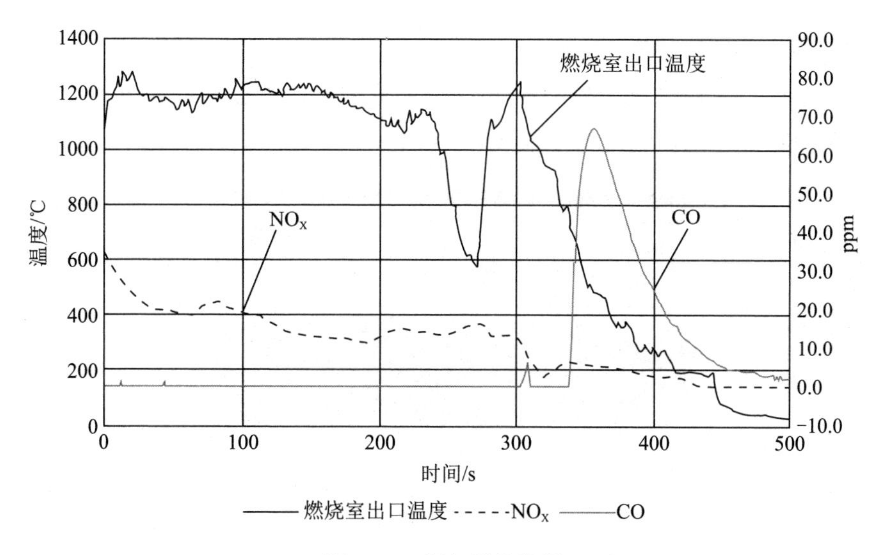

图 5-34　烟气测量数据

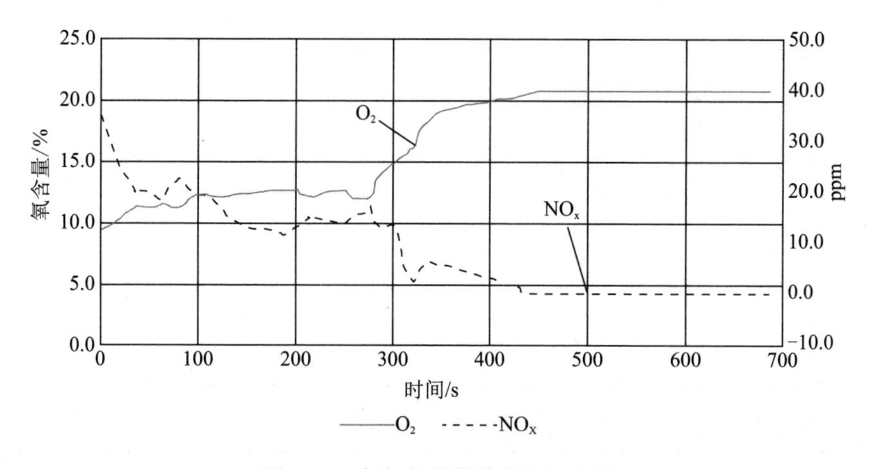

图 5-35　氮氧化物排放值与氧含量

试验测量烟气中存在一氧化碳排放，最高达 67ppm@19.3%O_2。本次试验使用纯氢点火，试验前清洗燃烧室，将柴油残留因素排除，说明一氧化碳不是由柴油燃烧产生。拆卸火焰筒后发现火焰筒壁面示温漆大面积脱落，判断一氧化碳由火焰筒壁面示温漆脱落燃烧产生。

4. 第二次纯氢点火

火焰筒后端压力脉动如图 5-36 所示，点火时压力脉动最大值为 12kPa，点火阶段燃烧室出口温度如图 5-37 所示。

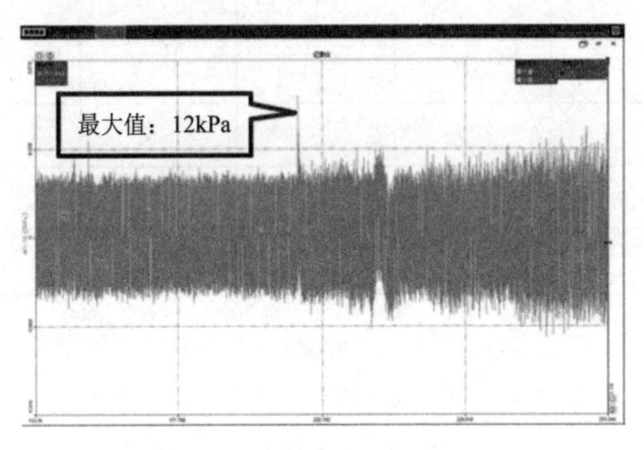

图 5-36　火焰筒后端压力脉动

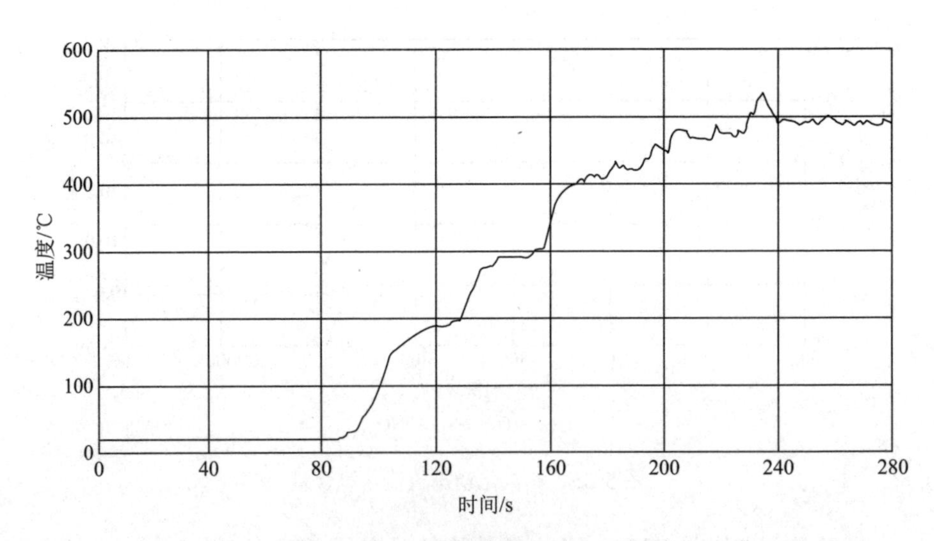

图 5-37　点火阶段燃烧室出口温度

试验第二次纯氢点火使空气流量达到 1.0kg/s 后，让点火器先持续进行点火，然后火焰筒头部再缓慢通入氢气，氢气流量计在低于数采系统显示最小值时（<40Nm^3/h），观察到燃烧室出口温度逐渐升高，判断为点火成功。此次点火未出现爆燃声。

采用先点火、后通氢的操作方式，未产生爆燃现象。

5. 第三次纯氢点火试验

火焰筒后端压力脉动如图 5-38 所示，点火时压力脉动最大值为 8kPa，点火阶段燃烧室出口温度如图 5-39 所示。

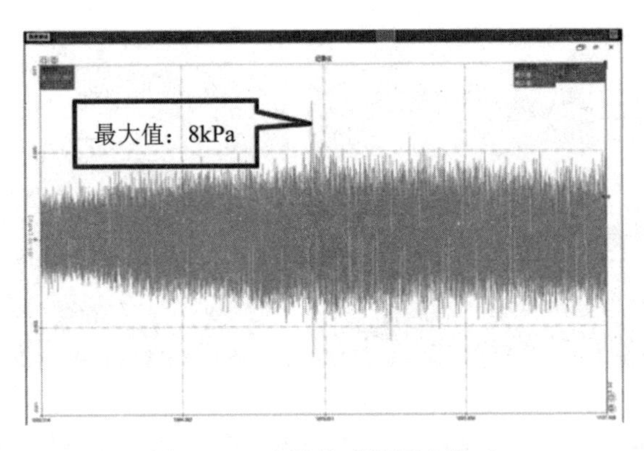

图 5-38　火焰筒后端压力脉动

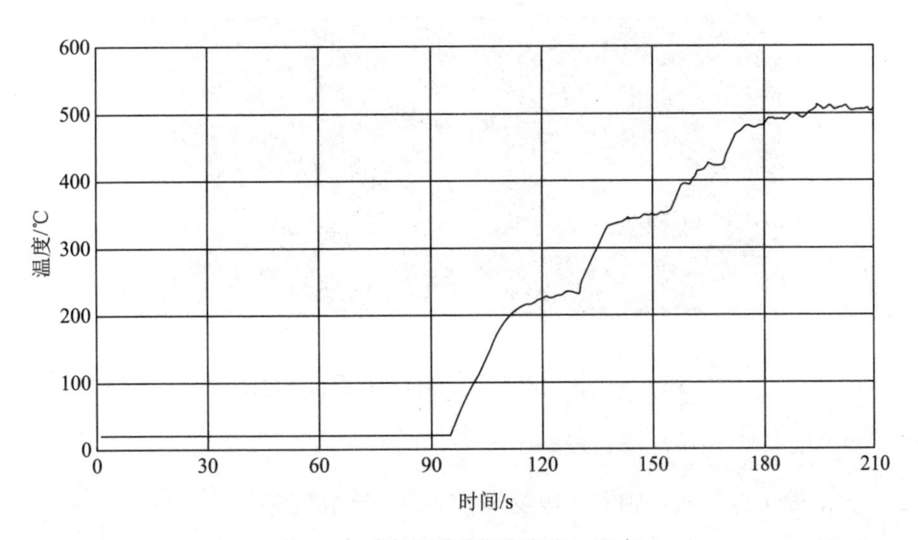

图 5-39　点火阶段燃烧室出口温度

试验第三次纯氢点火使空气流量达到 0.5kg/s 后，让点火器先持续进行点火，然后火焰筒头部再缓慢通入氢气，氢气流量计在低于数采系统显示最小值时（<40Nm^3/h），观察到燃烧室出口温度逐渐升高，判断为点火成功。此次点火依旧未出现爆燃现象，压力脉动传感器反馈的点火瞬间压力脉动数据正常。

6. 回火

火焰筒轴向一、二级氢气预混管试验前后拆解检查对比如图 5-40 所示，火焰筒头部试验前后拆解检查对比如图 5-41 所示。

（a）试验前　　（b）试验后

图 5-40　火焰筒轴向一、二级氢气预混管试验前后拆解检查对比

（a）试验前　　（b）试验后

图 5-41　火焰筒头部试验前后拆解检查对比

本次试验燃烧室的燃料分配比例为：

火焰筒头部氢气∶轴向一级氢气∶轴向二级氢气等于 3∶3∶4。

试验结束后拆解检查火焰筒，发现此前喷涂的未变色示温漆均由红色变为淡蓝色，火焰筒一级氢气预混管、二级氢气预混管均有不同程度的回火，对比示温漆比色卡发现预混管回火平均温度约 860℃，并且火焰筒头部也出现了较为严重的回火现象。

分析认为造成本次试验火焰筒预混管回火原因是燃料分配比例不合适、火焰筒冷却孔过多导致预混管路空气流量少，后续试验将更改燃料分配比例、封堵部分火焰筒冷却孔以改善火焰筒预混管回火问题。

分析认为造成本次试验火焰筒头部回火原因为第二次和第三次纯氢点火采用先点火、后通氢方式，氢气在较小流量时（<40Nm^3/h）点火成功，第二次纯氢点火空气流量为 1.0kg/s，第三次纯氢点火空气流量为 0.5kg/s，由于氢气和空气流量较小导致氢气在火焰筒头部直接燃烧，造成火焰筒头部回火。

7. 结论

（1）成功完成全国首次 30MW 级燃气轮机燃烧室纯氢点火，为后续纯氢点火试验奠定基础。

（2）氢气直接点火比柴油点火更经济、更便捷，采用正确的点火顺序，氢气直接点火的安全性也能得到保障。

（3）先通氢气再点火，出现爆燃现象，先点火再通氢气，未出现爆燃现象。

（4）氢气极易点燃，氢气流量计低于数采系统显示最小值时（<40Nm^3/h）即可点燃，并且不易熄火。

（5）第一次点火纯氢稳态燃烧阶段，燃烧室出口最高温度 1450℃，平均温度 1187℃。氮氧化物排放最大值 17.83ppm@15%O_2。燃烧室压力脉动最大值 9kPa，燃烧室的燃烧最大压力脉动与扩压器进气压力比值为 7.5%（>4%），本次试验存在燃烧振荡。燃料分配比例 3∶3∶4，空气流量 1.47kg/s，扩压器进气压力 0.12MPa，扩压器进气温度 25℃，燃烧室纯氢稳态燃烧持续时间 7 分钟。试验结束后发现火焰筒氢气预混管回火严重。

（6）第二次及第三次点火采用先点火、后通氢方案，由于氢气和空气流量较小，点火成功后导致火焰筒头部回火严重。

（7）三次纯氢点火试验对比如表 5-14 所示。

表 5-14　三次纯氢点火试验对比

	第一次点火	第二次点火	第三次点火
点火时间	14：45	15：47	16：02
点火顺序	先通氢气，点火器再通电点火	点火器先通电点火，再通氢气	点火器先通电点火，再通氢气

续表

	第一次点火	第二次点火	第三次点火
空气流量/（kg/s）	1.0	1.0	0.5
氢气流量/（Nm^3/h）	200	低于 $40Nm^3/h$	低于 $40Nm^3/h$
压力脉动/kPa	107	12	8
是否存在爆燃	是	否	否

5.1.7　第二次火焰筒喷涂示温漆测试壁温

本次试验为本套燃烧室方案第二次采用示温漆判读法测量火焰筒壁温，与第一次采用示温漆判读法测量火焰筒壁温试验作对比。并且本次试验封堵了部分火焰筒掺混孔，燃料分配比例更改为0∶4∶6，试验结束观察火焰筒氢气预混管回火程度及氮氧化物排放值。

1. 试验信息

试验编号：MYCS-01-20230821。

试验时间：2023 年 8 月 21 日 17:40—18:10。

试验地点：明阳氢燃纯氢燃气轮机燃烧室研发中心。

试验目的：（1）对“扩散燃烧＋轴向分级射流微预混燃烧室”方案进行加温常压 0.5 工况燃烧测试，通过试验验证燃烧室的氢气直接点火特性、$400Nm^3/h$ 流量纯氢燃烧特性；（2）更改燃烧室燃料分配比例，观察燃烧室氮氧化物排放特性、压力脉动变化特性、火焰筒回火情况；（3）封堵部分火焰筒掺混孔，观察火焰筒回火问题能否得到改善；（4）测量燃烧室出口温度分布、压力脉动、氮氧化物排放数据；（5）采用示温漆判读法测量火焰筒壁面温度，试验结束后对试验件进行拆解检查，观察本套方案火焰筒壁面温度分布情况及回火情况。

环境条件：气压 1atm，温度 29℃，相对湿度 69%。

2. 试验状态参数

试验状态参数如表 5-15 所示。

表 5-15　试验状态参数

状态	扩压器进气温度/°C	扩压器进气压力/MPa	主路空气流量/(kg/s)	雾化空气流量/(kg/s)	氢气总流量/(Nm^3/h)
0.5 工况	200	0.12	1.35	0.038	400

3. 试验流程

本次试验开启热风炉，点火前空气流量调节至 1.35kg/s，扩压器进气温度加热至 200℃时火焰筒头部采用先点火后通燃料方式纯氢点火，点火后增加火焰筒轴向一级氢气量至 $100Nm^3/h$、切断火焰筒头部氢气，随后将火焰筒轴向一级氢气、轴向二级氢气分别增加至 $160Nm^3/h$、$240Nm^3/h$，负荷达到 0.5 工况，稳态燃烧时氢气总流量为 $400Nm^3/h$，0.5 工况稳态燃烧时火焰筒头部氢气、轴向一级氢气、轴向二级氢气比例为 0∶4∶6，具体试验参数如表 5-16 所示。

表 5-16　0.5 工况升负荷参数

状态	空气流量/(kg/s)	头部氢气流量/(Nm^3/h)	轴向一级氢气流量/（Nm^3/h）	轴向二级氢气流量/（Nm^3/h）
点火	1.35	40	0	0
燃料分配调整	1.35	40	100	0
	1.35	0	160	120
0.5 工况	1.35	0	160	240

4. 试验结果及分析

（1）燃烧室点火。

燃烧室出口温度如图 5-42 所示，本次试验通过观察燃烧室温升、稳定燃烧情况判断点火是否成功。点火前开启热风炉，将扩压器进气温度升温至 200℃时进行纯氢点火。试验按照 0.5 工况进行，纯氢燃烧阶段，测温耙在燃烧室出口处往返行走测量燃烧室出口温度分布，行走过程中有两个温度明显下降节点，分析认为这两个节点靠近过渡段出口壁面处（远离燃烧温度中心），温度较低。

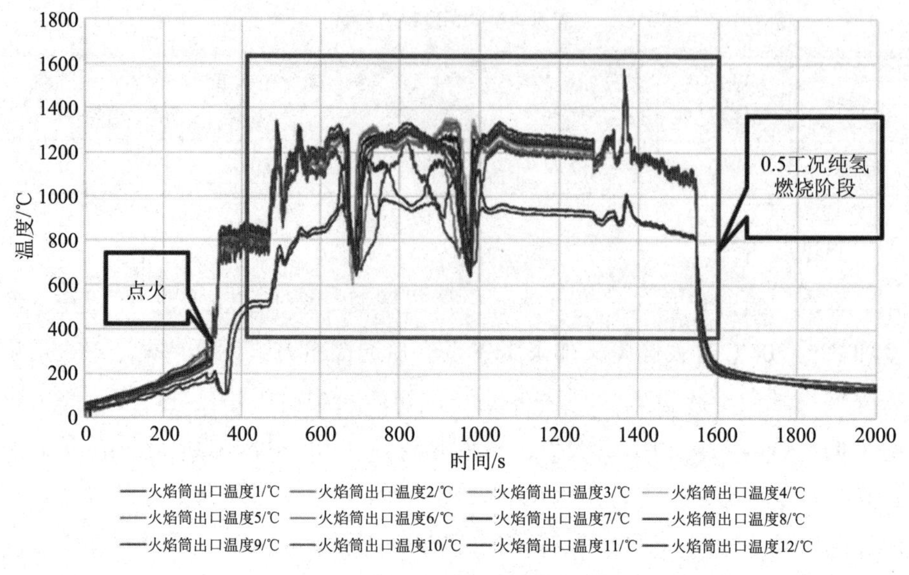

图 5-42　燃烧室出口温度

（2）燃烧室出口温度分布。

燃烧室实际出口温度分布云图如图 5-43 所示，燃烧室数值模拟出口温度分布云图如图 5-44 所示。

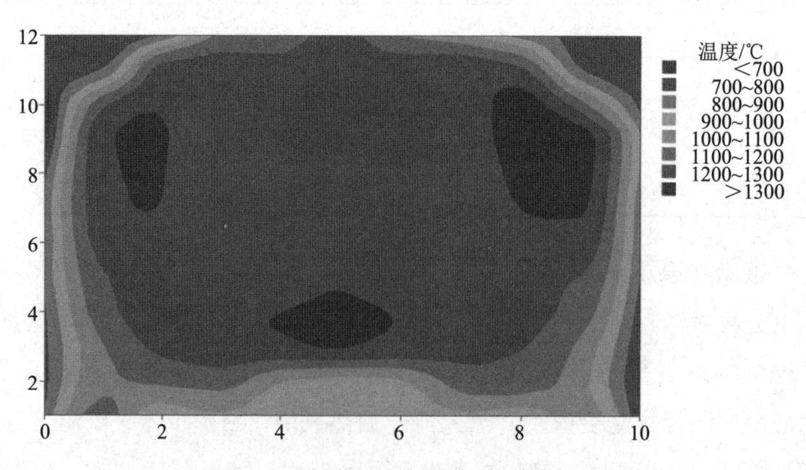

图 5-43　燃烧室实际出口温度分布云图

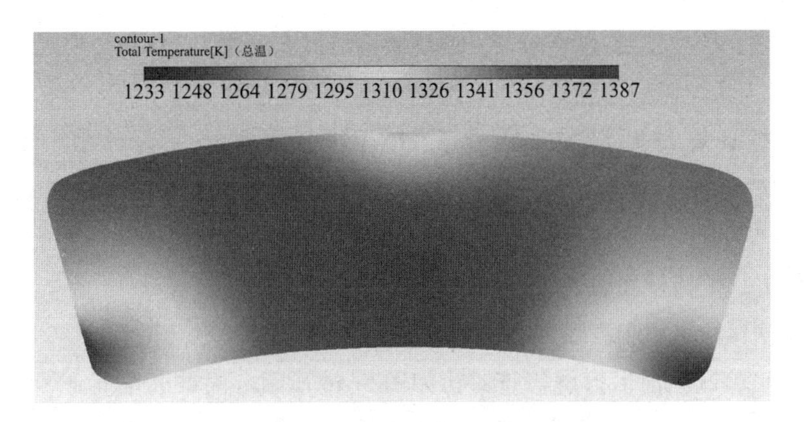

图 5-44　燃烧室数值模拟出口温度分布云图

可以看到，燃烧室实际出口温度分布基本符合数值模拟计算出口温度分布，但实际出口温度最高达 1300℃，比数值模拟计算最高温度高约 200℃。

0.5 工况纯氢稳态燃烧阶段，燃烧室出口温度沿叶高分布如图 5-45 所示。可以看出，燃烧室出口温度靠近上下两端壁面温度相对较低，中心温度相对较高。

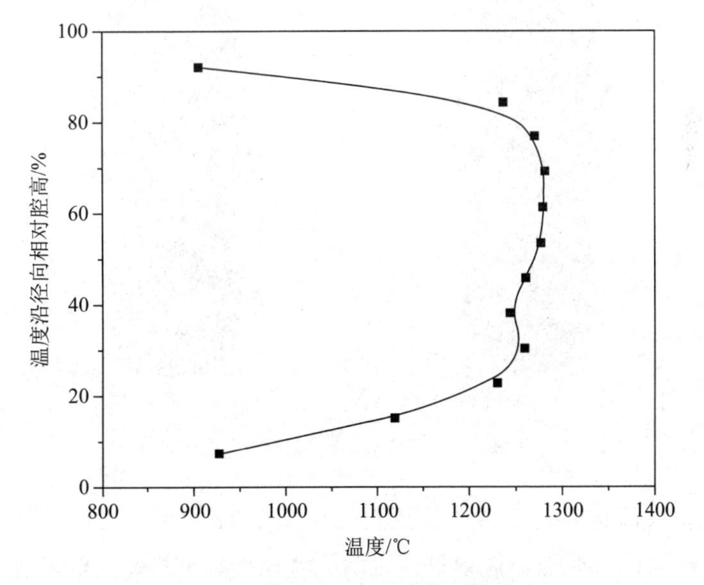

图 5-45　燃烧室出口温度沿叶高分布

0.5 工况纯氢稳态燃烧阶段，燃烧室最高平均径向温度为 1283℃。

观察图 5-42，可以看到燃烧室出口温度变化情况。

0.5 工况纯氢稳态燃烧阶段，燃烧室出口最高温度为 1353℃。

0.5 工况纯氢稳态燃烧阶段，燃烧室出口平均温度为 1203℃。

根据计算得到 *OTDF*=0.15，*RTDF*=0.08。在燃烧室设计中，一般要求 *OTDF* ≤ 0.15，*RTDF* ≤ 0.1。本次试验数据 *OTDF*、*RTDF* 均符合设计要求。

（3）火焰筒壁面温度。

本次试验采用示温漆判读法测量火焰筒壁面温度。

火焰筒试验前后拆解检查对比如图 5-46 所示，根据火焰筒上示温漆的变色情况，对比示温漆标定判读卡可以看出火焰筒后段温度分布不均，火焰筒头部区域温度过高。火焰筒壁温最高温度约为 700℃，最低温度约为 500℃。分析认为封堵部分掺混孔，导致火焰筒后段冷却效果降低、壁面温度分布不均。点火时火焰筒头部通入氢气采用纯氢点火可能造成氢气在火焰筒头部壁面燃烧，出现高温区。

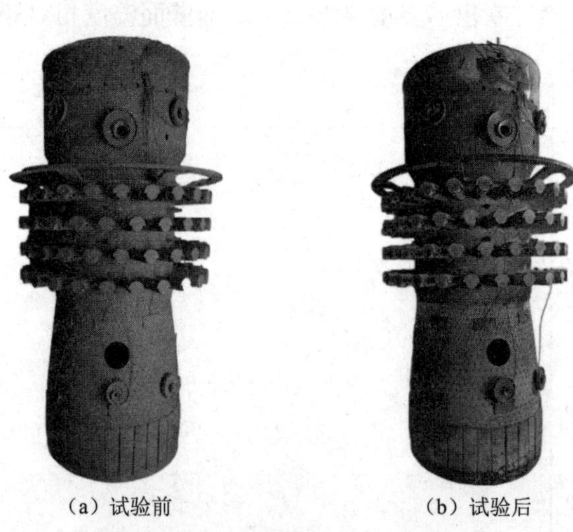

（a）试验前　　（b）试验后

图 5-46　火焰筒试验前后拆解检查对比

火焰筒头部试验前后拆解检查对比如图 5-47 所示，可以发现，火焰筒头部鱼鳞孔附近有明显燃烧痕迹，说明纯氢点火时火焰在火焰筒头部燃烧。火焰筒后端冷却孔有明显的空气流动痕迹，说明火焰筒后段冷却孔起到了冷却效果，但是火焰筒头部鱼鳞孔附近未看到有空气流动痕迹，说明头部鱼鳞孔冷却效果较差，这也可能是造成火焰筒头部出现高温区的原因之一。

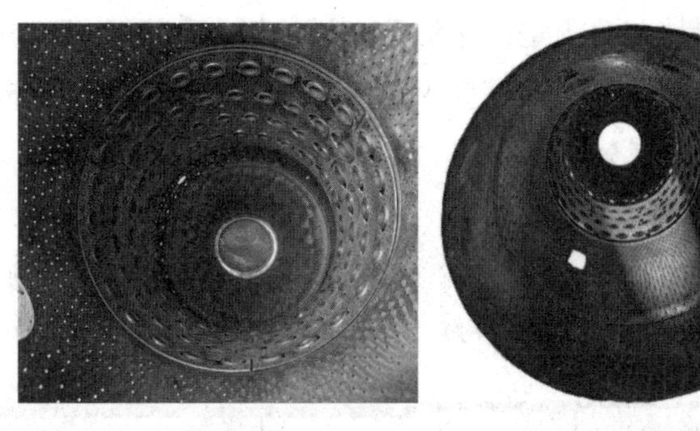

（a）试验前　（b）试验后

图 5-47　火焰筒头部试验前后拆解检查对比

（4）回火。

本次试验燃烧室的燃料分配比例为：

火焰筒头部氢气∶轴向一级氢气∶轴向二级氢气等于 0∶4∶6。

试验结束后对火焰筒进行拆解检查，可以看到火焰筒轴向一级氢气预混管以及火焰筒轴向二级氢气预混管示温漆均变为深青色，说明氢气预混管最高温达到 900℃，氢气直接在预混管内燃烧，回火问题严重。

分析认为采用 0∶4∶6 燃料分配比例，即火焰筒头部不通氢气、轴向一级氢气路通 40% 的氢气、轴向二级氢气路通 60% 的氢气是造成回火的主要原因，导致大量氢气燃料在预混管内与空气混合均匀后直接燃烧。

火焰筒轴向一、二级氢气预混管试验前后拆解检查对比如图 5-48 所示，其中有一根氢气预混管未通氢气。

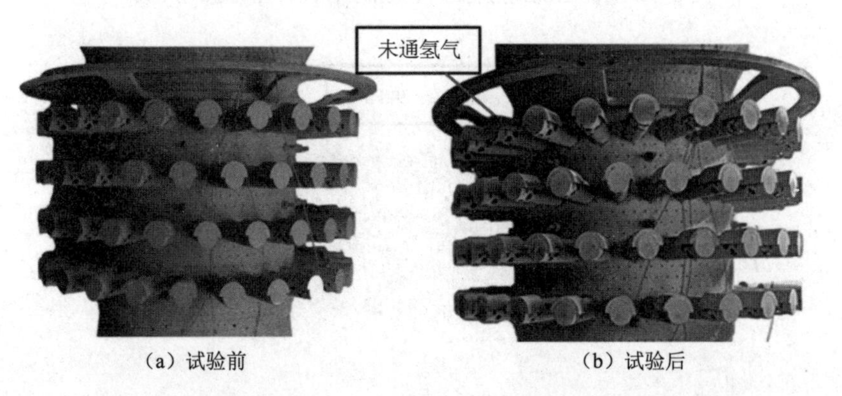

（a）试验前　（b）试验后

图 5-48　火焰筒轴向一、二级氢气预混管试验前后拆解检查对比

本次试验说明封堵部分火焰筒掺混孔、增加氢气预混管燃料分配比例无法解决预混管回火问题，且封堵部分火焰筒掺混孔会造成空气流量分配不均匀，导致火焰筒壁面温度分布不均。

（5）压力脉动。

0.5 工况纯氢稳态燃烧阶段四个动态压力传感器的压力脉动时域如图 5-49 所示，两台螺杆式空压机自身产生的压力脉动时域如图 5-50 所示。

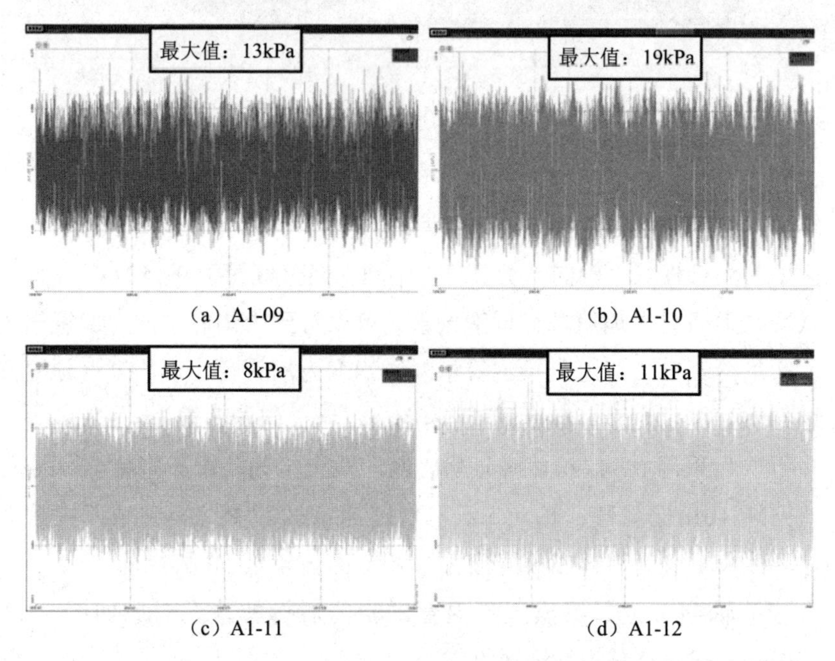

（a）A1-09　（b）A1-10

（c）A1-11　（d）A1-12

图 5-49　0.5 工况纯氢稳态燃烧阶段各位置压力脉动时域

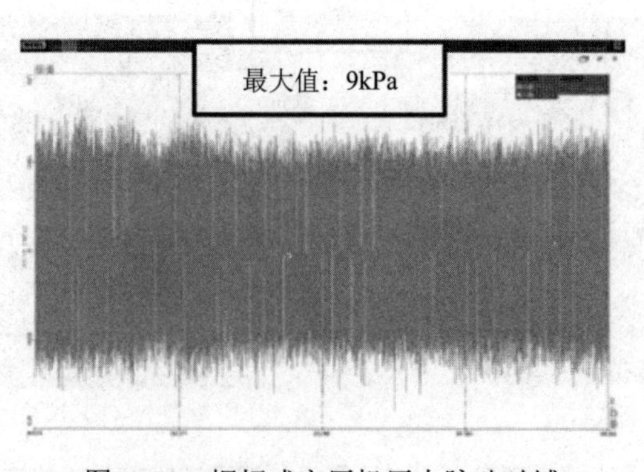

图 5-50　螺杆式空压机压力脉动时域

Al-09 环腔压力脉动最大值为 13kPa、Al-10 火焰筒后端压力脉动最大值为 19kPa、Al-11 火焰筒前端压力脉动最大值为 8kPa、Al-12 火焰筒头部喷嘴附近压力脉动最大值为 11kPa。

在仅开启两台空压机的情况下，Al-10 火焰筒后端压力脉动最大值为 9kPa。排除空气气源压力脉动干扰后，Al-10 火焰筒后端压力脉动最大值为 10kPa。

参考燃烧室设计，要求燃烧最大压力脉动与扩压器进气压力的比值≤4%，本次试验燃烧室的燃烧最大压力脉动与扩压器进气压力比值为 8.3%，本次试验存在燃烧振荡。

本次试验未使用火焰筒头部扩散燃烧，采用火焰筒轴向一级、二级完全预混燃烧，这导致燃烧室火焰稳定性下降，出现燃烧振荡。

（6）氮氧化物。

烟气测量数据如图 5-51 所示，氮氧化物排放值与氧含量如图 5-52 所示。

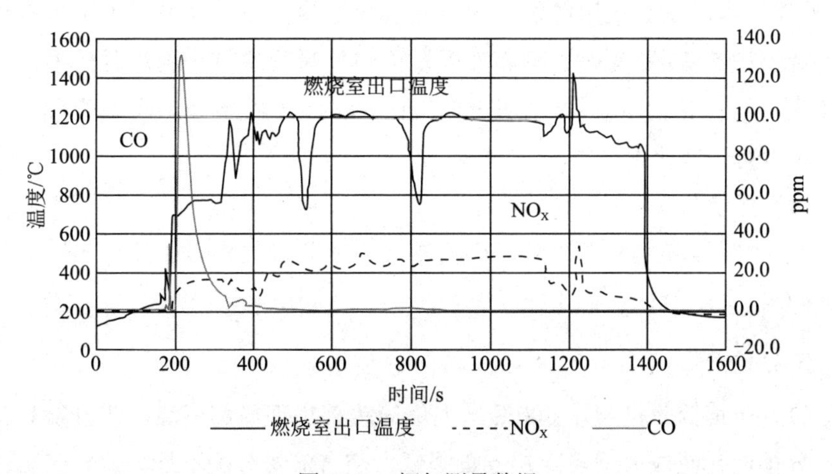

图 5-51　烟气测量数据

通过图 5-52 可以看到，氮氧化物随着燃烧室内燃烧温度的降低而降低。氮氧化物排放与燃烧室燃烧温度有关，燃烧温度越高，产生的氮氧化物越多。

在 0.5 工况纯氢稳态燃烧阶段氮氧化物排放最高 35ppm@11.1%O_2，约为 65.8mg/m^3。

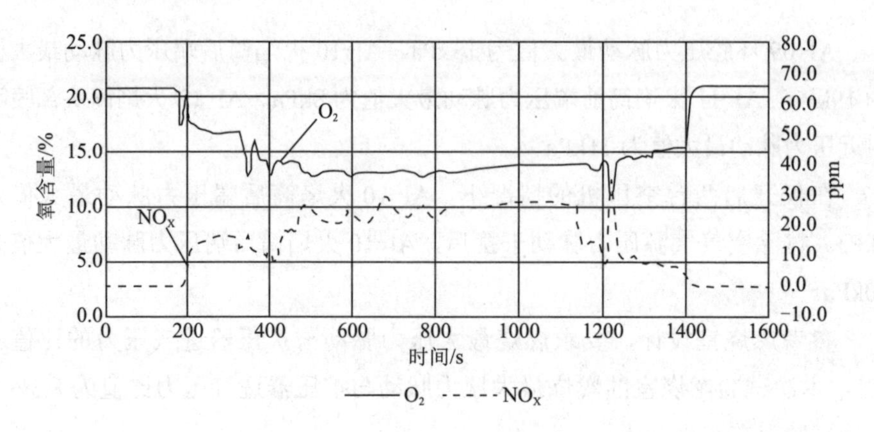

图 5-52　氮氧化物排放值与氧含量

基准氧含量 15% 时，氮氧化物排放约为 39.88mg/m^3，即 21.14ppm@15%O_2，本次试验氮氧化物排放低于国家标准，说明预混燃烧可以有效降低氮氧化物排放。

点火阶段，试验测量烟气中存在一氧化碳排放，最高达到 132ppm@17.4%O_2。本次试验采用纯氢点火以及纯氢燃烧方案，氢燃料中不含有碳元素，观察图 5-46 发现火焰筒头部以及火焰筒后段均有示温漆脱落痕迹，分析认为一氧化碳由示温漆脱落燃烧产生，0.5 工况纯氢稳态燃烧阶段测量烟气中不含有一氧化碳排放。

（7）燃烧效率。

0.5 工况纯氢稳态燃烧时，根据燃烧室试验状态参数计算得到燃烧效率 η_{bt}=99.9%。

5. 结论

（1）火焰筒最高壁温 700℃，火焰筒头部出现局部高温区。分析认为封堵部分掺混孔造成火焰筒冷却气量降低、空气流量分配不均匀，导致火焰筒后段冷却效果降低、壁面温度分布不均。点火时火焰筒头部通入氢气采用纯氢点火可能造成氢气在火焰筒头部壁面燃烧，出现高温区。

（2）火焰筒氢气预混管回火严重，封堵部分火焰筒掺混孔并不能改善火焰筒的回火问题。分析认为采用 0∶4∶6 比例，即火焰筒头部不通氢气、轴向一级氢气路通 40% 氢气、轴向二级氢气路通 60% 氢气是造成回火的主要原因，这导致了大量氢气燃料在预混管内与空气混合均匀后直接燃烧。

（3）燃烧室压力脉动最大值 10kPa，燃烧室的燃烧最大压力脉动与扩压器进气压力比值为 8.3%（<4%），本次试验存在燃烧振荡。出现燃烧振荡的主要原因为本次试验使用完全预混燃烧，未使用头部扩散燃烧，导致氢气火焰不稳定。

（4）燃烧室出口最高温度 1353℃，平均温度 1203℃，氮氧化物排放最大值为 21.14ppm@15%O_2。

（5）燃烧室出口周向温度分布系数 *OTDF*=0.15，符合燃烧室设计要求，燃烧室出口径向温度分布系数 *RTDF*=0.08，符合燃烧室设计要求，说明本次试验燃烧室出口温度分布较为均匀。

（6）燃烧效率 η_{bt}=99.9%。

（7）火焰筒头部、轴向一级、轴向二级的燃料配比 0∶4∶6，氢气总流量 400Nm^3/h，空气流量 1.35kg/s，扩压器进气压力 0.12MPa，扩压器进气温度 200℃。

（8）燃烧室纯氢稳态燃烧持续时间 20 分钟。

（9）本次试验与试验编号 MYCS-01-20230807（首次火焰筒喷涂示温漆测壁温）对比如表 5-17 所示，对比两次试验发现，增加预混路燃料比例可以有效控制氮氧化物排放，但是氢气预混管会出现回火问题。

表 5-17　两次火焰筒喷涂示温漆测试壁温试验数据对比

项目	数据	
测试编号	MYCS-01-20230807	MYCS-01-20230821
燃料分配比例	2∶3∶5	0∶4∶6
扩压器进气压力/MPa	0.12	0.12
扩压器进气温度/℃	319	200
空气流量/（kg/s）	1.0	1.35
氢气总流量/（Nm^3/h）	320	400
是否发生回火	否	是
氮氧化物排放（ppm@15%O_2）	51	21.14
是否存在燃烧振荡	是	是

5.1.8 首次试验台全温、带压性能测试

本次试验将进行试验台首次带压全性能测试，完成全流量、全温、带压性能测试，燃料分配比例更改为1.5∶4∶4.5，更改火焰筒掺混孔封堵面积，观察火焰筒回火情况，测量燃烧室出口温度分布、氮氧化物排放、压力脉动等数据。

经重新计算验证，自本次试验开始将原1.0工况参数氢气流量800Nm^3/h、空气流量1.87kg/s更改为1.0工况参数氢气流量650Nm^3/h、空气流量2.0kg/s。

1. 试验信息

试验编号：MYCS-01-20230906。

试验时间：2023年9月6日16:00—16:50。

试验地点：明阳氢燃纯氢燃气轮机燃烧室研发中心。

试验目的：（1）对“扩散燃烧 + 轴向分级射流微预混燃烧室”方案进行全温带压1.0工况燃烧测试，通过试验验证燃烧室的氢气直接点火特性、650Nm^3/h全流量纯氢燃烧特性；（2）更改燃烧室燃料分配比例，观察燃烧室氮氧化物排放特性、压力脉动变化特性、火焰筒回火情况；（3）更改火焰筒掺混孔封堵面积，观察火焰筒回火问题能否得到改善；（4）测量燃烧室出口温度、压力脉动、氮氧化物排放数据；（5）试验结束后对试验件进行拆解检查，观察本次试验火焰筒的回火情况。

环境条件：气压1atm，温度29℃，相对湿度54%。

2. 试验状态参数

试验状态参数如表5-18所示。

表5-18 试验状态参数

状态	扩压器进气温度/℃	扩压器进气压力/MPa	主路空气流量/(kg/s)	雾化空气流量/(kg/s)	氢气总流量/(Nm^3/h)
1.0工况	397	0.2	2.0	0.038	650

3. 试验流程

本次试验开启热风炉，点火前将空气流量调节至1.47kg/s，扩压器进气

温度加热至 47℃时火焰筒头部通入 100Nm^3/h 氢气点火，点火成功后维持氢气量不变，等待热风炉将扩压器进气温度加热至 397℃后，调整背压阀 CV104 开度至 47% 使扩压器进气压力升至 0.2MPa，同时将空气流量调整为 2.0kg/s，最后头部氢气、轴向一级氢气、轴向二级氢气分别调整至 97.5Nm^3/h、260Nm^3/h、292.5Nm^3/h，负荷达到 1.0 工况。稳态燃烧时氢气总流量为 650Nm^3/h，1.0 工况稳态燃烧时火焰筒头部氢气、轴向一级氢气、轴向二级氢气比例为 1.5∶4∶4.5，具体试验参数如表 5-19 所示。

表 5-19　1.0 工况升负荷参数

状态	空气流量 /（kg/s）	头部氢气流量 /（Nm^3/h）	轴向一级氢气流量 /（Nm^3/h）	轴向二级氢气流量 /（Nm^3/h）
点火	1.47	100	0	0
燃料分配调整	1.47	100	120	0
	1.6	100	260	0
	1.8	97.5	260	120
1.0 工况	2.0	97.5	260	292.5

4. 试验结果及分析

（1）燃烧室点火。

本次试验通过观察燃烧室温升、稳定燃烧情况判断点火是否成功。点火前开启热风炉，将扩压器进气温度升至 397℃时进行纯氢点火。由于本次试验前使用氮气对燃料管路进行吹扫，燃料管路中有氮气残留，点火时通入的氢气与燃料管路中残留的氮气混合，导致点火数次失败，后续使用氢气对燃料管路进行清吹后成功点火。试验按照 1.0 工况进行，纯氢燃烧阶段，测温耙在燃烧室出口处往返行走测量燃烧室出口温度分布，燃烧室出口温度如图 5-53 所示。

（2）燃烧室出口温度分布。

1.0 工况纯氢稳态燃烧阶段，燃烧室出口温度沿叶高分布如图 5-54 所示。可以看出，燃烧室出口温度靠近上下两端壁面温度相对较低，中心温度相对较高。

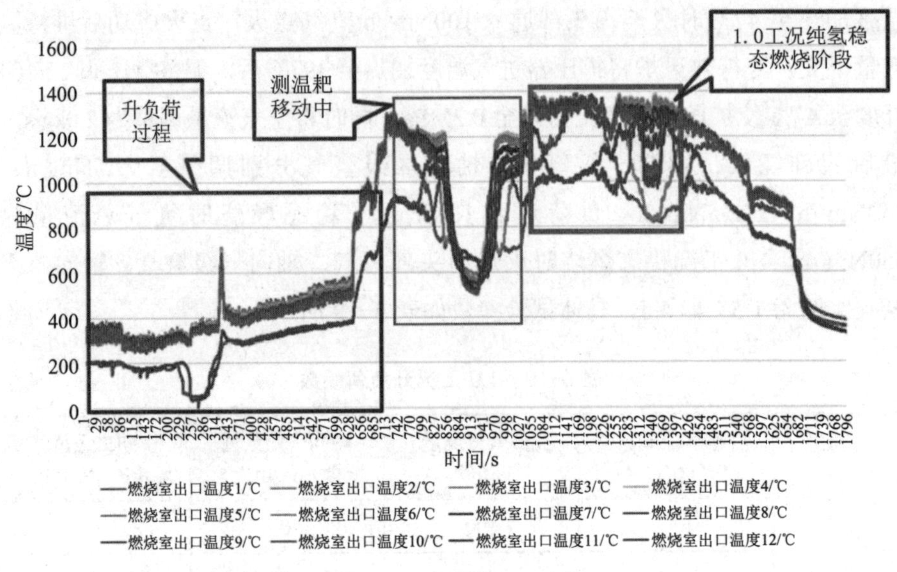

图 5-53　燃烧室出口温度

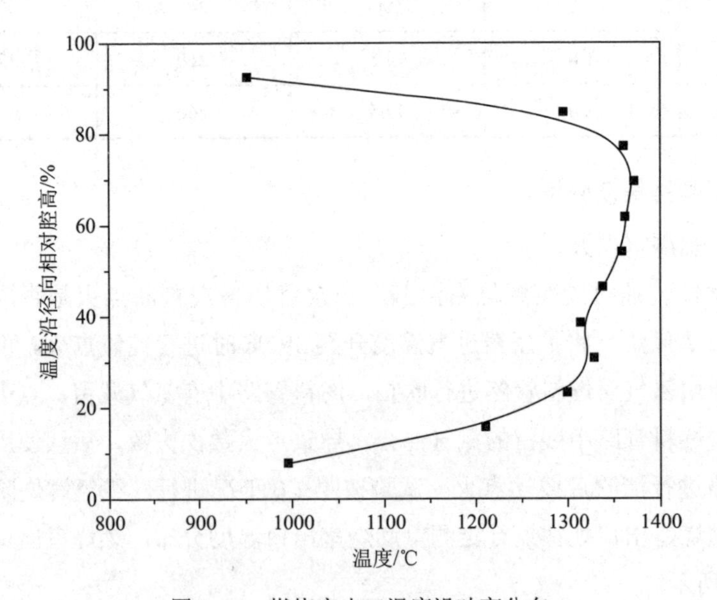

图 5-54　燃烧室出口温度沿叶高分布

1.0 工况纯氢稳态燃烧阶段，燃烧室最高平均径向温度为 1235℃。

观察图 5-53，可以看到燃烧室出口温度变化情况。

1.0 工况纯氢稳态燃烧阶段，燃烧室出口最高温度为 1400℃。

1.0 工况纯氢稳态燃烧阶段，燃烧室出口平均温度为 1142℃。

根据计算得到 *OTDF*=0.34，*RTDF*=0.13。在燃烧室设计中，一般要求 *OTDF* ≤ 0.15，*RTDF* ≤ 0.1，本次试验数据 *OTDF*、*RTDF* 均高于设计要求。

分析认为造成燃烧室出口温度分布不均的原因可能有：

①封堵了部分火焰筒掺混孔，掺混孔几何面积减少，燃烧室内掺混效果发生改变，导致燃烧室出口温度分布不均。

②火焰筒头部喷嘴氢气出口速度分布不均，导致燃烧室出口温度分布不均。

③由于氢气采用气瓶组供气，气瓶组氢气压力会随着试验进行而降低，造成氢气流量不稳定，导致燃烧室出口温度分布不均。

④本次试验压力脉动过大，也可能导致燃烧室出口温度分布不均。

⑤火焰筒轴向一、二级预混管存在回火问题，导致燃烧室出口温度分布不均。

（3）火焰筒壁面温度。

本次试验采用示温漆判读法测量火焰筒壁面温度。

火焰筒试验前后拆解检查对比如图 5-55 所示，根据火焰筒上示温漆的变色情况，可以看出本次试验火焰筒壁面温度分布较为均匀，基本呈现为土黄色，对比示温漆比色卡，说明火焰筒壁面温度约 700℃。

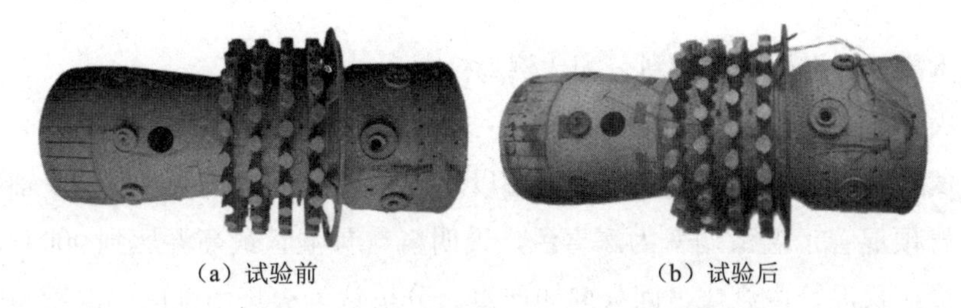

（a）试验前　　（b）试验后

图 5-55　火焰筒试验前后拆解检查对比

试验编号 MYCS-01-20230821 燃料分配比例为 0∶4∶6，火焰筒头部仅在点火阶段通入氢气，纯氢稳态燃烧阶段未通氢气，试验结束后观察火焰筒头部发现局部地区温度达到 700℃，其余部分温度为 500℃以下。本次试验燃料分配比例为 1.5∶4∶4.5，火焰筒头部在点火成功后直到试验结束一直有氢气通入，试验结束后观察火焰筒头部温度均为700℃。分析认为火焰筒头部通入氢气，由于氢气火焰燃烧速度快、火焰筒头部空气流速慢等因素影响，造成氢气火焰直接在火焰筒头部壁面直接燃烧，形成高温区，导致火焰筒壁面温度高达700℃。

火焰筒头部拆解检查如图5-56所示，可以发现，火焰筒头部鱼鳞孔附近有明显燃烧痕迹，说明氢气在火焰筒头部鱼鳞孔附近直接燃烧。火焰筒后端冷却孔有明显的空气流动痕迹，说明火焰筒后段冷却孔起到了冷却作用，但是火焰筒头部鱼鳞孔附近未看到有空气流动痕迹，说明头部鱼鳞孔冷却效果较差，这也可能是造成火焰筒头部出现高温区的原因之一。

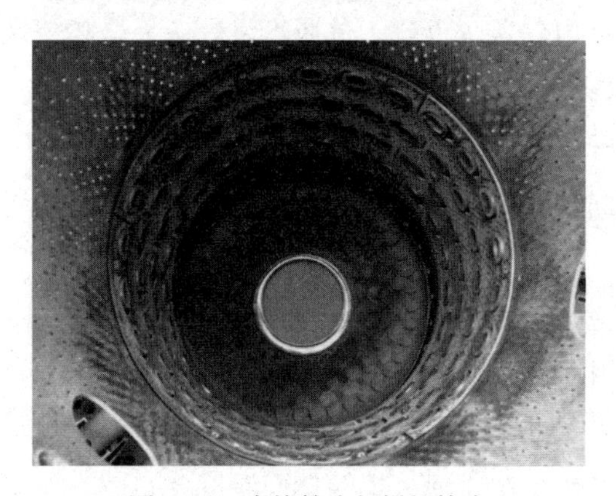

图5-56　火焰筒头部拆解检查

（4）回火。

本次试验燃烧室的燃料分配比例为：

火焰筒头部氢气∶轴向一级氢气∶轴向二级氢气等于1.5∶4∶4.5。

试验结束后拆解检查火焰筒，可以看到轴向一级氢气预混管以及轴向二级氢气预混管示温漆均变为深青色，说明氢气预混管最高温达到900℃，氢气直接在预混管内燃烧，回火问题严重。分析认为火焰筒轴向预混管与空气进入方向呈90°垂直角度。空气进入预混管后撞击预混管壁面，有较大的流速损失，与氢气混合形成一个较为复杂的流场区域，造成大量氢气燃料在预混管内与空气混合均匀后直接燃烧。

火焰筒轴向一、二级氢气预混管试验前后拆解检查对比如图5-57所示。

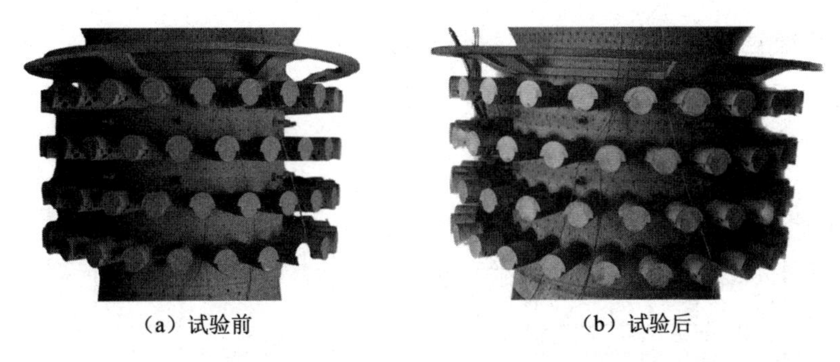

（a）试验前　　　　　　　　（b）试验后

图 5-57　火焰筒轴向一、二级氢气预混管试验前后拆解检查对比

（5）压力脉动。

燃烧室不同燃烧温度下压力脉动与燃烧频率的关系如图 5-58 所示。其中，燃烧频率小于 50Hz 时，压力脉动最大值为 34kPa；燃烧频率在 50Hz 至 100Hz 范围内，压力脉动最大值为 8kPa；燃烧频率大于 100Hz 时，压力脉动最大值为 7kPa。

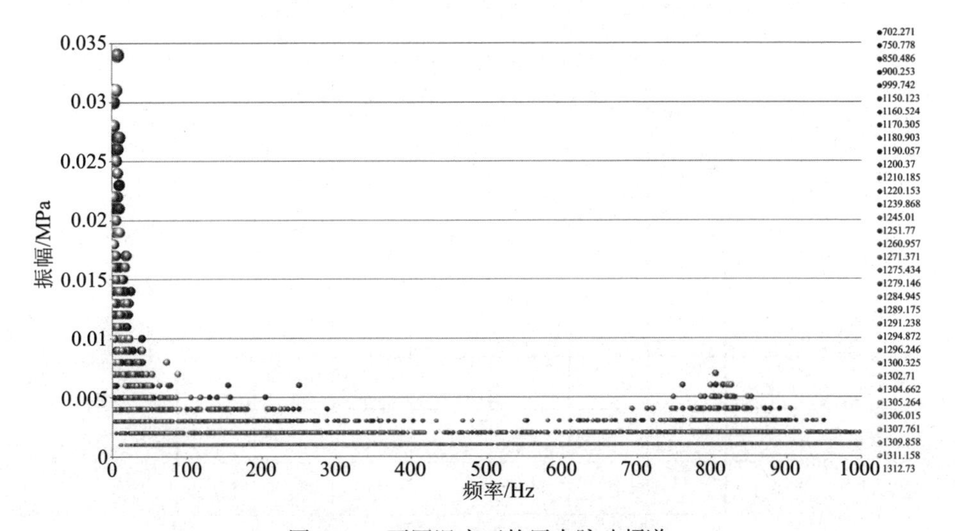

图 5-58　不同温度下的压力脉动频谱

参考燃烧室设计，要求燃烧最大压力脉动与扩压器进气压力的比值≤4%，本次试验燃烧室的燃烧最大压力脉动与扩压器进气压力比值为 17%，本次试验存在燃烧振荡。

分析认为造成本次试验燃烧振荡的主要原因为试验件带压，同时火焰筒头部扩散燃烧燃料比例较小也是造成燃烧振荡的原因之一。

（6）氮氧化物。

烟气测量数据如图 5-59 所示，氮氧化物排放值与氧含量如图 5-60 所示。

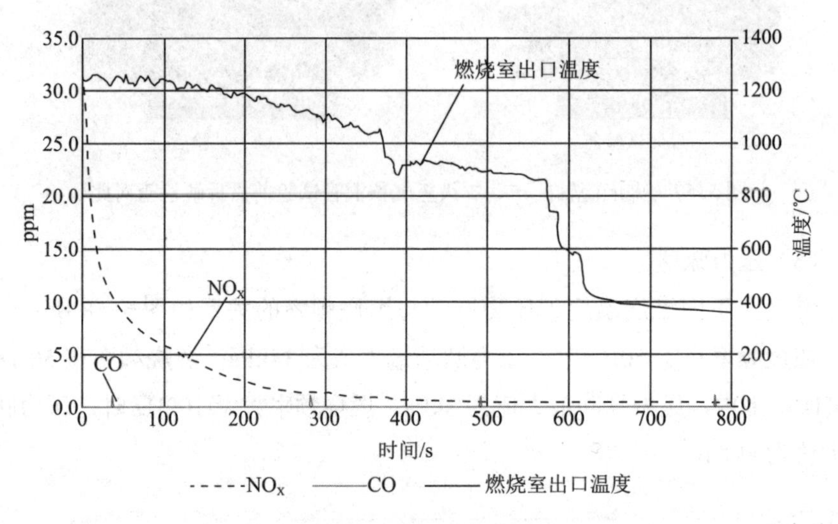

图 5-59　烟气测量数据

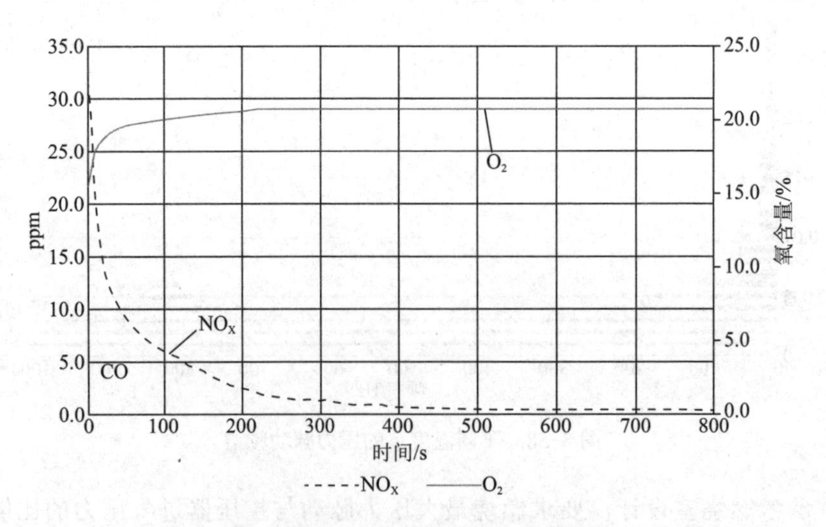

图 5-60　氮氧化物排放值与氧含量

可以看到，氮氧化物随着燃烧室内燃烧温度的降低而降低。氮氧化物排放与燃烧室燃烧温度有关，燃烧温度越高，产生的氮氧化物越多。在 1.0 工况纯氢稳态燃烧阶段氮氧化物排放最高 29.8ppm@15.4%O_2，约 56.02mg/m^3。

基准氧含量 15% 时，氮氧化物排放约 60.03mg/m^3，即 31.82ppm@ 15%O_2，本次试验氮氧化物排放高于国家标准。

分析认为造成氮氧化物排放值偏高的原因可能有两个：

①试验增加了火焰筒头部氢气量，火焰筒头部为扩散燃烧，燃烧温度较高，导致氮氧化物排放升高。

②将扩压器进气压力由 0.12MPa 升高至 0.20MPa，燃烧室压力上升，导致氮氧化物排放升高。

本次试验烟气排放中不存在一氧化碳排放。

（7）燃烧效率。

1.0 工况纯氢燃烧时，根据燃烧室试验状态参数计算得到燃烧效率 η_{bt}=99.9%。

5. 结论

（1）通过调节背压阀开度调整试验件进气压力会导致燃烧室压力脉动上升。

（2）650Nm^3/h 纯氢稳态燃烧时火焰筒出口处最高壁温 700℃。

（3）火焰筒氢气预混管回火严重。分析认为轴向预混管与空气进入方向呈 90° 垂直角度，空气进入预混管后撞击预混管壁面，有较大的流速损失，与氢气混合形成一个较为复杂的流场区域，造成大量氢气燃料在预混管内与空气混合均匀后直接燃烧。

（4）燃烧室压力脉动最大值 34kPa，燃烧室的燃烧最大压力脉动与扩压器进气压力比值为 17%（>4%），本次试验存在燃烧振荡。

（5）燃烧室出口最高温度 1400℃，平均温度 1142℃，氮氧化物排放最大值为 31.82ppm@15%O_2。试验编号 MYCS-01-20230821 燃烧室出口平均温度 1203℃、氮氧化物排放为 21.14ppm@15%O_2，分析认为造成本次试验氮氧化物排放高于试验编号 MYCS-01-20230821 的原因为增加了火焰筒头部氢气流量、将扩压器进气压力由 0.12MPa 升高至 0.20MPa 等。

（6）燃烧室出口周向温度分布系数 *OTDF*=0.34，高于燃烧室设计要求，燃烧室出口径向温度分布系数 *RTDF*=0.13，高于燃烧室设计要求，分析认为造成 *OTDF*、*RTDF* 均高于燃烧室设计要求的原因为火焰筒头部喷嘴氢气出口速度分布不均、氢气气瓶组供气压力不稳定、试验压力脉动过大、氢气预混管存在回火问题、封堵了部分掺混孔导致冷却效果发生改变等。

（7）燃烧效率 η_{bt}=99.9%。

（8）火焰筒头部、轴向一级、轴向二级的燃料配比 1.5∶4∶4.5，氢气总流量 650Nm^3/h，空气流量 2.0kg/s，扩压器进气压力 0.2MPa，扩压器进气温度 397℃。

（9）燃烧室纯氢稳态燃烧持续时间 10 分钟。

5.1.9 全流量、常温性能测试

为了探究火焰筒回火问题的影响因素，在之前试验的基础上，发现燃料分配比例为 2∶3∶5 的试验火焰筒基本未出现回火问题，所以本次试验将燃料分配比例调整为 2∶3∶5，试验结束后对火焰筒进行拆解检查，验证该燃料分配比例是否会出现回火问题。

本次试验结束后发现测温耙 8 号测点故障，在数据分析中将 8 号测点数据删除。

1. 试验信息

试验编号：MYCS-01-20230921。

试验时间：2023 年 9 月 21 日 17:10—17:30。

试验地点：明阳氢燃纯氢燃气轮机燃烧室研发中心。

试验目的：（1）对“扩散燃烧 + 轴向分级射流微预混燃烧室”方案进行常温常压 0.6 工况燃烧测试，通过试验验证燃烧室的氢气直接点火特性、400Nm^3/h 流量纯氢燃烧特性；（2）更改燃烧室燃料分配比例，观察燃烧室氮氧化物排放特性、压力脉动变化特性、火焰筒回火情况；（3）测量燃烧室出口温度分布、压力脉动、氮氧化物排放数据；（4）试验结束后对试验件进行拆解检查，观察本次试验火焰筒的回火情况。

环境条件：气压 1atm，温度 22℃，相对湿度 87%。

2. 试验状态参数

试验状态参数如表 5-20 所示。

表 5-20　试验状态参数

状态	扩压器进气温度/℃	扩压器进气压力/MPa	主路空气流量/(kg/s)	雾化空气流量/(kg/s)	氢气总流量/(Nm^3/h)
0.6 工况	22	0.12	1.27	0.045	400

3. 试验流程

本次试验未开启热风炉，空气流量达到 1.47kg/s 时常温、常压点火。采用先点火、后通氢方式，按下点火器持续点火后通入 80Nm^3/h 纯氢点火，点火成功后测试火焰筒头部压力脉动，待测试结束后进行升负荷操作。空气流量调整至 1.27kg/s，随后通入火焰筒轴向一、二级氢气将负荷升至 0.6 工况，0.6 工况火焰筒轴向一、二级氢气稳态燃烧时流量分别为 120Nm^3/h、200Nm^3/h，扩压器进气压力 0.12MPa，氢气总流量 400Nm^3/h，火焰筒头部氢气、轴向一级氢气、轴向二级氢气比例为 2∶3∶5，具体试验参数如表 5-21 所示。

表 5-21　0.6 工况升负荷参数

状态	空气流量/(kg/s)	头部氢气流量/(Nm^3/h)	轴向一级氢气流量/(Nm^3/h)	轴向二级氢气流量/(Nm^3/h)
点火	1.47	80	0	0
燃料分配调整	1.47	80	80	0
	1.47	80	120	0
	1.27	80	120	120
0.6 工况	1.27	80	120	200

4. 试验结果及分析

（1）燃烧室点火。

本次试验通过观察燃烧室温升、稳定燃烧情况判断点火是否成功。试验按照预定目标进行点火、0.6 工况升负荷操作，达到 0.6 工况纯氢稳态燃烧后，移动测温耙，测试 0.6 工况纯氢稳态燃烧时燃烧室出口温度分布。

燃烧室出口温度如图 5-61 所示，纯氢稳态燃烧时间约 6 分钟。

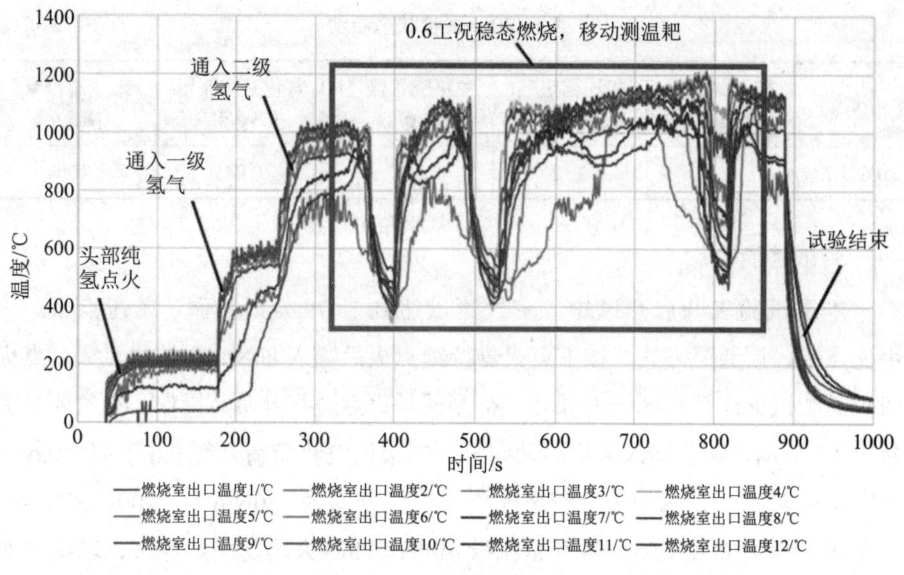

图 5-61　燃烧室出口温度

（2）燃烧室出口温度分布。

0.6 工况纯氢稳态燃烧阶段，燃烧室出口温度沿叶高分布如图 5-62 所示。其中，原测温耙 8 号测点为坏点，将其删除。可以看出，燃烧室出口温度靠近上下两端壁面温度相对较低，中心温度相对较高。

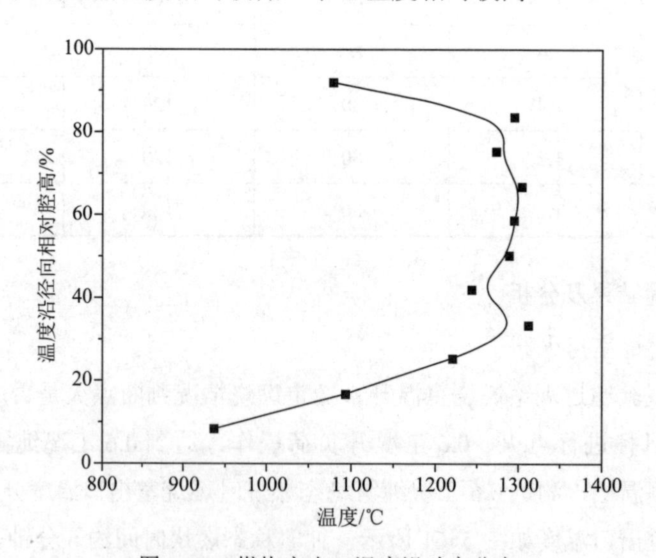

图 5-62　燃烧室出口温度沿叶高分布

0.6 工况纯氢稳态燃烧阶段，燃烧室最高平均径向温度为 1113℃。

观察图 5-61，可以看到燃烧室出口温度变化情况。

0.6 工况纯氢稳态燃烧阶段，燃烧室出口最高温度为 1216℃。

0.6 工况纯氢稳态燃烧阶段，燃烧室出口平均温度为 1040℃。

燃烧室出口温度分布云图如图 5-63 所示，可以看到，燃烧室出口温度分布不均。

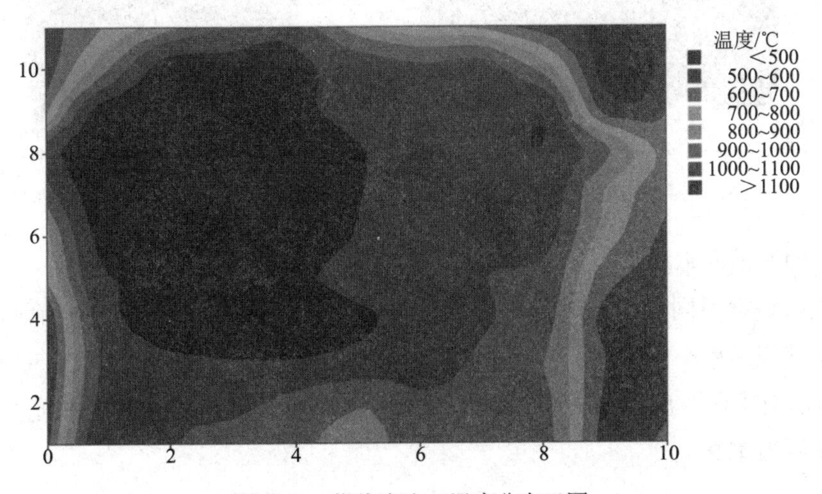

图 5-63　燃烧室出口温度分布云图

0.6 工况纯氢稳态燃烧阶段，根据数据分析计算得到：$OTDF$=0.17，$RTDF$=0.07。在燃烧室设计中，一般要求 $OTDF \leqslant 0.15$，$RTDF \leqslant 0.1$。本次试验 $OTDF$ 高于设计要求、$RTDF$ 符合设计要求，燃烧室出口温度分布不均。

分析认为造成燃烧室出口温度分布不均的原因可能有以下几点。

①火焰筒头部燃油喷嘴出口速度分布不均，导致燃烧室出口温度分布不均。

②封堵部分掺混孔，造成掺混效果与设计不一，导致燃烧室出口温度分布不均。

③本次试验存在燃烧振荡，也可能导致燃烧室出口温度分布不均。

（3）回火。

本次试验火焰筒燃烧前后对比基本无变化，火焰筒拆解检查如图 5-64

所示，火焰筒头部拆解检查如图 5-65 所示。从图 5-65 中可以看到，火焰筒无明显燃烧痕迹，判断本次试验火焰筒未出现回火问题，燃料分配比例 2∶3∶5 可以初步解决回火问题。

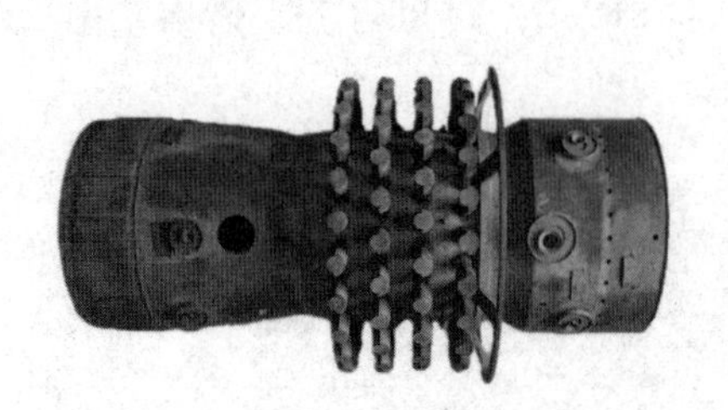

图 5-64　火焰筒拆解检查

图 5-65　火焰筒头部拆解检查

（4）压力脉动。

燃烧室不同燃烧温度下压力脉动与燃烧频率的关系如图 5-66 所示。其中，燃烧频率小于 50Hz 时，压力脉动最大值为 13kPa；燃烧频率在 50Hz 至 100Hz 范围内，压力脉动最大值为 5kPa；燃烧频率大于 100Hz 时，压力脉动最大值为 4kPa。

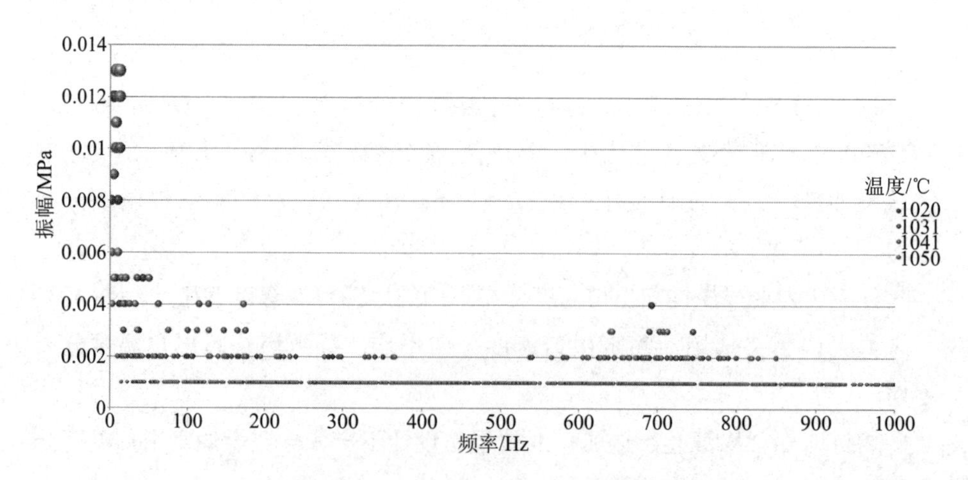

图 5-66　不同温度下的压力脉动频谱

参考燃烧室设计，要求燃烧最大压力脉动与扩压器进气压力的比值≤4%，本次试验燃烧室的燃烧最大压力脉动与扩压器进气压力比值为 11%，本次试验存在燃烧振荡。

（5）氮氧化物。

烟气测量数据如图 5-67 所示，氮氧化物排放值与氧含量如图 5-68 所示。

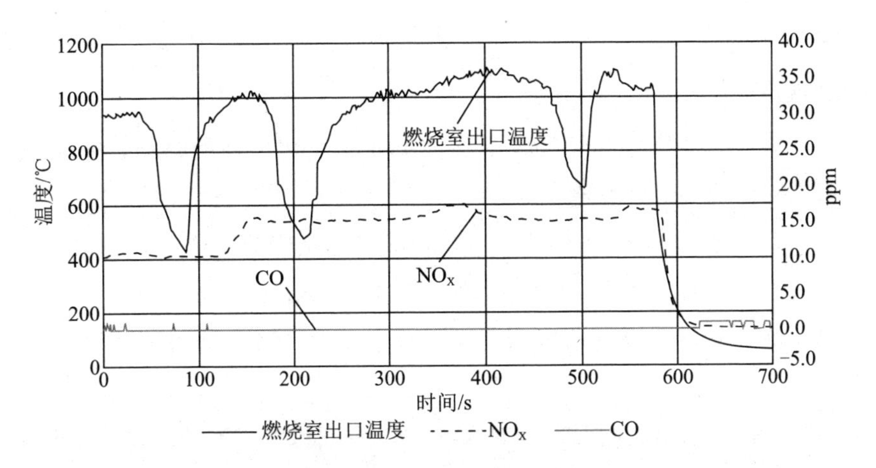

图 5-67　烟气测量数据

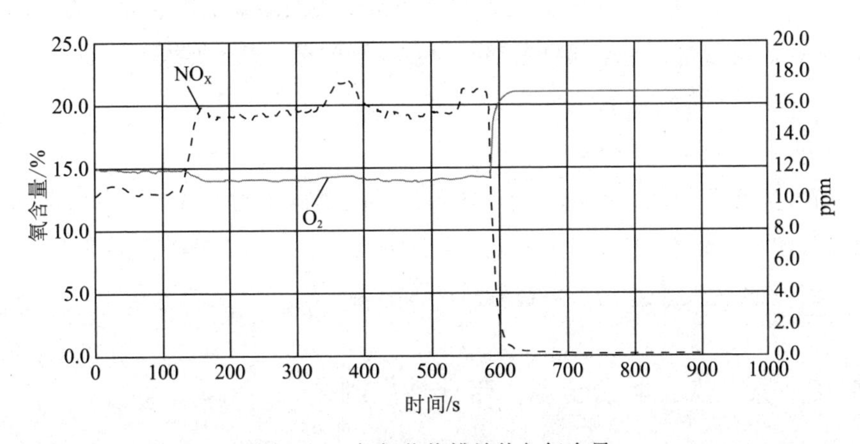

图 5-68　氮氧化物排放值与氧含量

可以看到，氮氧化物随着燃烧室内燃烧温度的降低而降低。氮氧化物排放与燃烧室燃烧温度有关，燃烧温度越高，产生的氮氧化物越多。

基准氧含量 15% 时，氮氧化物排放最大约为 29.78mg/m^3，即 15.8ppm@15%O_2，本次试验氮氧化物排放低于国家标准。由于本次试验未开启热风炉加热空气，扩压器进气温度仅为 22℃，燃烧室出口平均温度低，所以本次试验氮氧化物排放较低。

本次试验烟气排放中不存在一氧化碳排放。

（6）燃烧效率。

0.6 工况纯氢燃烧时，根据燃烧室试验状态参数计算得到燃烧效率 η_{bt}=99.9%。

5. 结论

（1）本次试验火焰筒燃烧前后对比基本无变化，判断燃料分配比例 2∶3∶5 可以初步解决回火问题。

（2）燃烧室压力脉动最大值 13kPa，燃烧室的燃烧最大压力脉动与扩压器进气压力比值为 11%（>4%），本次试验存在燃烧振荡。

（3）燃烧室出口最高温度 1216℃，平均温度 1040℃，最高平均径向温度 1113℃。

（4）燃烧室出口周向温度分布系数 *OTDF*=0.17，高于燃烧室设计要求，燃烧室出口径向温度分布系数 *RTDF*=0.07，符合燃烧室设计要求，分析认为造成 *OTDF* 高于设计要求的原因为火焰筒头部燃油喷嘴出口速度分布不均、试验存在燃烧振荡、封堵部分掺混孔导致掺混效果与设计要求不一致。

（5）氮氧化物排放最大值为 15.8ppm@15%O_2。

（6）燃烧效率 η_{bt}=99.9%。

（7）火焰筒头部、轴向一级、轴向二级的燃料配比 2∶3∶5，氢气总流量 400Nm^3/h，空气流量 1.27kg/s，扩压器进气压力 0.12MPa，扩压器进气温度 22℃。

（8）燃烧室纯氢稳态燃烧持续时间 6 分钟。

5.1.10　第二次试验台全温、带压性能测试

本次试验除燃料分配比例外，其余参数均与试验编号为 MYCS-01-20230906（首次试验台全温、带压性能测试）相同，将燃料分配比例由 1.5∶4∶4.5 更改为 2∶3∶5，观察火焰筒是否会出现回火问题。

测温耙 8 号测点故障，在数据分析中将 8 号测点数据删除。

1. 试验信息

试验编号：MYCS-01-20230925。

试验时间：2023 年 9 月 25 日 14:30—15:00。

试验地点：明阳氢燃纯氢燃气轮机燃烧室研发中心。

试验目的：（1）对“扩散燃烧 + 轴向分级射流微预混燃烧室”方案进行全温带压 1.0 工况燃烧测试，通过试验验证燃烧室的氢气直接点火特性、650Nm³/h 全流量纯氢燃烧特性；（2）更改燃烧室燃料分配比例，观察燃烧室氮氧化物排放特性、压力脉动变化特性、火焰筒回火情况；（3）测量燃烧室出口温度、压力脉动、氮氧化物排放数据；（4）试验结束后对试验件进行拆解检查，观察本次试验火焰筒的回火情况。

环境条件：气压 1atm，温度 28℃，相对湿度 69%。

2. 试验状态参数

试验状态参数如表 5-22 所示。

表 5-22　试验状态参数

状态	扩压器进气温度/℃	扩压器进气压力/MPa	主路空气流量/(kg/s)	雾化空气流量/(kg/s)	氢气总流量/(Nm³/h)
0.6 工况	397	0.2	2.0	0	650

3. 试验流程

本次试验开启热风炉，未使用火焰筒头部雾化空气，点火前将空气流量调节至 1.47kg/s，扩压器进气温度加热至 47℃时头部通入 100Nm³/h 氢气点火，点火成功后维持氢气量不变，等待热风炉将扩压器进气温度加热至 397℃后，调整背压阀 CV104 开度至 47% 使扩压器进气压力升至 0.2MPa，同时将空气流量调整为 2.0kg/s，最后将火焰筒头部氢气、轴向一级氢气、轴向二级氢气分别调整至 130Nm³/h、200Nm³/h、320Nm³/h，负荷达到 1.0 工况。稳态燃烧时氢气总流量为 650Nm³/h，1.0 工况稳态燃烧时火焰筒头部氢气、轴向一级氢气、轴向二级氢气比例为 2∶3∶5，具体试验参数如表 5-23 所示。

表 5-23 1.0 工况升负荷参数

状态	空气流量/(kg/s)	头部氢气流量/(Nm³/h)	轴向一级氢气流量/(Nm³/h)	轴向二级氢气流量/(Nm³/h)
点火	1.47	100	0	0
燃料分配调整	1.47	100	120	0
	1.6	110	200	0
	1.8	120	200	160
1.0 工况	2.0	130	200	320

4. 试验结果及分析

（1）燃烧室点火。

燃烧室出口温度如图 5-69 所示。本次试验通过观察燃烧室温升、稳定燃烧情况判断点火是否成功。点火前开启热风炉，将扩压器进气温度升至 47℃时开始点火。点火成功后通过热风炉升温及通入火焰筒头部一、二级氢气持续提升运行负荷，达到 1.0 工况稳态燃烧，由于本次稳态燃烧时发现火焰筒出现火星四射现象，故立即终止试验。试验在火焰筒头部点火后从气膜孔内看到金黄色火焰，比平时火焰要亮，与天然气火焰类似。

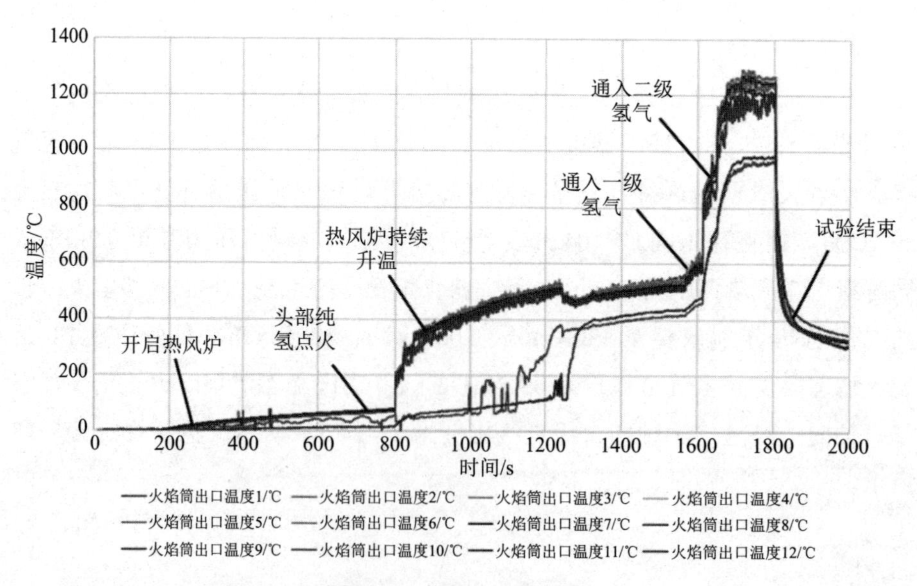

图 5-69 燃烧室出口温度

（2）燃烧室出口温度分布。

1.0 工况纯氢稳态燃烧阶段，燃烧室出口温度沿叶高分布如图 5-70 所示。其中，原测温耙 8 号测点为坏点，将其删除。可以看出，燃烧室出口温度靠近上下两端壁面温度相对较低，中心温度相对较高。

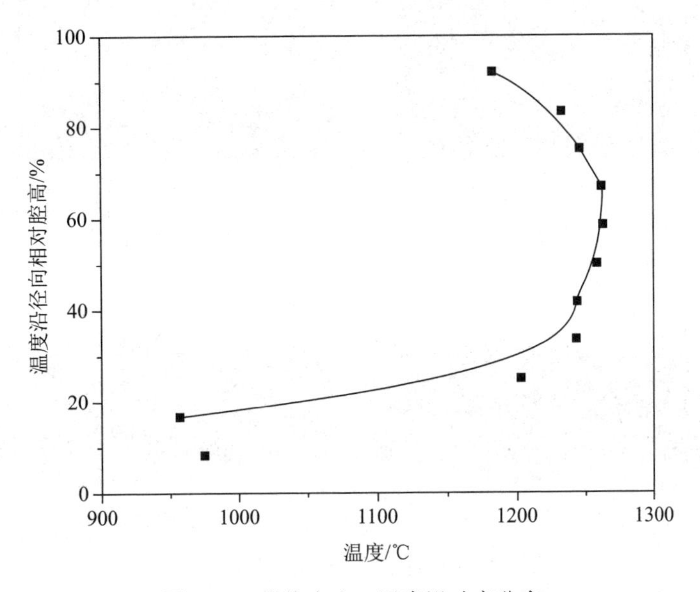

图 5-70　燃烧室出口温度沿叶高分布

观察图 5-69，可以看到燃烧室出口温度变化情况。

1.0 工况纯氢稳态燃烧阶段，燃烧室出口最高温度为 1292℃。

1.0 工况纯氢稳态燃烧阶段，燃烧室出口平均温度为 1188℃。

本次试验未移动测温耙采集出口温度完整数据，故不对燃烧室出口温度分布情况进行分析。

（3）回火。

火焰筒头部试验前后拆解检查对比如图 5-71 所示，火焰筒试验前后拆解检查对比如图 5-72 所示。本次试验拆装后可以看到火焰筒试验前后对比无明显变化，判断火焰筒未出现回火问题。分析认为本次试验火焰筒出现火星四射现象为火焰筒壁面示温漆脱落燃烧产生。

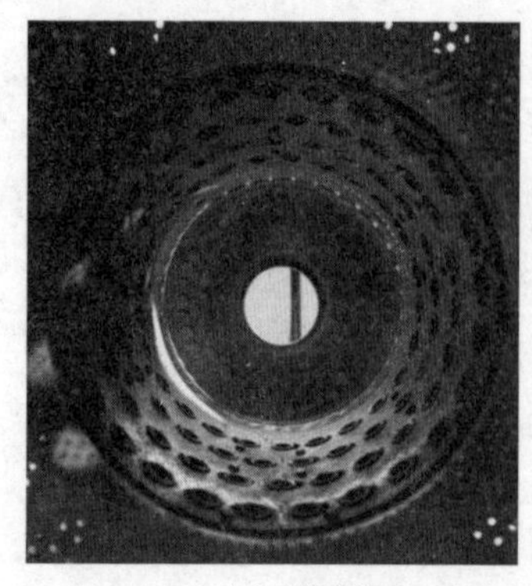

（a）试验前

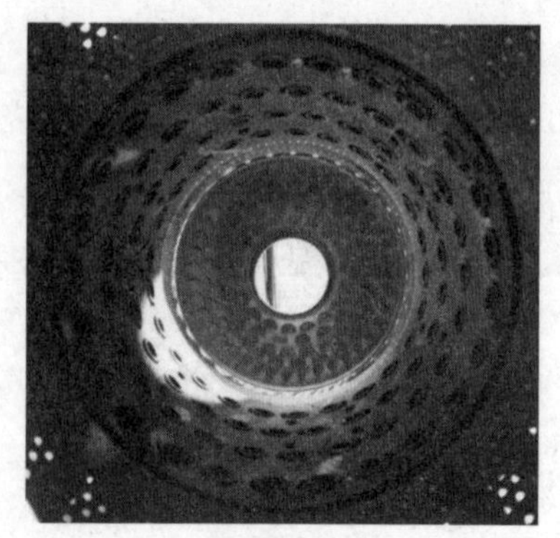

（b）试验后

图 5-71　火焰筒头部试验前后拆解检查对比

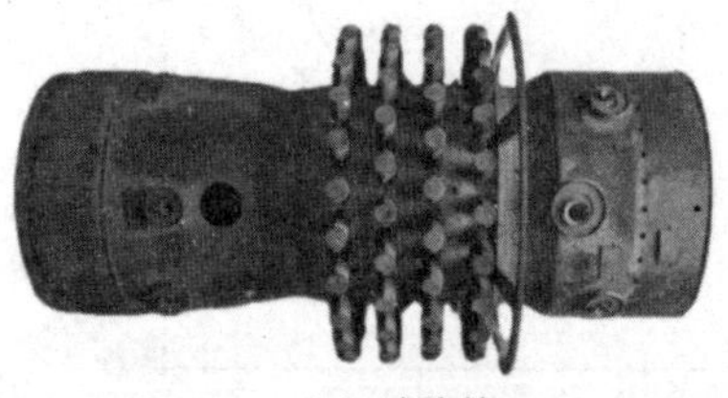

（a）试验前

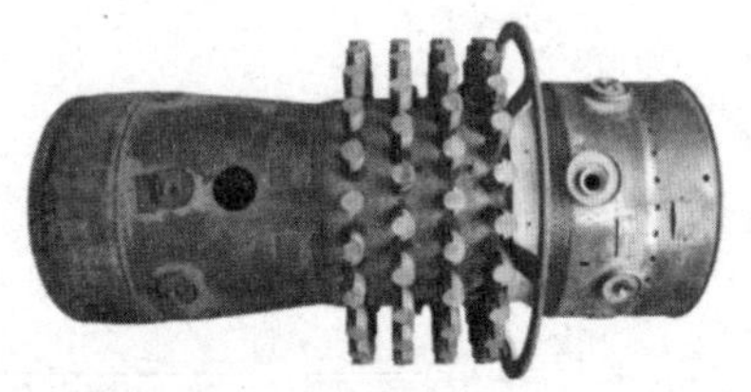

（b）试验后

图 5-72　火焰筒试验前后拆解检查对比

（4）燃烧效率。

1.0 工况纯氢燃烧时，根据燃烧室试验状态参数计算得到燃烧效率 η_{bt}=99.9%。

5. 结论

（1）因发现燃烧室有火星四射现象立即终止试验，试验结束后通过拆解检查火焰筒，分析认为本次试验火焰筒出现火星四射现象为火焰筒壁面示温漆脱落燃烧产生。

（2）火焰筒试验前后对比基本无变化，判断本次试验未出现回火问题，燃料分配比例 2∶3∶5 可以初步解决火焰筒回火问题。

（3）燃烧室出口最高温度 1292℃，平均温度 1188℃。

（4）燃烧效率 η_{bt}=99.9%。

（5）火焰筒头部、轴向一级、轴向二级的燃料配比 2∶3∶5，氢气总流量

650Nm³/h，空气流量 2.0kg/s，扩压器进气压力 0.2MPa，扩压器进气温度 397℃。

（6）燃烧室纯氢稳态燃烧持续时间 3 分钟。

5.1.11　第三次试验台全温、带压性能测试

解决燃烧室试验时出现的火星四射问题后，重新进行试验台全温、带压性能测试，燃料分配比例 2∶3∶5，测量燃烧室出口温度分布、压力脉动、氮氧化物排放等数据。

测温耙 8 号测点故障，在数据分析中将 8 号测点数据删除。

1. 试验信息

试验编号：MYCS-01-20230926。

试验时间：2023 年 9 月 26 日 17:40—18:10。

试验地点：明阳氢燃纯氢燃气轮机燃烧室研发中心。

试验目的：（1）对“扩散燃烧＋轴向分级射流微预混燃烧室”方案进行全温带压 1.0 工况燃烧测试，通过试验验证燃烧室的氢气直接点火特性、650Nm³/h 全流量纯氢燃烧特性；（2）更改燃烧室燃料分配比例，观察燃烧室氮氧化物排放特性、压力脉动变化特性、火焰筒回火情况；（3）测量燃烧室出口温度分布、压力脉动、氮氧化物排放数据；（4）试验结束后对试验件进行拆解检查，观察本次试验火焰筒的回火情况。

环境条件：气压 1atm，温度 26℃，相对湿度 75%。

2. 试验状态参数

试验状态参数如表 5-24 所示。

表 5-24　试验状态参数

状态	扩压器进气温度/℃	扩压器进气压力/MPa	主路空气流量/(kg/s)	雾化空气流量/(kg/s)	氢气总流量/(Nm³/h)
0.6 工况	397	0.2	2.0	0	650

3. 试验流程

本次试验开启热风炉，未使用火焰筒头部雾化空气，点火前将空气流量调节至1.47kg/s，扩压器进气温度加热至47℃时火焰筒头部通入100Nm³/h氢气点火，点火成功后维持氢气量不变，等待热风炉将扩压器进气温度加热至397℃后，调整背压阀CV104开度至47%使扩压器进气压力升至0.2MPa，同时将空气流量调节为2.0kg/s，最后将火焰筒头部氢气、轴向一级氢气、轴向二级氢气分别调整至130Nm³/h、200Nm³/h、320Nm³/h，负荷达到1.0工况。稳态燃烧时氢气总流量为650Nm³/h，1.0工况稳态燃烧时火焰筒头部氢气、轴向一级氢气、轴向二级氢气比例为2∶3∶5，具体试验参数如表5-25所示。

表5-25 1.0工况升负荷参数

状态	空气流量/(kg/s)	头部氢气流量/(Nm³/h)	轴向一级氢气流量/(Nm³/h)	轴向二级氢气流量/(Nm³/h)
点火	1.47	100	0	0
燃料分配调整	1.47	100	120	0
	1.6	110	200	0
	1.8	120	200	160
1.0工况	2.0	130	200	320

4. 试验结果及分析

（1）燃烧室点火。

本次试验通过观察燃烧室温升、稳定燃烧情况判断点火是否成功。点火前开启热风炉，将扩压器进气温度升至47℃时进行纯氢点火，点火成功后通过热风炉升温及通入火焰筒头部一、二级氢气持续提升运行负荷，达到1.0工况稳态燃烧。试验顺利进行，燃烧室出口温度如图5-73所示。

（2）燃烧室出口温度分布。

1.0工况纯氢稳态燃烧阶段，燃烧室出口温度沿叶高分布如图5-74所示。其中，原测温耙8号测点为坏点，将其删除。可以看出，燃烧室出口温度靠近上下两端壁面温度相对较低，中心温度相对较高。

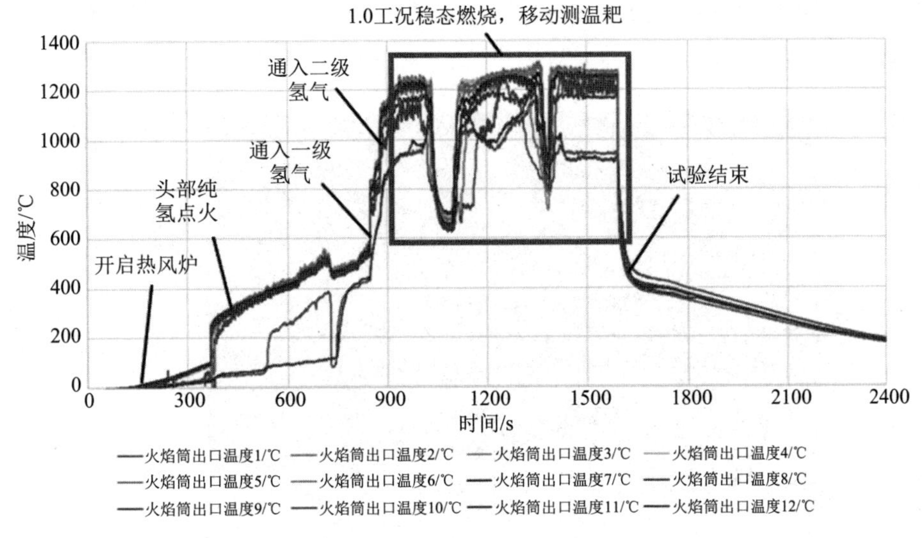

图 5-73　燃烧室出口温度

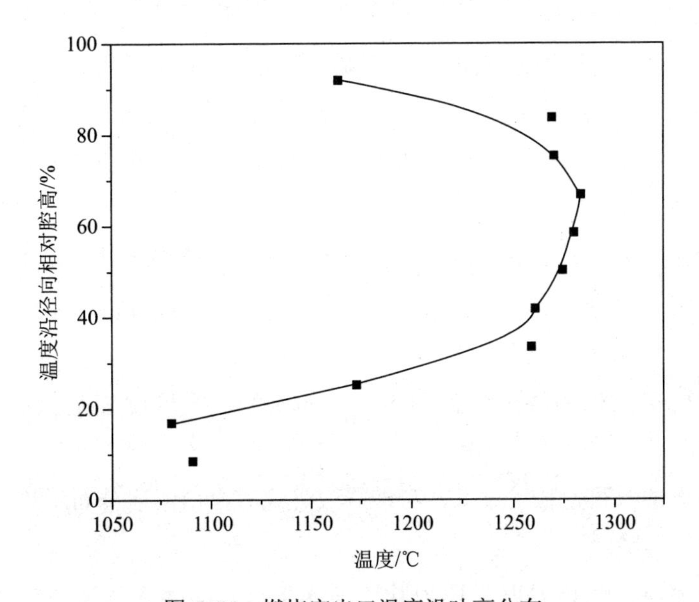

图 5-74　燃烧室出口温度沿叶高分布

1.0 工况纯氢稳态燃烧阶段，燃烧室最高平均径向温度为 1218℃。

观察图 5-73，可以看到燃烧室出口温度变化情况。

1.0 工况纯氢稳态燃烧阶段，燃烧室出口最高温度为 1286℃。

1.0 工况纯氢稳态燃烧阶段，燃烧室出口平均温度为 1168℃。

1.0工况燃烧室出口温度分布云图如图5-75所示，可以看到燃烧室出口温度分布不均。

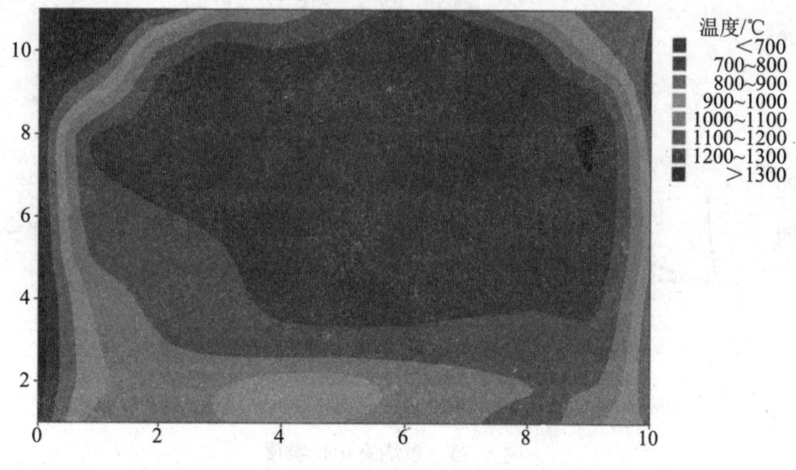

图5-75　1.0工况燃烧室出口温度分布云图

1.0工况纯氢稳态燃烧阶段，根据数据分析计算得到：$OTDF=0.153$，$RTDF=0.065$。在燃烧室设计中，一般要求$OTDF \leqslant 0.15$，$RTDF \leqslant 0.1$。本次试验$OTDF$高于设计要求、$RTDF$符合设计要求，燃烧室出口温度分布不均。

分析认为造成燃烧室出口温度分布不均的原因可能有以下几点。

①封堵了部分火焰筒后段掺混孔，掺混孔几何面积减少，冷却效果发生改变，导致燃烧室出口温度分布不均。

②火焰筒头部喷嘴氢气出口速度分布不均，导致燃烧室出口温度分布不均。

③本次试验压力脉动过大，可能导致燃烧室出口温度分布不均。

（3）压力脉动。

燃烧室不同燃烧温度下压力脉动与燃烧频率的关系如图5-76所示。其中，燃烧频率小于50Hz时，压力脉动最大值为30kPa；燃烧频率在50Hz至100Hz范围内，压力脉动最大值为9kPa；燃烧频率大于100Hz时，压力脉动最大值为7kPa。

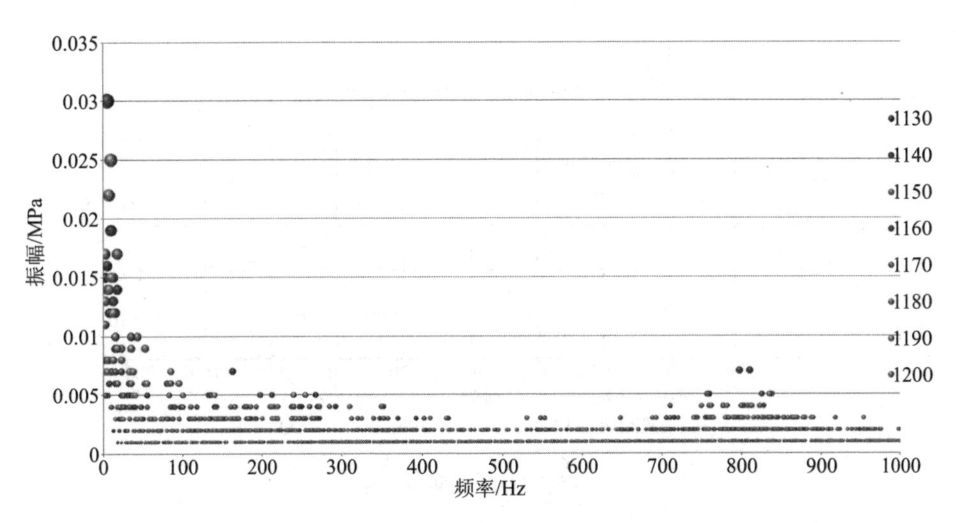

图 5-76　不同温度下的压力脉动频谱

参考燃烧室设计，要求燃烧最大压力脉动与扩压器进气压力的比值≤4%，本次试验燃烧室的燃烧最大压力脉动与扩压器进气压力比值为 15%，本次试验存在燃烧振荡。

分析认为造成本次试验压力脉动过大的原因为试验件带压。为了使扩压器进气压力达到 0.2MPa，采用减小排气段背压阀开度以达到试验件带压目的，在加压过程中可以听到空气流经背压阀产生较大的蜂鸣声，导致压力脉动较大。

（4）氮氧化物。

烟气测量数据如图 5-77 所示，氮氧化物排放值与氧含量如图 5-78 所示。

可以看到，氮氧化物随着燃烧室内燃烧温度的降低而降低。氮氧化物排放与燃烧室燃烧温度有关，燃烧温度越高，产生的氮氧化物越多。

基准氧含量 15% 时，氮氧化物排放最大约为 146.43mg/m^3，即 77.61ppm@15%O_2，本次试验氮氧化物排放高于国家标准。

分析认为造成本次试验氮氧化物排放高的原因可能有：

①燃料分配比例 2∶3∶5，火焰筒头部扩散燃烧氢气流量占总氢气流量 20%，扩散燃烧燃料比例高，造成氮氧化物排放含量过高。

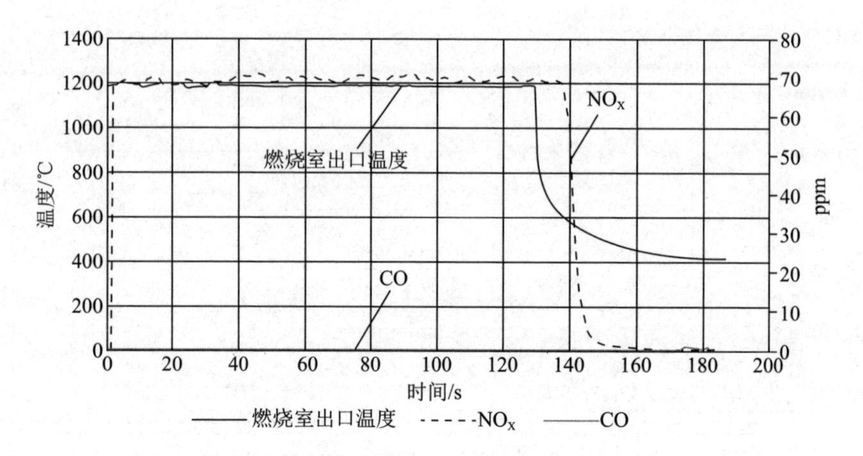

图 5-77 烟气测量数据

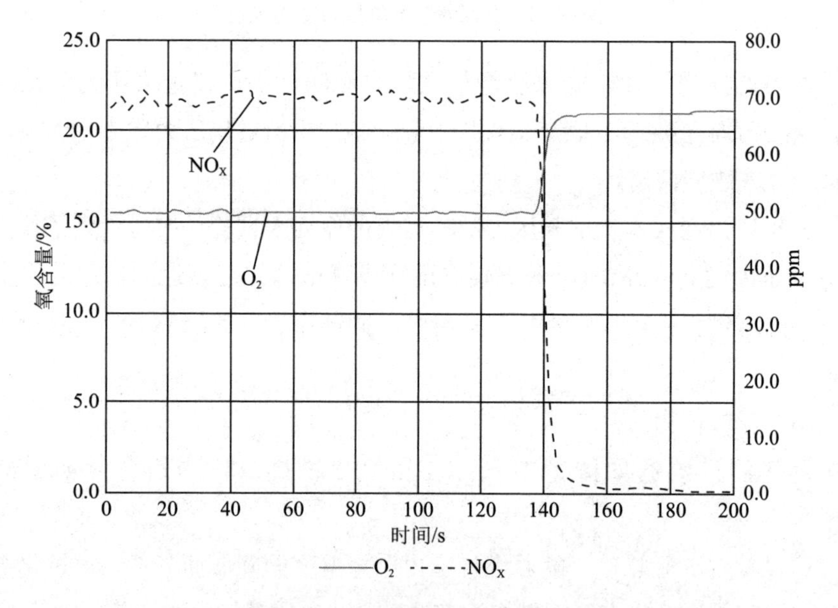

图 5-78 氮氧化物排放值与氧含量

②本次试验为带压模拟试验，试验件进气压力较高。

③燃烧室平均出口温度较高，高于燃烧室出口温度设计值。

（5）燃烧效率。

1.0 工况纯氢燃烧时，根据燃烧室试验状态参数计算得到燃烧效率 η_{bt}=99.9%。

5. 结论

（1）燃烧室压力脉动最大值 30kPa，燃烧室的燃烧最大压力脉动与扩压器进气压力比值为 15%（>4%），本次试验存在燃烧振荡，分析认为造成本次试验压力脉动过大的原因为试验件带压。

（2）燃烧室出口最高温度 1286℃，平均温度 1168℃，最高平均径向温度 1218℃。

（3）燃烧室出口周向温度分布系数 *OTDF*=0.153，高于燃烧室设计要求，燃烧室出口径向温度分布系数 *RTDF*=0.065，符合燃烧室设计要求。分析认为造成本次试验 *OTDF* 高于设计要求的原因为火焰筒头部喷嘴氢气出口速度分布不均、试验压力脉动过大、封堵了部分掺混孔导致冷却效果发生改变等。

（4）氮氧化物排放最大值为 77.61ppm@15%O_2，高于国家排放标准，分析认为氮氧化物排放过高的原因为火焰筒头部扩散燃烧燃料占比过大、试验件进气压力较高等。

（5）燃烧效率 η_{bt}=99.9%。

（6）火焰筒头部、轴向一级、轴向二级的燃料配比 2∶3∶5，氢气总流量 650Nm^3/h，空气流量 2.0kg/s，扩压器进气压力 0.2MPa，扩压器进气温度 397℃。

（7）燃烧室纯氢稳态燃烧持续时间 10 分钟。

5.1.12 首次不同燃料比例试验台全温、带压性能测试

为了探究不同燃料分配比例下“扩散燃烧 + 轴向分级射流微预混燃烧室”方案的氮氧化物、压力脉动、燃烧室出口温度分布等数据，本次试验在升至 1.0 工况纯氢稳态燃烧时，切换不同燃料分配比例，观察燃烧室出口温度分布、氮氧化物排放、压力脉动等数据变化，为本套燃烧室方案选择合适的燃料分配比例。

测温耙 8 号测点故障，在数据分析中将 8 号测点数据删除。

1. 试验信息

试验编号：MYCS-01-20230927。

试验时间：2023 年 9 月 27 日 10:50~11:40。

试验地点：明阳氢燃纯氢燃气轮机燃烧室研发中心。

试验目的：（1）对“扩散燃烧 + 轴向分级射流微预混燃烧室”方案进行全温带压 1.0 工况燃烧测试，通过试验验证燃烧室的氢气直接点火特性、650Nm^3/h 全流量纯氢燃烧特性；（2）试验过程中调整不同的燃烧室燃料分配比例，观察燃烧室氮氧化物排放特性、压力脉动变化特性；（3）测量燃烧室出口温度分布、压力脉动、氮氧化物排放数据；（4）试验结束后对试验件进行拆解检查，观察本次试验火焰筒的回火情况。

环境条件：气压 1atm，温度 27℃，相对湿度 79%。

2. 试验状态参数

试验状态参数如表 5-26 所示。

表 5-26　试验状态参数

状态	扩压器进气温度/℃	扩压器进气压力/MPa	主路空气流量/(kg/s)	雾化空气流量/(kg/s)	氢气总流量/(Nm^3/h)
0.6 工况	397	0.2	2.0	0	650

3. 试验流程

本次试验开启热风炉，未使用火焰筒头部雾化空气。点火前空气流量调节至 1.47kg/s，扩压器进气温度加热至 47℃时火焰筒头部通入氢气点火，点火成功后维持氢气量不变，等待热风炉将扩压器进气温度加热至 397℃后，将扩压器进气压力升至 0.2MPa，同时将空气流量调整为 2.0kg/s，最后火焰筒头部氢气、轴向一级氢气、轴向二级氢气分别调整至对应流量，负荷达到 1.0 工况。稳态燃烧时氢气总流量为 650Nm^3/h，本次试验测试五种不同燃料分配比例，具体试验参数如表 5-27 所示。

表 5-27　试验燃料分配比例调整方案

工况	燃料分配比例	空气流量/(kg/s)	头部氢气流量/(Nm^3/h)	轴向一级氢气流量/(Nm^3/h)	轴向二级氢气流量/(Nm^3/h)
点火	—	1.47	80	120	0
燃料分配调整	—	1.6	80	200	0
	—	1.8	65	280	160
工况 1	1∶5∶4	2.0	65	325	260
工况 2	1.5∶4.5∶4	2.0	100	290	260
工况 3	2∶4.5∶3.5	2.0	130	290	230
工况 4	2.5∶4∶3.5	2.0	160	260	230
工况 5	3∶4∶3	2.0	195	260	195

4. 试验结果及分析

（1）燃烧室点火。

本次试验通过观察燃烧室温升、稳定燃烧情况判断点火是否成功。点火前开启热风炉，将扩压器进气温度升至 47℃时进行纯氢点火。点火成功后热风炉持续升温至 397℃，同时逐渐通入火焰筒头部及轴向一、二级氢气提升运行负荷，达到纯氢稳态燃烧后测试五种工况燃烧室出口温度，其中工况 1、工况 3、工况 5 进行了燃烧室出口温度分布测试，燃烧室出口温度如图 5-79 所示。

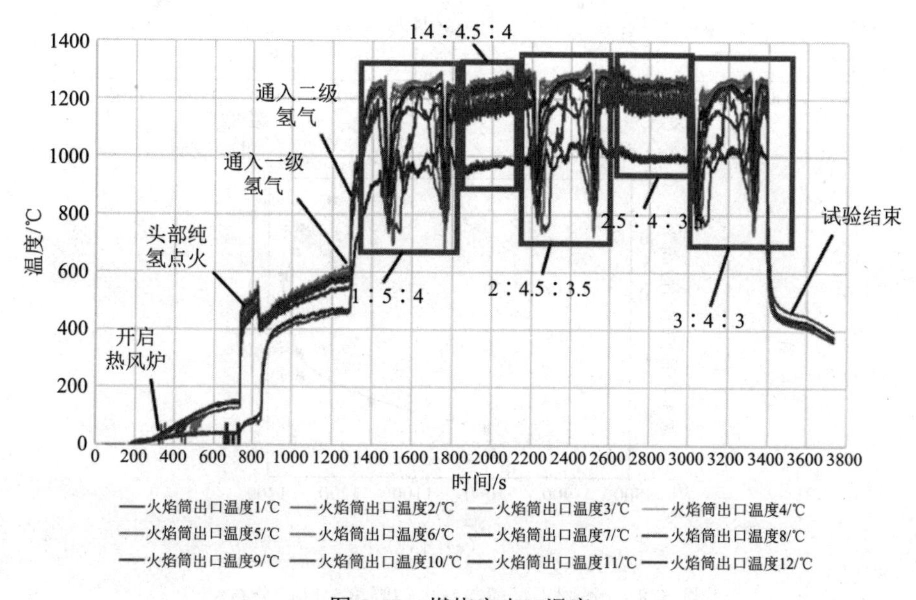

图 5-79　燃烧室出口温度

（2）燃烧室出口温度分布。

1.0 工况纯氢稳态燃烧阶段，工况 1 至工况 5 燃烧室出口温度沿叶高分布如图 5-80 所示。其中，原测温耙 8 号测点为坏点，将其删除。可以看出，燃烧室出口温度靠近上下两端壁面温度相对较低，中心温度相对较高。

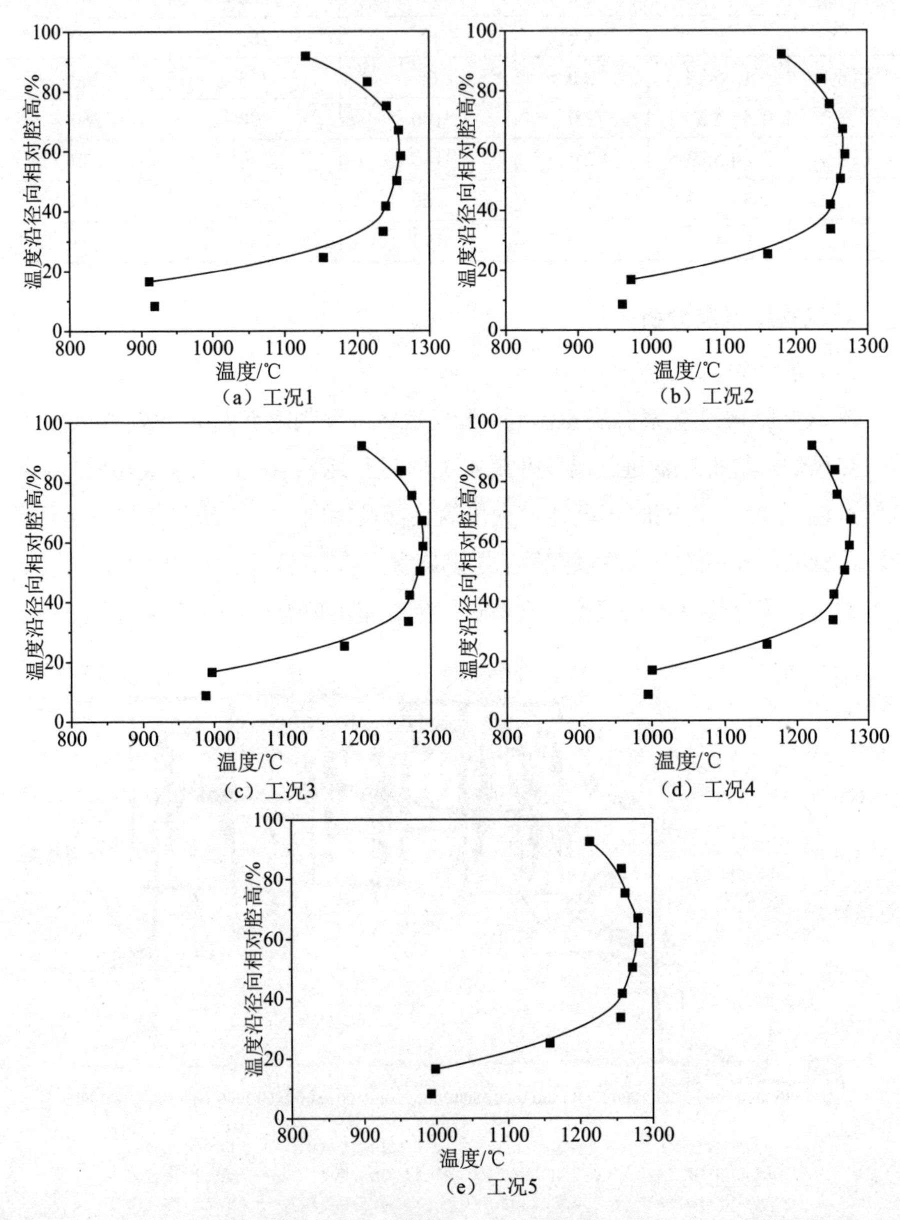

图 5-80　不同工况燃烧室出口温度沿叶高分布

1.0工况纯氢稳态燃烧阶段，工况1至工况5燃烧室最高平均径向温度分别为1169℃、1180℃、1218℃、1245℃、1208℃。

观察图5-79，可以看到燃烧室出口温度变化情况。

1.0工况纯氢稳态燃烧阶段，工况1至工况5燃烧室出口最高温度分别为1277℃、1261℃、1302℃、1328℃、1283℃。

1.0工况纯氢稳态燃烧阶段，工况1至工况5燃烧室出口平均温度分别为1077℃、1132℃、1121℃、1207℃、1108℃。

工况1、工况3、工况5燃烧室出口温度分布云图分别如图5-81、图5-82、图5-83所示。可以看到，这三种工况中，工况1的燃烧室出口温度分布相对比较均匀。

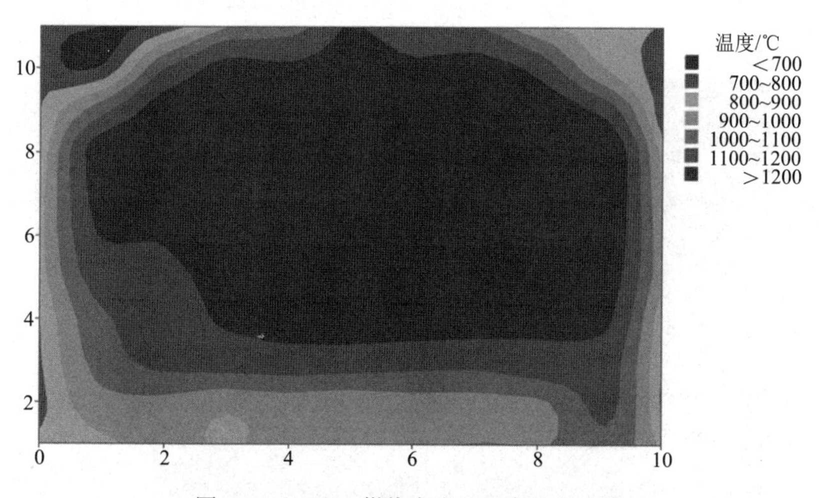

图5-81　工况1燃烧室出口温度分布云图

根据分析计算得到工况1、工况3、工况5测温耙测试的出口温度分布数据如下：

工况1燃料分配比例为1∶5∶4，*OTDF*=0.294，*RTDF*=0.135。

工况3燃料分配比例为2∶4.5∶3.5，*OTDF*=0.25，*RTDF*=0.134。

工况5燃料分配比例为3∶4∶3，*OTDF*=0.246，*RTDF*=0.141。

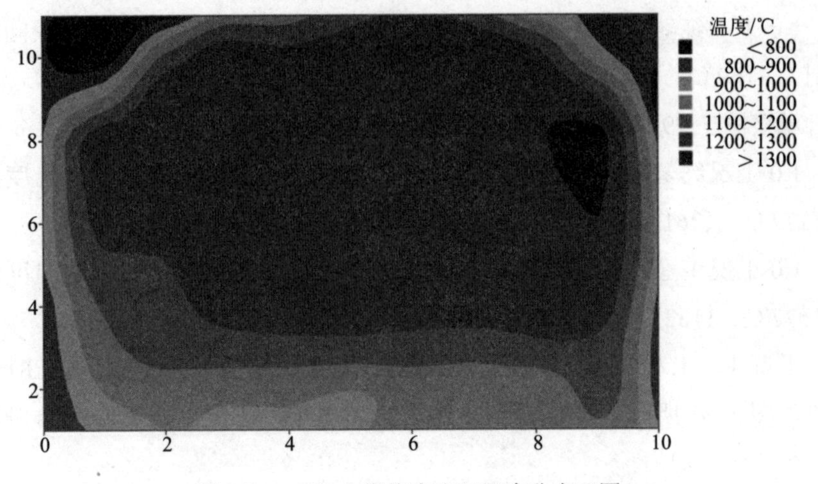

图 5-82　工况 3 燃烧室出口温度分布云图

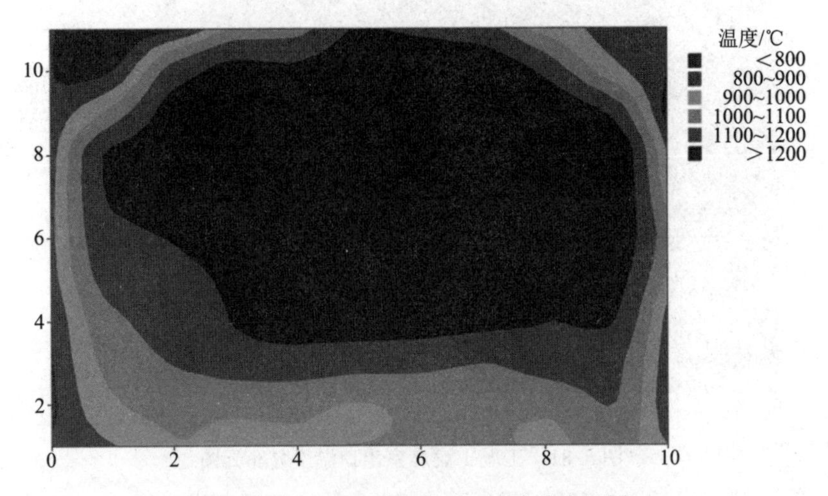

图 5-83　工况 5 燃烧室出口温度分布云图

（3）压力脉动。

工况 1 燃料分配比例为 1∶5∶4 的压力脉动频谱如图 5-84 所示，燃烧频率小于 50Hz 时，压力脉动最大值为 41kPa；燃烧频率在 50Hz 至 100Hz 范围内，压力脉动最大值为 9kPa；燃烧频率大于 100Hz 时，压力脉动最大值为 6kPa。燃烧室的燃烧最大压力脉动与扩压器进气压力比值为 20.5%，本次试验存在燃烧振荡。

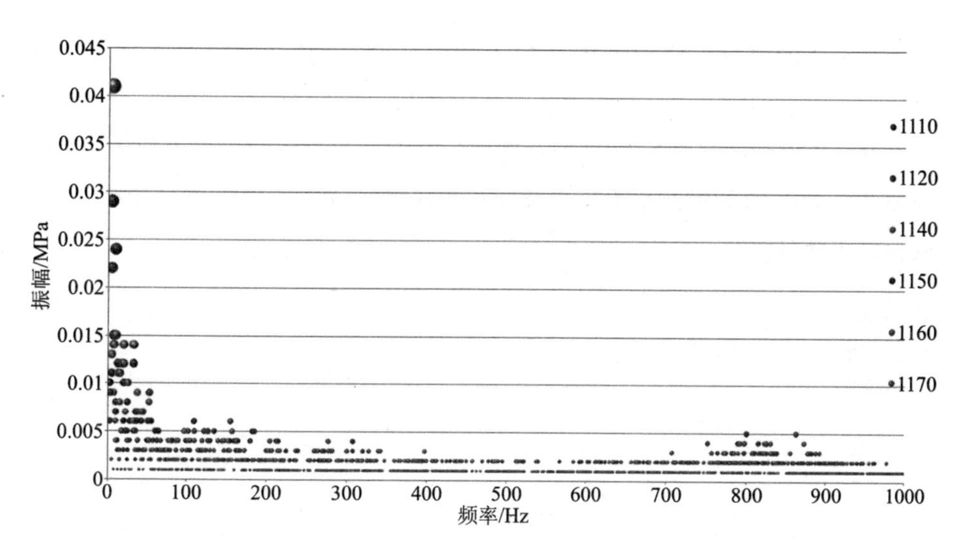

图 5-84　工况 1 燃料分配比例 1∶5∶4 不同温度下的压力脉动频谱

工况 2 燃料分配比例为 1.5∶4.5∶4 的压力脉动频谱如图 5-85 所示，燃烧频率小于 50Hz 时，压力脉动最大值为 32kPa；燃烧频率在 50Hz 至 100Hz 范围内，压力脉动最大值为 8kPa；燃烧频率大于 100Hz 时，压力脉动最大值为 6kPa。燃烧室的燃烧最大压力脉动与扩压器进气压力比值为 16%，本次试验存在燃烧振荡。

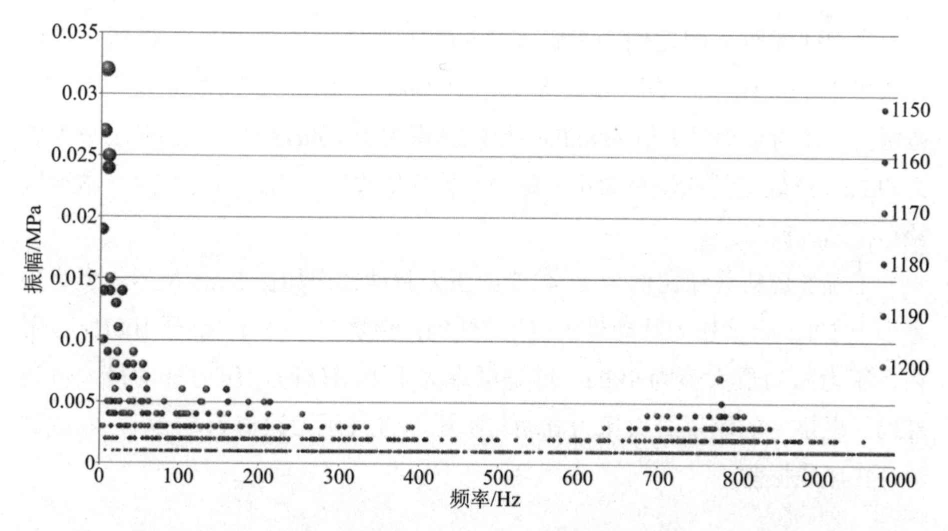

图 5-85　工况 2 燃料分配比例 1.5∶4.5∶4 不同温度下的压力脉动频谱

工况 3 燃料分配比例为 2∶4.5∶3.5 的压力脉动频谱如图 5-86 所示，燃烧频率小于 50Hz 时，压力脉动最大值为 27kPa；燃烧频率在 50Hz 至 100Hz 范围内，压力脉动最大值为 7kPa；燃烧频率大于 100Hz 时，压力脉动最大值为 6kPa。燃烧室的燃烧最大压力脉动与扩压器进气压力比值为 13.5%，本次试验存在燃烧振荡。

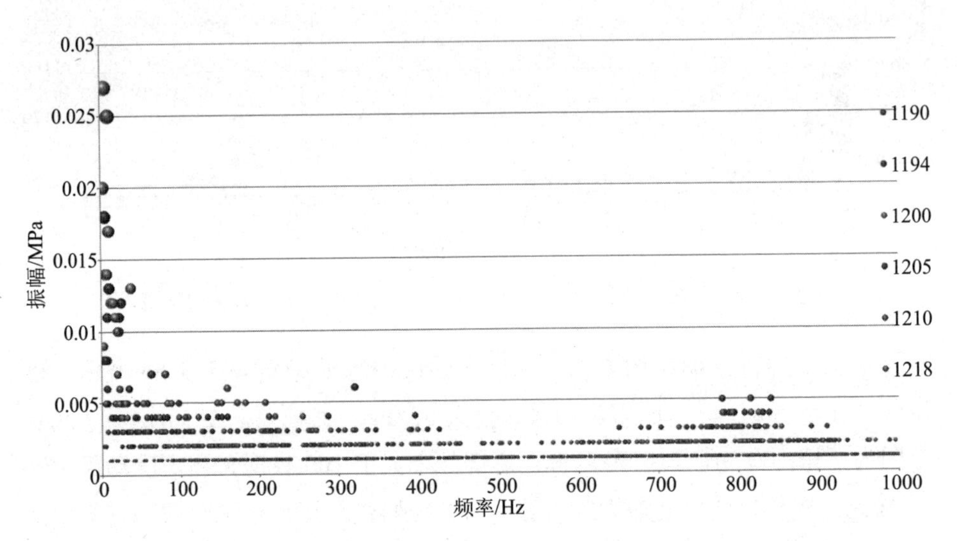

图 5-86　工况 3 燃料分配比例 2∶4.5∶3.5 不同温度下的压力脉动频谱

工况 4 燃料分配比例为 2.5∶4∶3.5 的压力脉动频谱如图 5-87 所示，燃烧频率小于 50Hz 时，压力脉动最大值为 44kPa；燃烧频率在 50Hz 至 100Hz 范围内，压力脉动最大值为 8kPa；燃烧频率大于 100Hz 时，压力脉动最大值为 6kPa。燃烧室的燃烧最大压力脉动与扩压器进气压力比值为 22%，本次试验存在燃烧振荡。

工况 5 燃料分配比例为 3∶4∶3 的压力脉动频谱如图 5-88 所示，燃烧频率小于 50Hz 时，压力脉动最大值为 35kPa；燃烧频率在 50Hz 至 100Hz 范围内，压力脉动最大值为 9kPa；燃烧频率大于 100Hz 时，压力脉动最大值为 8kPa。燃烧室的燃烧最大压力脉动与扩压器进气压力比值为 17.5%，本次试验存在燃烧振荡。

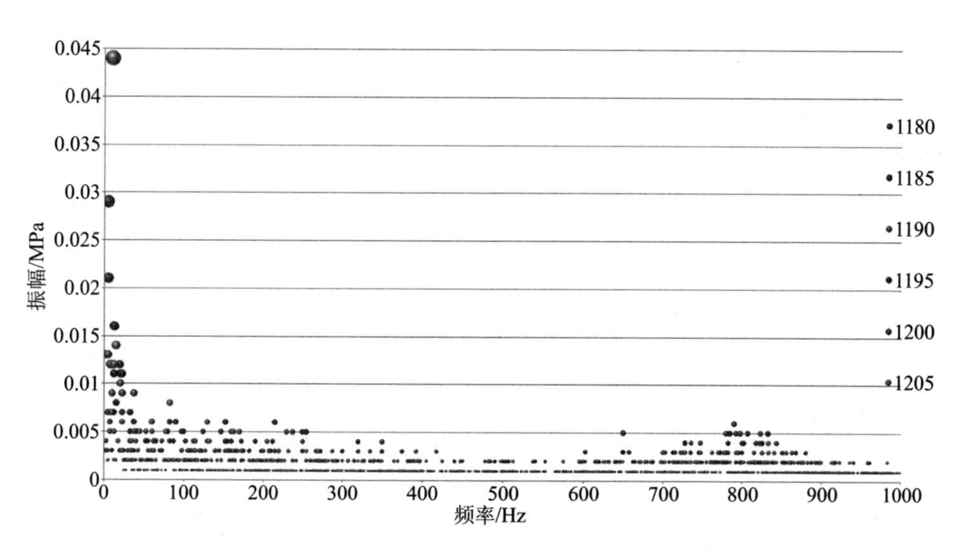

图 5-87　工况 4 燃料分配比例 2.5∶4∶3.5 不同温度下的压力脉动频谱

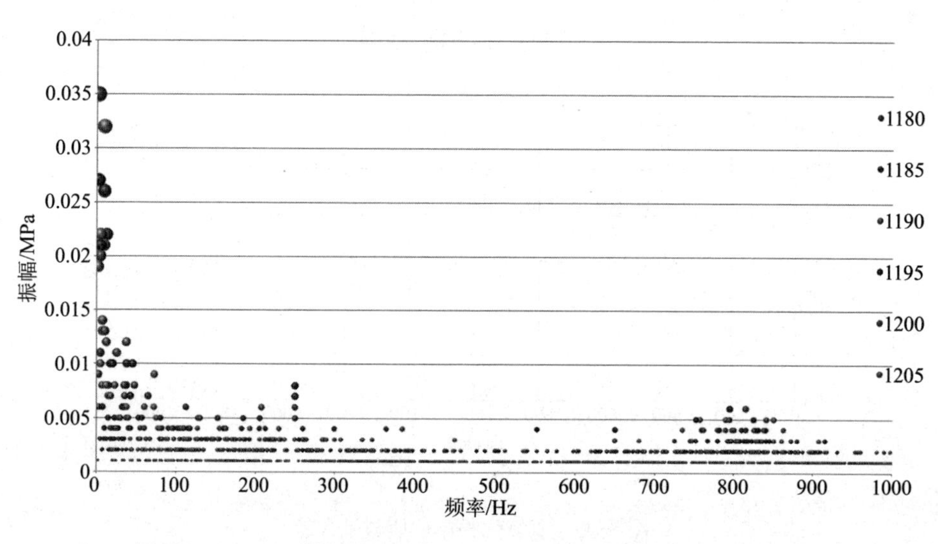

图 5-88　工况 5 燃料分配比例 3∶4∶3 不同温度下的压力脉动频谱

本次试验五种工况中，工况 3 燃烧振荡相对较小，1.0 工况稳态燃烧时最大压力脉动与扩压器进气压力比值为 13.5%。分析认为造成本次试验压力脉动过大的原因为试验件带压，为了使扩压器进气压力达到 0.2MPa，采用了减小排气段背压阀开度以达到试验件带压目的，导致压力脉动较大。

（4）氮氧化物。

烟气测量数据如图 5-89 所示，氮氧化物排放值与氧含量如图 5-90 所示。

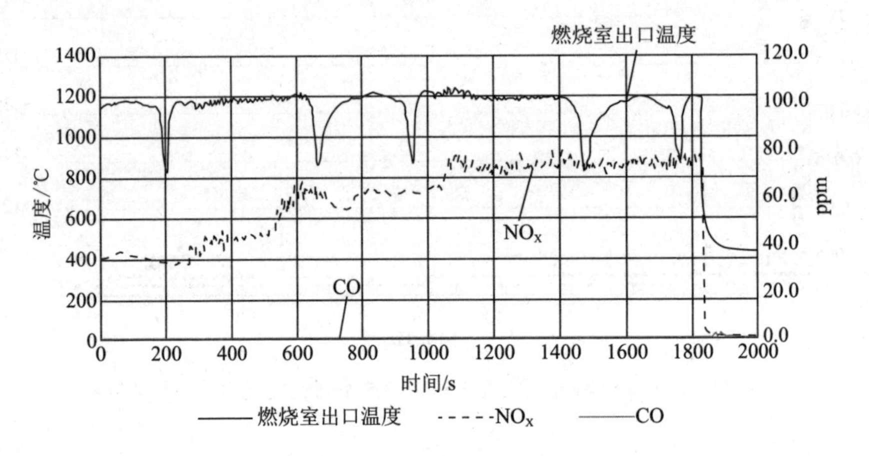

图 5-89 烟气测量数据

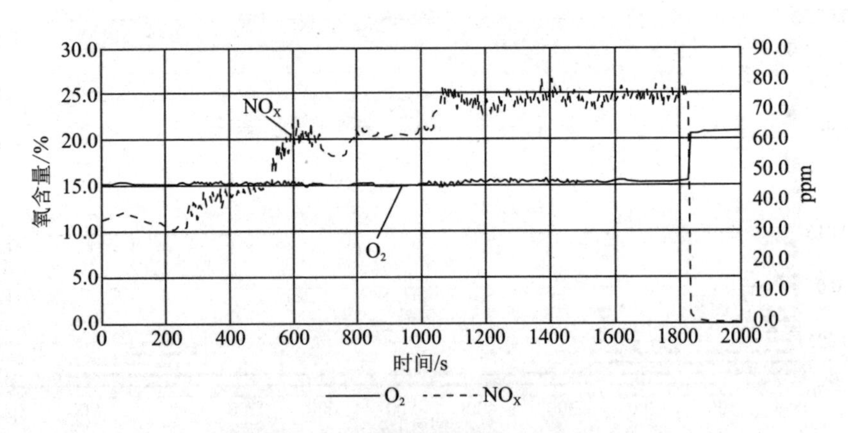

图 5-90 氮氧化物排放值与氧含量

可以看到，氮氧化物随着燃烧室内燃烧温度的降低而降低。氮氧化物排放与燃烧室燃烧温度有关，燃烧温度越高，产生的氮氧化物越多。

工况 1 燃料分配比例为 1∶5∶4，基准氧含量 15% 时，氮氧化物排放最高约 76.87mg/m^3，即 40.89ppm@15%O_2，氮氧化物排放高于国家标准。

工况 2 燃料分配比例为 1.5∶4.5∶4，基准氧含量 15% 时，氮氧化物排放最高约 92.91mg/m^3，即 49.42ppm@15%O_2，氮氧化物排放高于国家标准。

工况 3 燃料分配比例为 2∶4.5∶3.5，基准氧含量 15% 时，氮氧化物排放最高约 127.50mg/m^3，即 67.82ppm@15%O_2，氮氧化物排放高于国家标准。

工况 4 燃料分配比例为 2.5∶4∶3.5，基准氧含量 15% 时，氮氧化物排放最高约 163.98mg/m^3，即 87.22ppm@15%O_2，氮氧化物排放高于国家标准。

工况 5 燃料分配比例为 3∶4∶3，基准氧含量 15% 时，氮氧化物排放最高约 165.80mg/m^3，即 88.19ppm@15%O_2，氮氧化物排放高于国家标准。

不难发现，随着火焰筒头部扩散燃烧燃料比例增大、火焰筒轴向预混燃烧燃料比例减小，氮氧化物排放随之增大，说明预混燃烧可以减少氮氧化物排放。

对比本次试验五种工况氮氧化物排放数据，工况 1 的氮氧化物排放最少，约为 40.89ppm@15%O_2。

5. 结论

（1）对比五种工况试验结果，工况 3 的燃烧振荡较小，1.0 工况稳态燃烧时最大压力脉动与扩压器进气压力比值为 13.5%（>4%），存在燃烧振荡。分析认为造成本次试验存在燃烧振荡的原因为试验件带压。

（2）对比工况 1、工况 3、工况 5 的测温耙试验结果，工况 3 的出口温度分布比较均匀。

（3）对比本次试验五种工况试验结果，工况 1 的氮氧化物排放最少，约为 40.89ppm@15%O_2，高于国家排放标准。

（4）氢气总流量 650Nm^3/h，空气流量 2.0kg/s，扩压器进气压力 0.2MPa，扩压器进气温度 397℃。

（5）燃烧室纯氢稳态燃烧持续时间 30 分钟。

5.1.13　第二次不同燃料分配比例全温、带压性能测试

本次试验将对“扩散燃烧 + 轴向分级射流微预混燃烧室”方案进行长时间燃烧测试，1.0 工况稳态燃烧时长 60 分钟，同时在 1.0 工况稳态燃烧阶段调整燃烧室燃料分配比例，观察不同燃料分配比例下的燃烧室出口温度分布、压力脉动、氮氧化物排放等数据的变化情况。

测温耙 8 号测点故障，在数据分析中将 8 号测点数据删除。

1. 试验信息

试验编号：MYCS-01-20230928。

试验时间：2023 年 9 月 28 日 14:20—15:50。

试验地点：明阳氢燃纯氢燃气轮机燃烧室研发中心。

试验目的：（1）对“扩散燃烧 + 轴向分级射流微预混燃烧室”方案进行全温带压 1.0 工况燃烧测试，通过试验验证燃烧室的氢气直接点火特性、650Nm³/h 全流量纯氢燃烧特性；（2）试验过程中调整不同的燃烧室燃料分配比例，观察燃烧室氮氧化物排放特性、压力脉动变化特性；（3）测量燃烧室出口温度分布、压力脉动、氮氧化物排放数据；（4）试验结束后对试验件进行拆解检查，观察本次试验火焰筒的回火情况。

环境条件：气压 1atm，温度 28℃，相对湿度 65%。

2. 试验状态参数

试验状态参数如表 5-28 所示。

表 5-28　试验状态参数

状态	扩压器进气温度/℃	扩压器进气压力/MPa	主路空气流量/(kg/s)	雾化空气流量/(kg/s)	氢气总流量/(Nm³/h)
1.0 工况	397	0.2	2.0	0.045	650

3. 试验流程

本次试验开启热风炉，使用火焰筒头部雾化空气，雾化空气流量 0.045kg/s。空气流量调整至 1.47kg/s，扩压器进气温度加热至 47℃时火焰筒头部通入氢气点火，点火成功后维持氢气量不变，等待热风炉将扩压器进气温度加热至 397℃，调整背压阀 CV104 开度至 47% 使扩压器进气压力升至 0.2MPa，同时将空气流量调整为 2.0kg/s，最后将火焰筒头部氢气、轴向一级氢气、轴向二级氢气分别调整至对应流量，负荷达到 1.0 工况。1.0 工况稳态燃烧时氢气总流量为 650Nm³/h，本次试验测试火焰筒八种不同燃料分配比例，具体试验参数如表 5-29 所示。

表 5-29　试验燃料分配比例调整方案

工况	燃料分配比例	空气流量/(kg/s)	头部氢气流量/(Nm^3/h)	轴向一级氢气流量/(Nm^3/h)	轴向二级氢气流量/(Nm^3/h)
点火	—	1.47	80	0	0
燃料分配调整	—	1.6	80	120	0
	—	1.8	65	240	130
工况 1	1∶5∶4	2.0	65	325	260
工况 2	1.5∶4.5∶4	2.0	100	290	260
工况 3	1.5∶4∶4.5	2.0	100	260	290
工况 4	2∶4.5∶3.5	2.0	130	290	230
工况 5	2∶4∶4	2.0	130	260	260
工况 6	2∶3.5∶4.5	2.0	130	230	290
工况 7	2.5∶4∶3.5	2.0	160	260	230
工况 8	2.5∶3.5∶4	2.0	160	230	260

4. 试验结果及分析

（1）燃烧室点火。

本次试验通过观察燃烧室温升、稳定燃烧情况判断点火是否成功。点火前开启热风炉，将扩压器进气温度升至 47℃时进行点火操作。点火成功后热风炉持续升温至 397℃，同时逐渐通入火焰筒头部及轴向一、二级氢气提升运行负荷，达到 1.0 工况纯氢稳态燃烧后测试工况 1 至工况 8 燃烧室出口温度，本次试验工况 1 至工况 8 均进行了出口测温耙温度测试。试验顺利进行，燃烧室出口温度如图 5-91 所示。

（2）燃烧室出口温度分布。

观察图 5-91，可以看到燃烧室出口温度变化情况。

1.0 工况纯氢稳态燃烧阶段，工况 1 至工况 8 燃烧室出口最高温度分别为 1242℃、1254℃、1244℃、1234℃、1255℃、1227℃、1249℃、1238℃。

1.0 工况纯氢稳态燃烧阶段，工况 1 至工况 8 燃烧室出口平均温度分别为 1123℃、1145℃、1129℃、1127℃、1134℃、1135℃、1144℃、1136℃。

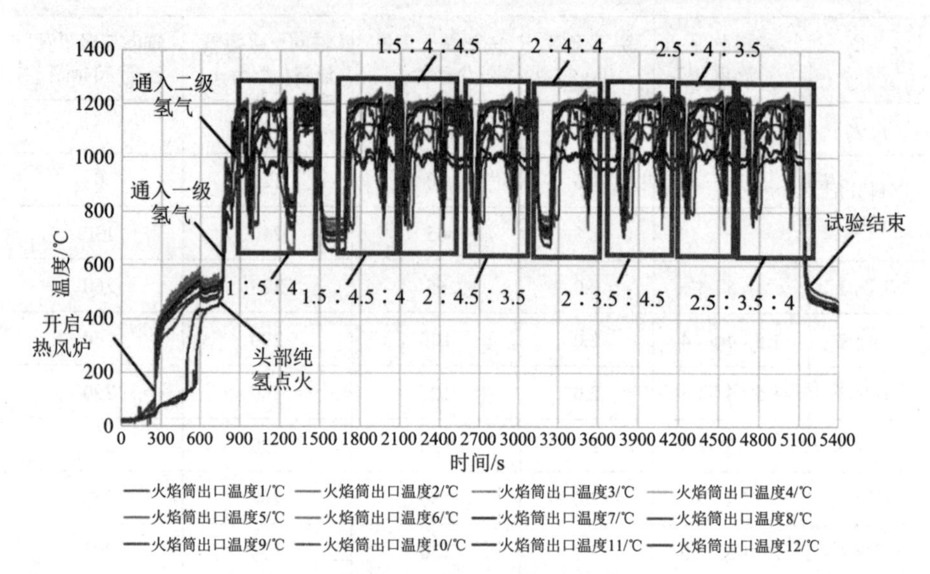

图 5-91　燃烧室出口温度

1.0 工况纯氢稳态燃烧阶段，工况 1 至工况 8 燃烧室出口温度沿叶高分布如图 5-92 所示。其中，原测温耙 8 号测点为坏点，将其删除。可以看出，燃烧室出口温度靠近上下两端壁面温度相对较低，中心温度相对较高。

1.0 工况纯氢稳态燃烧阶段，工况 1 至工况 8 燃烧室最高平均径向温度分别为 1139℃、1161℃、1152℃、1155℃、1158℃、1158℃、1164℃、1159℃。

工况 1 至工况 8 燃烧室出口温度分布云图如图 5-93 所示，工况 8 的燃烧室出口温度分布相对均匀。

根据分析计算得到工况 1 至工况 8 测温耙测试的出口温度分布数据如下：

工况 1 燃料分配比例为 1∶5∶4，*OTDF*=0.164，*RTDF*=0.022。

工况 2 燃料分配比例为 1.5∶4.5∶4，*OTDF*=0.146，*RTDF*=0.021。

工况 3 燃料分配比例为 1.5∶4∶4.5，*OTDF*=0.157，*RTDF*=0.031。

工况 4 燃料分配比例为 2∶4.5∶3.5，*OTDF*=0.147，*RTDF*=0.038。

工况 5 燃料分配比例为 2∶4∶4，*OTDF*=0.164，*RTDF*=0.033。

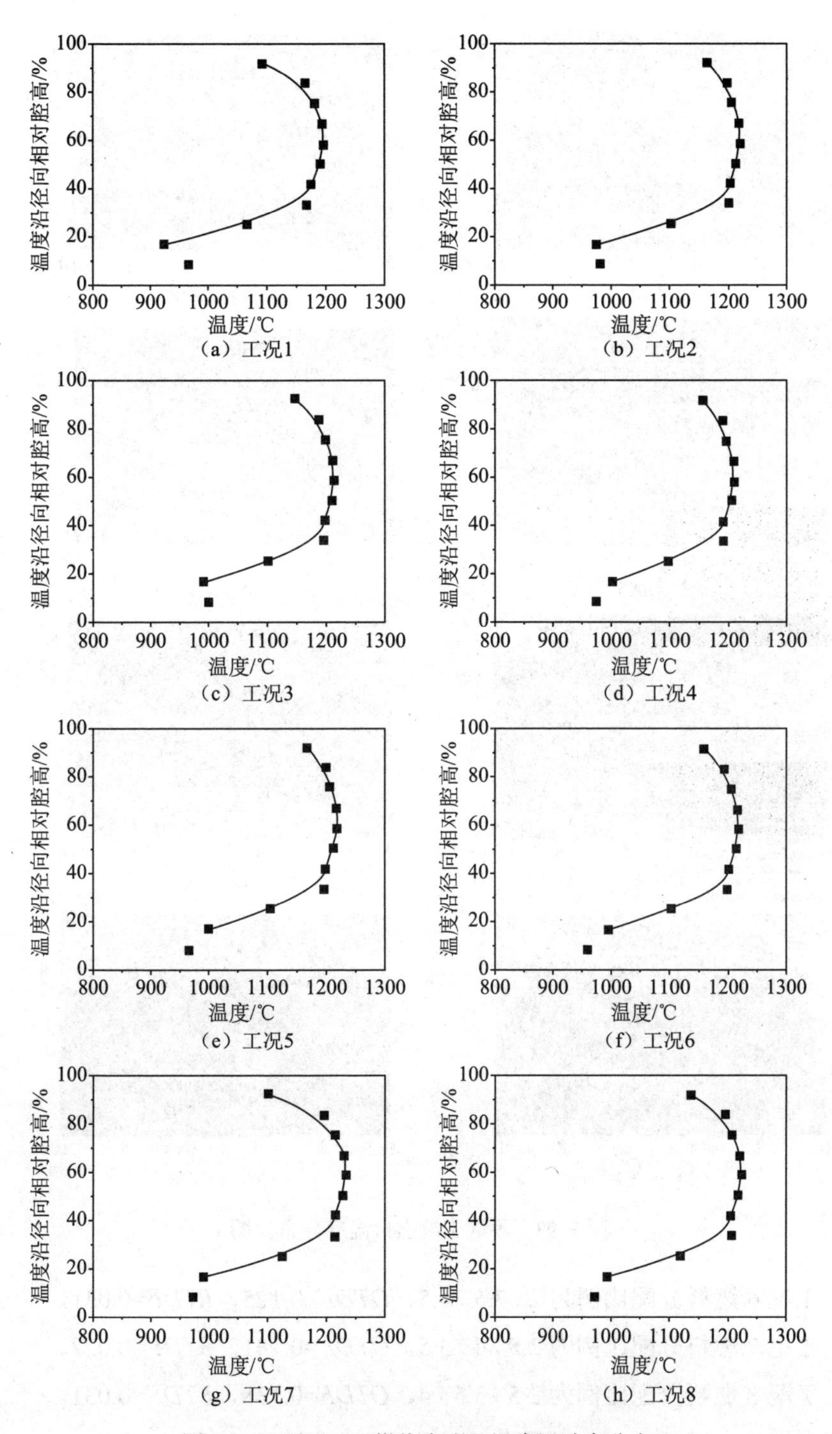

（a）工况1 （b）工况2
（c）工况3 （d）工况4
（e）工况5 （f）工况6
（g）工况7 （h）工况8

图 5-92 不同工况燃烧室出口温度沿叶高分布

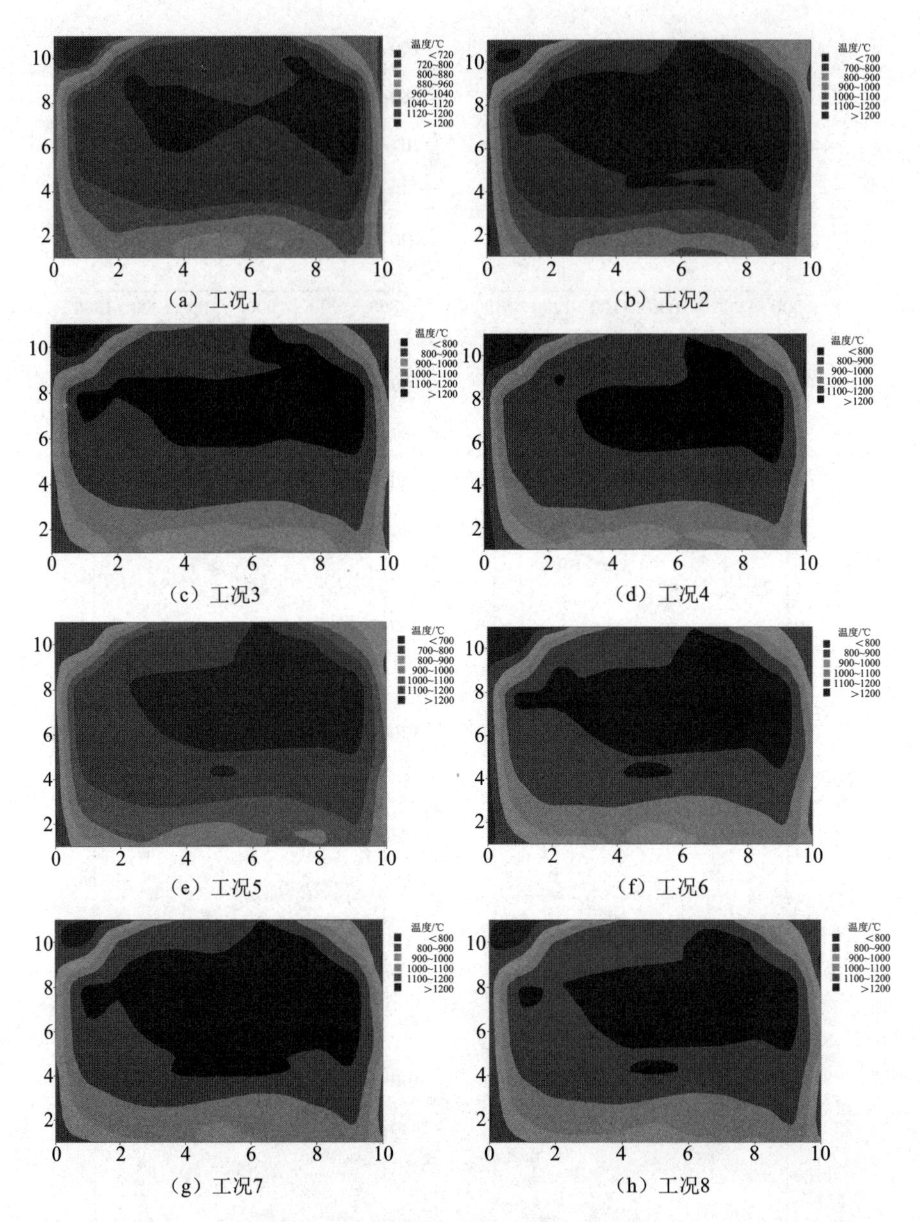

（a）工况1　（b）工况2

（c）工况3　（d）工况4

（e）工况5　（f）工况6

（g）工况7　（h）工况8

图 5-93　不同工况出口温度分布云图

工况 6 燃料分配比例为 2∶3.5∶4.5，*OTDF*=0.125，*RTDF*=0.031。

工况 7 燃料分配比例为 2.5∶4∶3.5，*OTDF*=0.141，*RTDF*=0.027。

工况 8 燃料分配比例为 2.5∶3.5∶4，*OTDF*=0.138，*RTDF*=0.031。

在燃烧室设计中，一般要求 *OTDF* ≤ 0.15，*RTDF* ≤ 0.1。

1.0 工况纯氢稳态燃烧阶段，工况 1 至工况 8 的 *RTDF* 均符合设计要求，工况 1、工况 3、工况 5 的 *OTDF* 高于设计要求。其中，工况 2、工况 4、工况 6、工况 7、工况 8 的 *OTDF* 和 *RTDF* 均符合设计要求，这五种工况的燃烧室出口温度分布均匀。对比工况 1 至工况 8 的 *OTDF*、*RTDF* 以及出口温度分布云图，工况 8 的燃料室出口温度分布比较均匀。

（3）压力脉动。

工况 1 燃料分配比例为 1∶5∶4 的压力脉动频谱如图 5-94 所示，燃烧频率小于 50Hz 时，压力脉动最大值为 30kPa；燃烧频率在 50Hz 至 100Hz 范围内，压力脉动最大值为 26kPa；燃烧频率大于 100Hz 时，压力脉动最大值为 8kPa。燃烧室的燃烧最大压力脉动与扩压器进气压力比值为 15%，本次试验存在燃烧振荡。

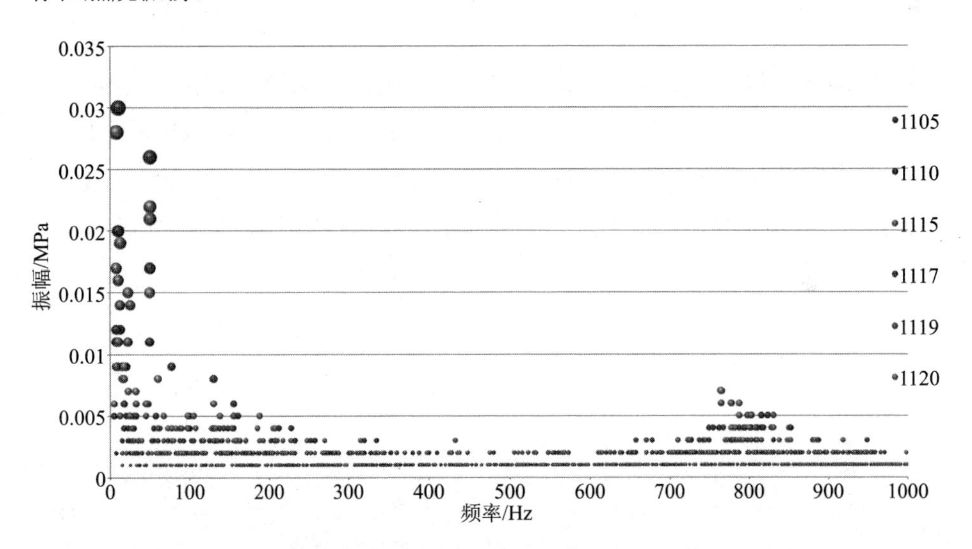

图 5-94　工况 1 燃料分配比例 1∶5∶4 不同温度下的压力脉动频谱

工况 2 燃料分配比例为 1.5∶4.5∶4 的压力脉动频谱如图 5-95 所示，燃烧频率小于 50Hz 时，压力脉动最大值为 31kPa；燃烧频率在 50Hz 至 100Hz 范围内，压力脉动最大值为 20kPa；燃烧频率大于 100Hz 时，压力脉动最大值为 6kPa。燃烧室的燃烧最大压力脉动与扩压器进气压力比值为 15.5%，本次试验存在燃烧振荡。

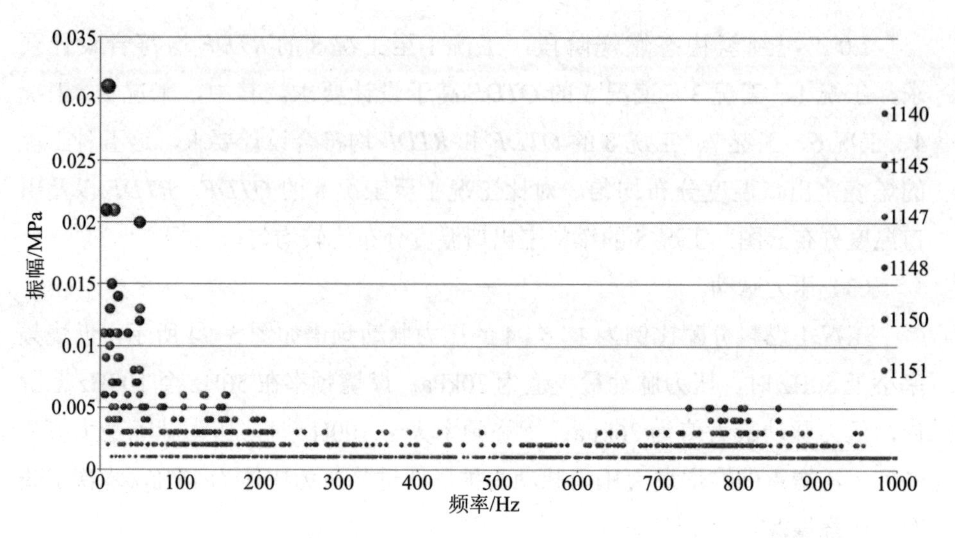

图 5-95　工况 2 燃料分配比例 1.5∶4.5∶4 不同温度下的压力脉动频谱

工况 3 燃料分配比例为 1.5∶4∶4.5 的压力脉动频谱如图 5-96 所示，燃烧频率小于 50Hz 时，压力脉动最大值为 23kPa；燃烧频率在 50Hz 至 100Hz 范围内，压力脉动最大值为 6kPa；燃烧频率大于 100Hz 时，压力脉动最大值为 8kPa。燃烧室的燃烧最大压力脉动与扩压器进气压力比值为 11.5%，本次试验存在燃烧振荡。

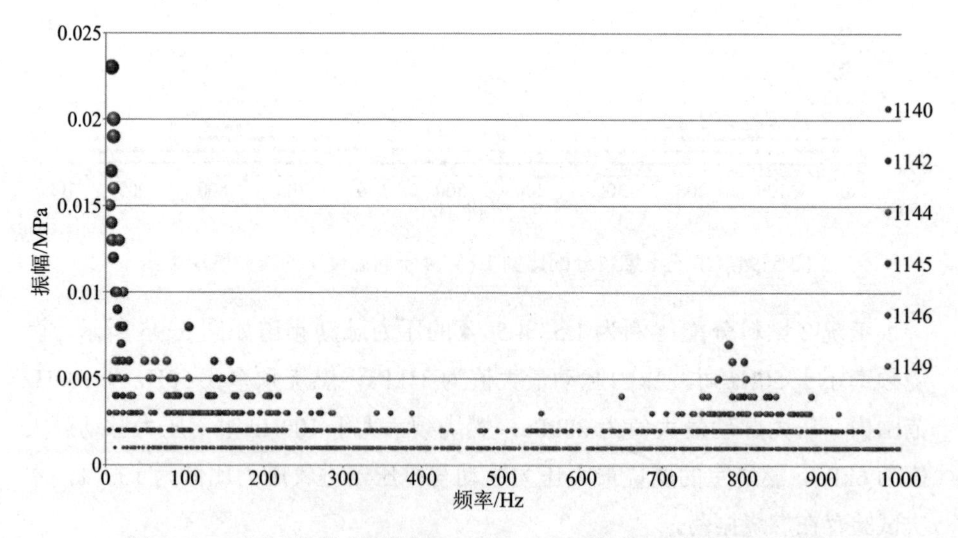

图 5-96　工况 3 燃料分配比例 1.5∶4∶4.5 不同温度下的压力脉动频谱

工况 4 燃料分配比例为 2∶4.5∶3.5 的压力脉动频谱如图 5-97 所示，燃烧频率小于 50Hz 时，压力脉动最大值为 23kPa；燃烧频率在 50Hz 至 100Hz 范围内，压力脉动最大值为 17kPa；燃烧频率大于 100Hz 时，压力脉动最大值为 6kPa。燃烧室的燃烧最大压力脉动与扩压器进气压力比值为 11.5%，本次试验存在燃烧振荡。

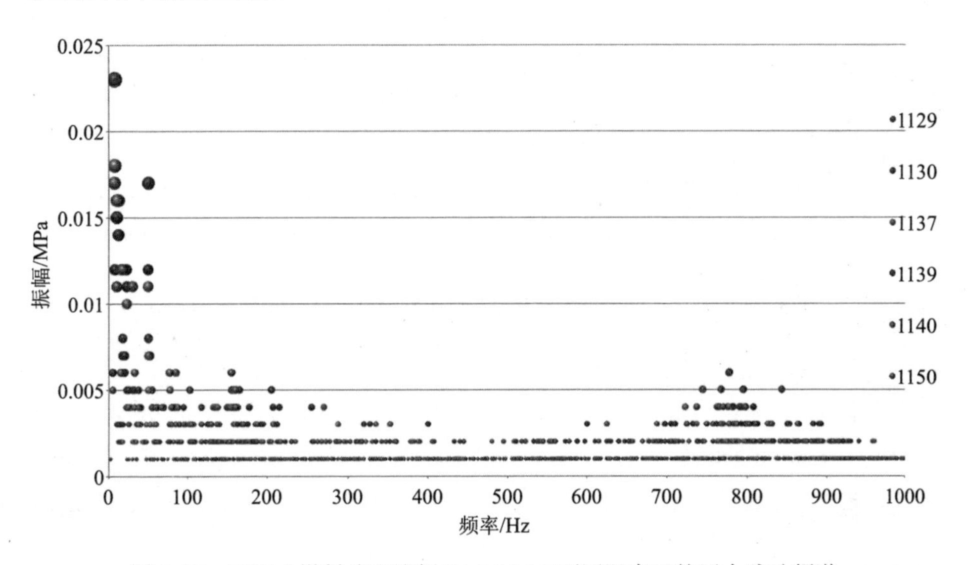

图 5-97　工况 4 燃料分配比例 2∶4.5∶3.5 不同温度下的压力脉动频谱

工况 5 燃料分配比例为 2∶4∶4 的压力脉动频谱如图 5-98 所示，燃烧频率小于 50Hz 时，压力脉动最大值为 31kPa；燃烧频率在 50Hz 至 100Hz 范围内，压力脉动最大值为 7kPa；燃烧频率大于 100Hz 时，压力脉动最大值为 6kPa。燃烧室的燃烧最大压力脉动与扩压器进气压力比值为 15.5%，本次试验存在燃烧振荡。

工况 6 燃料分配比例为 2∶3.5∶4.5 的压力脉动频谱如图 5-99 所示，燃烧频率小于 50Hz 时，压力脉动最大值为 32kPa；燃烧频率在 50Hz 至 100Hz 范围内，压力脉动最大值为 6kPa；燃烧频率大于 100Hz 时，压力脉动最大值为 7kPa。燃烧室的燃烧最大压力脉动与扩压器进气压力比值为 16%，本次试验存在燃烧振荡。

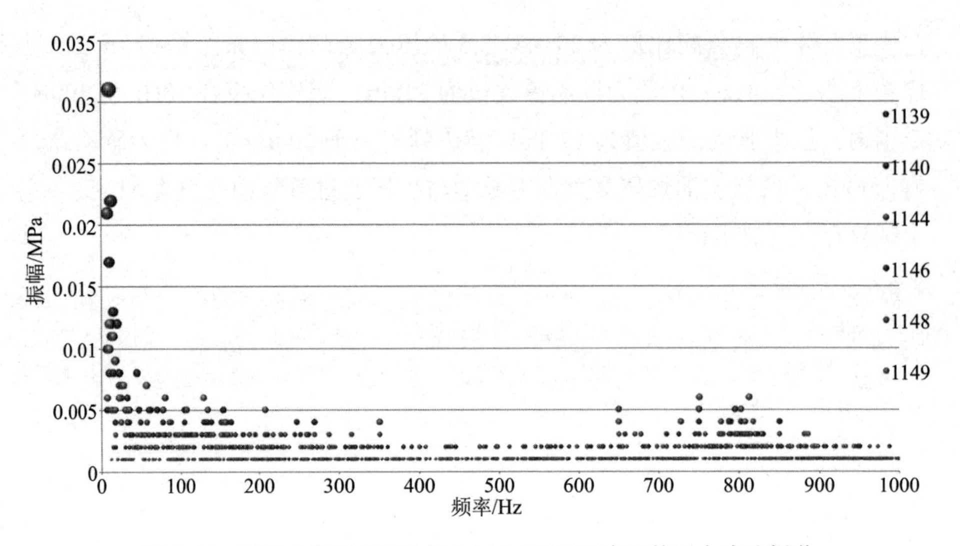

图 5-98　工况 5 燃料分配比例 2∶4∶4 不同温度下的压力脉动频谱

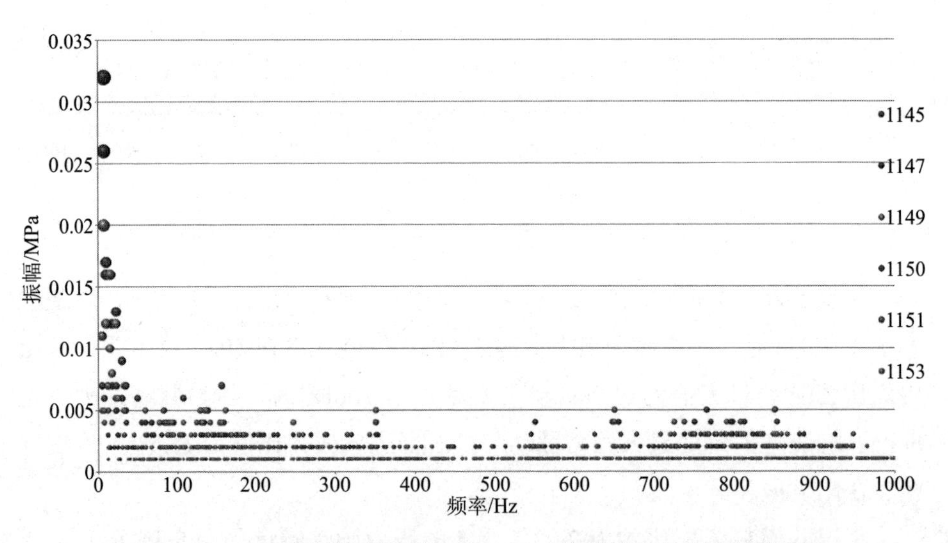

图 5-99　工况 6 燃料分配比例 2∶3.5∶4.5 不同温度下的压力脉动频谱

工况 7 燃料分配比例为 2.5∶4∶3.5 的压力脉动频谱如图 5-100 所示，燃烧频率小于 50Hz 时，压力脉动最大值为 26kPa；燃烧频率在 50Hz 至 100Hz 范围内，压力脉动最大值为 8kPa；燃烧频率大于 100Hz 时，压力脉动最大值为 6kPa。燃烧室的燃烧最大压力脉动与扩压器进气压力比值为 13%，本次试验存在燃烧振荡。

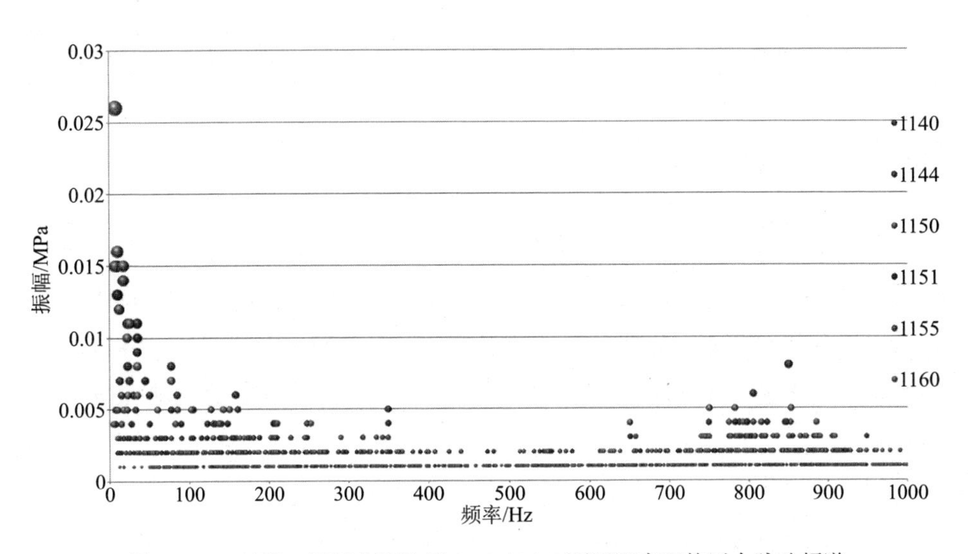

图 5-100　工况 7 燃料分配比例 2.5∶4∶3.5 不同温度下的压力脉动频谱

工况 8 燃料分配比例为 2.5∶3.5∶4 的压力脉动频谱如图 5-101 所示，燃烧频率小于 50Hz 时，压力脉动最大值为 23kPa；燃烧频率在 50Hz 至 100Hz 范围内，压力脉动最大值为 12kPa；燃烧频率大于 100Hz 时，压力脉动最大值为 6kPa。燃烧室的燃烧最大压力脉动与扩压器进气压力比值为 11.5%，本次试验存在燃烧振荡。

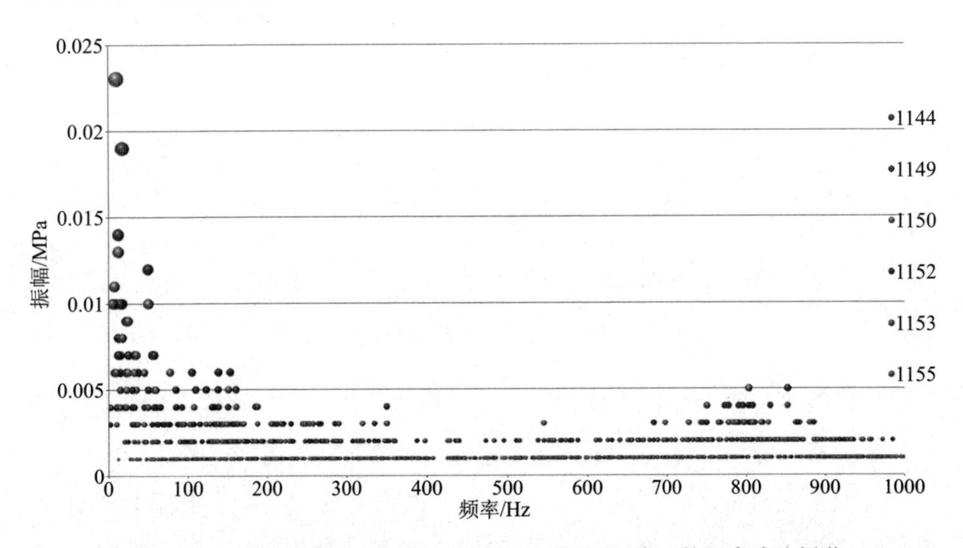

图 5-101　工况 8 燃料分配比例 2.5∶3.5∶4 不同温度下的压力脉动频谱

参考燃烧室设计，要求燃烧最大压力脉动与扩压器进气压力的比值≤4%，本次试验八种工况均存在燃烧振荡。其中，工况3、工况4、工况8燃烧振荡较小，1.0工况稳态燃烧时最大压力脉动与扩压器进气压力比值均为11.5%。

分析认为造成本次试验压力脉动过大的原因为试验件带压，为了使扩压器进气压力达到0.2MPa，采用减小排气段背压阀开度以达到试验件带压目的，在加压过程中可以听到空气流经背压阀产生较大的蜂鸣声，导致压力脉动较大。从以往试验经验来看，增大扩压器进气压力会导致燃烧室燃烧振荡。

（4）氮氧化物。

烟气测量数据如图5-102所示，氮氧化物排放值与氧含量如图5-103所示。

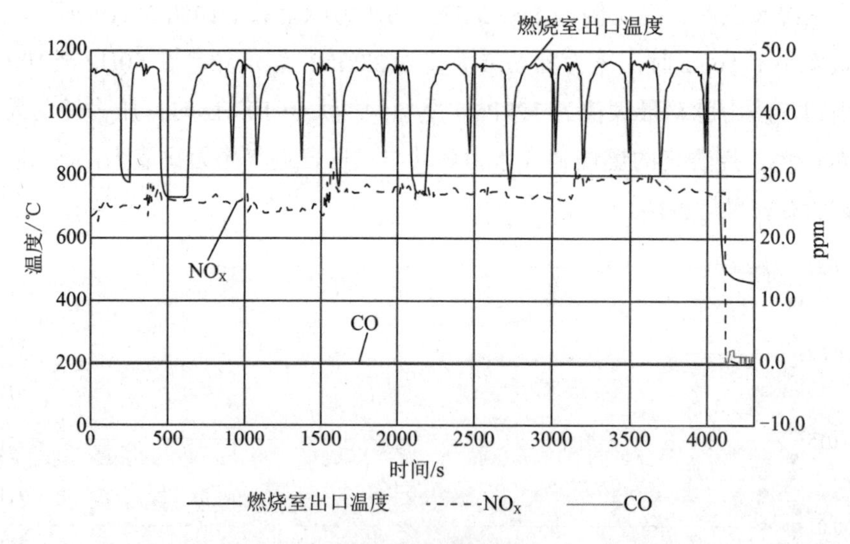

图5-102　烟气测量数据

可以看到，氮氧化物随着燃烧室内燃烧温度的降低而降低。氮氧化物排放与燃烧室燃烧温度有关，燃烧温度越高，产生的氮氧化物越多。

工况1燃料分配比例为1∶5∶4，基准氧含量为15%时，氮氧化物排放最高约54.05mg/m^3，即28.75ppm@15%O_2，氮氧化物排放高于国家标准。

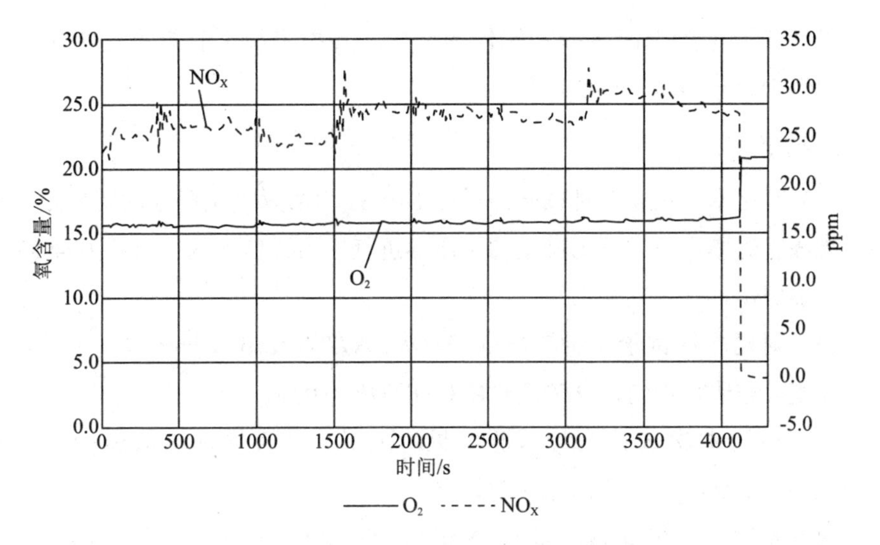

图 5-103　氮氧化物排放值与氧含量

工况 2 燃料分配比例为 1.5∶4.5∶4，基准氧含量为 15% 时，氮氧化物排放最高约 56.19mg/m^3，即 29.89ppm@15%O_2，氮氧化物排放高于国家标准。

工况 3 燃料分配比例为 1.5∶4∶4.5，基准氧含量为 15% 时，氮氧化物排放最高约 54.88mg/m^3，即 29.19ppm@15%O_2，氮氧化物排放高于国家标准。

工况 4 燃料分配比例为 2∶4.5∶3.5，基准氧含量为 15% 时，氮氧化物排放最高约 63.26mg/m^3，即 33.65ppm@15%O_2，氮氧化物排放高于国家标准。

工况 5 燃料分配比例为 2∶4∶4，基准氧含量为 15% 时，氮氧化物排放最高约 61.93mg/m^3，即 32.94ppm@15%O_2，氮氧化物排放高于国家标准。

工况 6 燃料分配比例为 2∶3.5∶4.5，基准氧含量为 15% 时，氮氧化物排放最高约 60.69mg/m^3，即 32.28ppm@15%O_2，氮氧化物排放高于国家标准。

工况 7 燃料分配比例为 2.5∶4∶3.5，基准氧含量为 15% 时，氮氧化物排放最高约 67.68mg/m^3，即 36ppm@15%O_2，氮氧化物排放高于国家标准。

工况 8 燃料分配比例为 2.5∶3.5∶4，基准氧含量为 15% 时，氮氧化物排放最高约 65.39mg/m^3，即 34.78ppm@15%O_2，氮氧化物排放高于国家标准。

不难发现，随着火焰筒头部扩散燃烧燃料比例增大、火焰筒轴向预混燃烧燃料比例减小，氮氧化物排放逐渐增大，说明使用预混燃烧可以减少氮氧化物排放。

对比工况 1 至工况 8 的氮氧化物排放，其中工况 1 的氮氧化物排放最少，约为 28.75ppm@15%O_2。

5. 结论

（1）对比本次试验八种试验结果，工况 3、工况 4、工况 8 的燃烧振荡较小，燃烧室的燃烧最大压力脉动与扩压器进气压力比值均为 11.5%（>4%），存在燃烧振荡。

（2）对比本次试验八种工况的 *OTDF*、*RTDF* 及出口分布云，工况 8 的出口温度分布比较均匀，*OTDF*=0.138，*RTDF*=0.031。

（3）对比本次试验八种试验结果，工况 1 氮氧化物排放最少，约为 28.75ppm @15%O_2，高于国家排放标准。

（4）本次试验氢气总流量 650Nm^3/h，空气流量 2.0kg/s，扩压器进气压力 0.2MPa，扩压器进气温度 397℃。

（5）燃烧室纯氢稳态燃烧持续时间 60 分钟。

5.2 径向分级射流微预混燃烧室氢气试验

5.2.1 全温、带压性能测试

“扩散燃烧 + 径向分级射流微预混燃烧室”方案相较于“扩散燃烧 + 轴向分级射流微预混燃烧室”方案进行了如下改动。

（1）将传统燃油点火—联焰方式改为氢气直接点火—联焰方式，氢气易点火、难熄火，解决传统燃油点火—联焰到燃油—氢气燃料切换过程中出现的传统燃油难点火、油氢切换易熄火的问题。

（2）轴向分级预混管调整为径向分级预混管，尝试不同方向的预混管布置位置能否降低燃烧振荡。

（3）加长预混管，增加氢气与空气混合时间，使氢气与空气混合更加均匀，降低氮氧化物排放。

本次试验为“扩散燃烧 + 径向分级射流微预混燃烧室”方案首次全温、

带压点火试验，验证本套方案的迭代方向是否正确以及本套方案纯氢燃烧的可行性。

测温耙 8 号测点故障，在数据分析中将 8 号测点数据删除。

1. 试验信息

试验编号：MYCS-02-20230917。

试验时间：2023 年 9 月 17 日 16:40—18:10。

试验地点：明阳氢燃纯氢燃气轮机燃烧室研发中心。

试验目的：（1）对“扩散燃烧 + 径向分级射流微预混燃烧室”方案进行全温带压 1.0 工况燃烧测试，通过试验验证燃烧室的氢气直接点火特性、650Nm^3/h 全流量纯氢燃烧特性；（2）测量燃烧室出口温度分布、压力脉动、氮氧化物排放数据；（3）试验结束后对试验件进行拆解检查，观察本次试验火焰筒的回火情况。

环境条件：气压 1atm，温度 25℃，相对湿度 56%。

2. 试验状态参数

试验状态参数如表 5-30 所示。

表 5-30　试验状态参数

状态	扩压器进气温度/℃	扩压器进气压力/MPa	主路空气流量/(kg/s)	雾化空气流量/(kg/s)	氢气总流量/(Nm^3/h)
1.0 工况	397	0.2	2.0	0	650

3. 试验流程

本次试验开启热风炉，未使用火焰筒头部雾化空气。空气流量 1.47kg/s，扩压器进气温度加热至 397℃时火焰筒头部通入 100Nm^3/h 氢气开始点火。点火采用先点火、后通氢方式，点火成功后将火焰筒头部氢气流量增加至 195Nm^3/h，调整背压阀 CV104 开度至 47% 使扩压器进气压力升至 0.2MPa 后，将空气流量逐渐调整为 2.0kg/s，同时将火焰筒头部氢气、径向一级氢气、径向二级氢气分别调整至 195Nm^3/h、227.5Nm^3/h、227.5Nm^3/h，负荷达到 1.0 工况。1.0 工况稳态燃烧时氢气总流量为 650Nm^3/h，火焰筒头部氢气、径向一级氢气、径向二级氢气燃料分配比例为 3∶3.5∶3.5，具体试验参数如表 5-31 所示。

表 5-31 1.0 工况升负荷参数

状态	空气流量/(kg/s)	头部氢气流量/(Nm^3/h)	轴向一级氢气流量/(Nm^3/h)	轴向二级氢气流量/(Nm^3/h)
点火	1.47	100	0	0
燃料分配调整	1.47	100	120	0
	1.6	130	227.5	0
	1.8	160	227.5	120
1.0 工况	2.0	195	227.5	227.5

4. 试验结果及分析

（1）燃烧室点火。

燃烧室出口温度如图 5-104 所示。本次试验通过观察燃烧室温升、稳定燃烧情况判断点火是否成功。点火前开启热风炉，将扩压器进气温度升至397℃时通入氢气点火。第一次点火成功后发现氢气压力下降较快，采取手动熄火方式停止试验，查明原因为氢气路手阀未完全打开导致氢气压力下降较快。整改完成后进行第二次点火。第二次点火成功后移动测温耙，测试测温耙可以正常动作，随即测试 1.0 工况纯氢稳态燃烧时燃烧室出口温度分布。

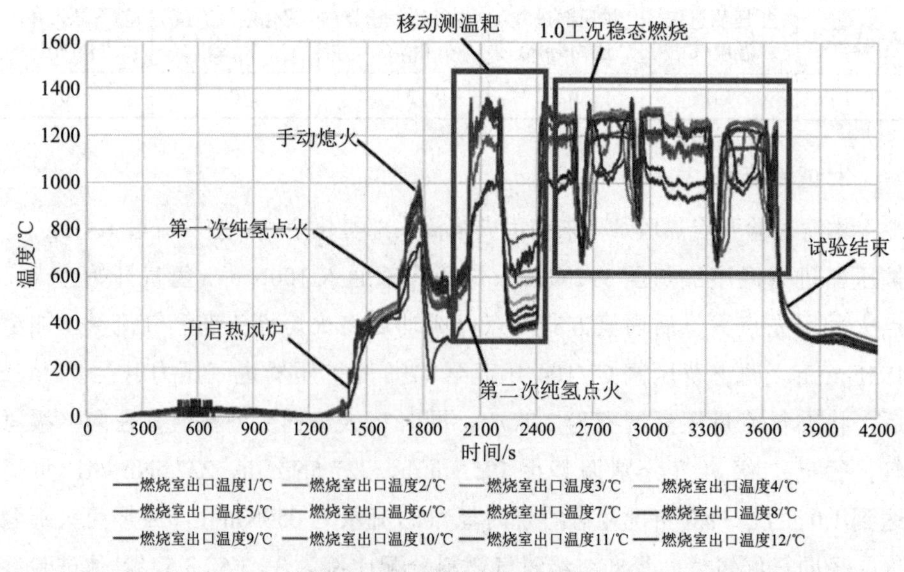

图 5-104 燃烧室出口温度

（2）燃烧室出口温度分布。

1.0 工况纯氢稳态燃烧阶段，燃烧室出口温度沿叶高分布如图 5-105 所示。其中，原测温耙 8 号测点为坏点，将其删除。从图中可以看出，燃烧室出口温度靠近上下两端壁面温度相对较低，中心温度相对较高。

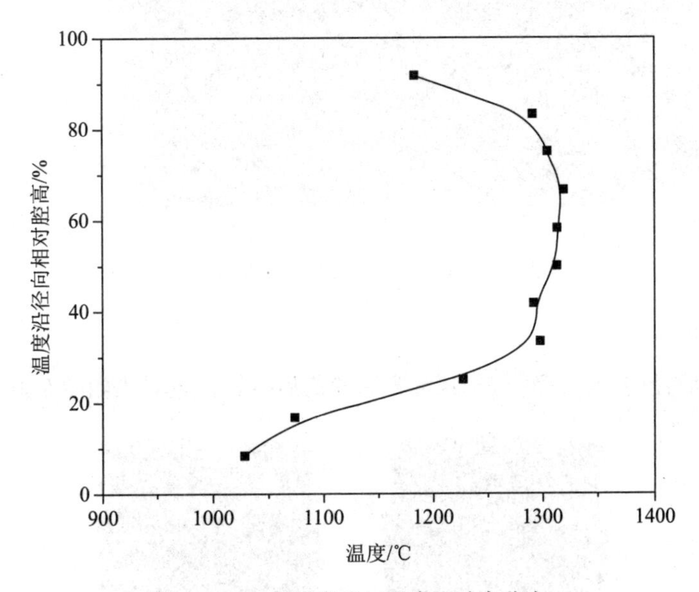

图 5-105　燃烧室出口温度沿叶高分布

1.0 工况纯氢稳态燃烧阶段，燃烧室最高平均径向温度 1248℃，高于设计值 98℃。

观察图 5-104，可以看到燃烧室出口温度变化情况。

1.0 工况纯氢稳态燃烧阶段，燃烧室出口最高温度 1319℃，高于设计值 169℃。

1.0 工况纯氢稳态燃烧阶段，燃烧室出口平均温度 1221℃，高于设计值 71℃。

1.0 工况燃烧室出口温度分布云如图 5-106 所示。可以看到燃烧室出口温度较为均匀，满足任务指标要求。

1.0 工况纯氢稳态燃烧阶段，根据数据分析计算得到：*OTDF*=0.12，*RTDF*=0.03。在燃烧室设计中，一般要求 $OTDF \leqslant 0.15$，$RTDF \leqslant 0.1$。本次试验数据 *OTDF*、*RTDF* 均符合设计要求。

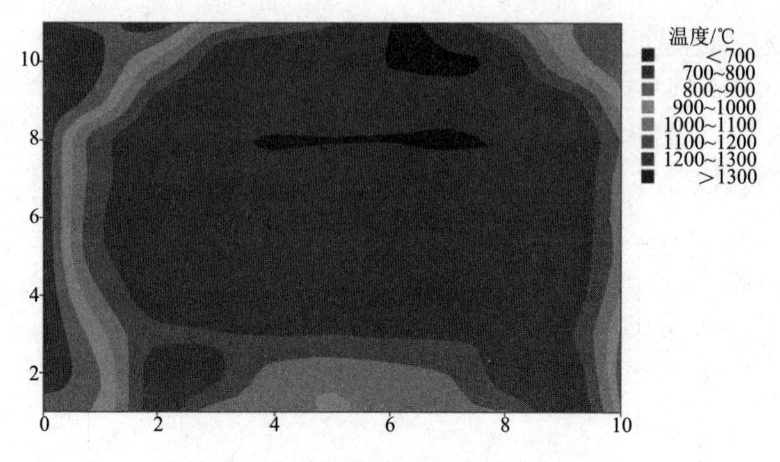

图 5-106　1.0 工况燃烧室出口温度分布云

（3）回火。

火焰筒径向一、二级氢气预混管试验前后拆解检查对比如图 5-107 所示。

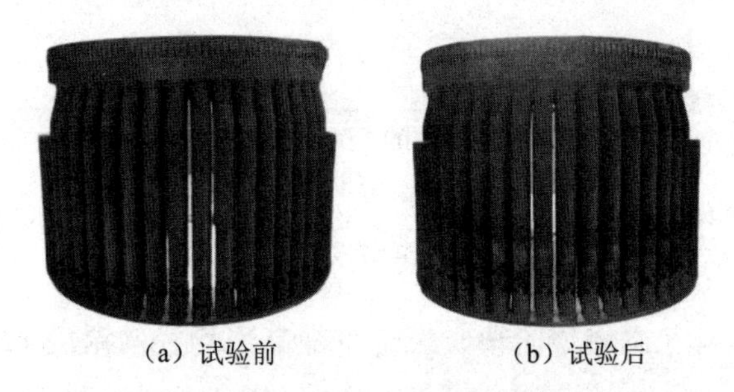

（a）试验前　　（b）试验后

图 5-107　火焰筒径向一、二级氢气预混管试验前后拆解检查对比

氢气预混管喷嘴出口试验前后拆解检查对比如图 5-108 所示，1.0 工况预混管喷嘴出口燃烧温度数值模拟如图 5-109 所示。图 5-108 中圈内包含的预混管为径向一级氢气预混管，圈外包含的预混管为径向二级氢气预混管。

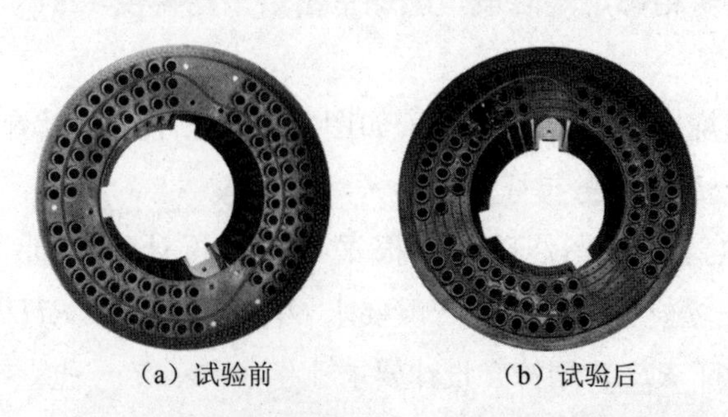

（a）试验前　　（b）试验后

图 5-108　氢气预混管喷嘴出口试验前后拆解检查对比

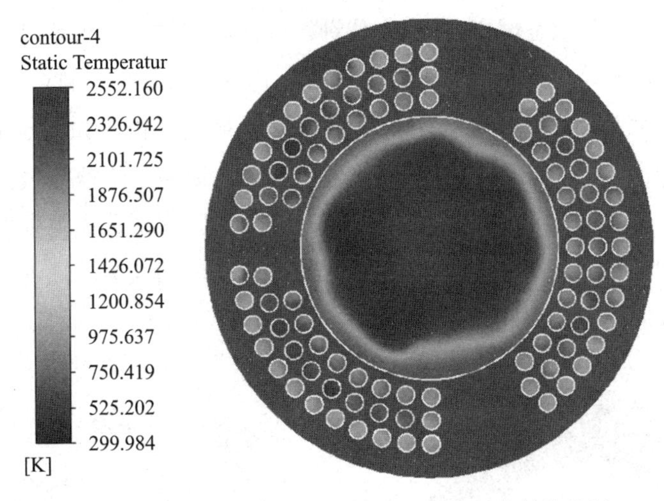

图 5-109　1.0 工况预混管喷嘴出口燃烧温度数值模拟

试验结束后拆解检查火焰筒，可以看到氢气预混管出现严重回火现象，分析认为造成本次火焰筒回火的主要原因如下。

①氢气预混管长度过长。设计认为较长的预混管有利于氢气与空气预混，但实际燃烧发现预混管过长导致回火问题严重。氢气火焰传播速度快，氢气与空气预混完全后流速小于氢气火焰传播速度，预混气体无法及时射流出预混管，导致直接在预混管内燃烧，预混管出现回火问题。

②预混管喷嘴出口收缩喷口处设计不合理。氢气与空气预混完全后经过预混管喷嘴出口收缩喷口处有较大的流速损失，预混气体经过此处可能出现边界层分离现象，形成一个较为复杂的流场区域，导致预混管喷嘴出口处预混气体射流速度低，无法将火焰吹出预混管，造成预混管内出现回火问题。

观察图 5-108，可以看到氢气预混管出口处出现部分金属熔化现象，说明氢气预混管出口处局部温度过高，与仿真结果出现的高温区基本吻合。

分析认为造成氢气预混管喷嘴出口处部分金属熔化的主要原因如下。

①设计问题。火焰筒设计不合理，导致火焰筒预混管回火问题严重，氢气与空气在预混管内混合直接燃烧，造成氢气预混管喷嘴出口处温度过高，氢气预混管喷嘴出口处出现部分金属熔化现象。

②试验操作问题。本次试验燃烧室出口平均温度为 1221℃，高于设计值 71℃，试验时燃烧室出口温度超温，方案设计 1.0 工况稳态燃烧时间 10 分

钟，实际 1.0 工况稳态燃烧时间 20 分钟，燃烧时间过长。火焰筒材料无法承受长时间超温燃烧，导致氢气预混管喷嘴出口处出现部分金属熔化现象。

试验结束后拆解检查导流衬套如图 5-110 所示，机匣如图 5-111 所示。可以看到导流衬套和机匣均出现局部超温现象，说明火焰筒氢气预混管局部回火严重。分析认为造成火焰筒氢气预混管局部回火严重的主要原因为氢气分配不均匀导致预混管内回火程度不均匀，可以与图 5-109 预混管喷嘴出口燃烧温度数值模拟结果相印证。

图 5-110 导流衬套

图 5-111 机匣

试验结束后拆解检查过渡段如图 5-112 所示，可以看到过渡段上有许多金属液粘连痕迹，火焰筒回火导致氢气预混管喷嘴金属熔化，熔化的金属液喷洒在过渡段上。

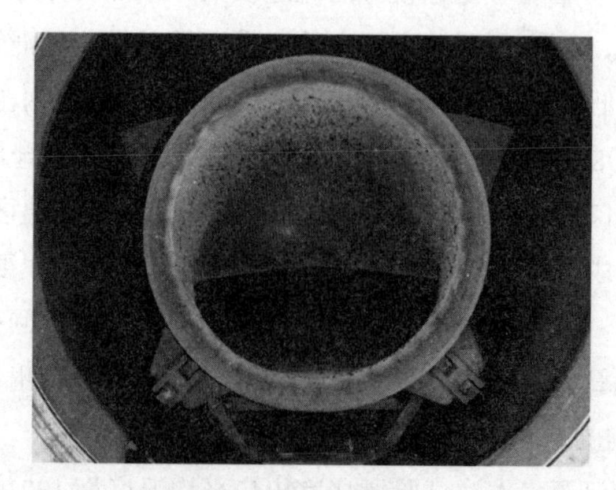

图 5-112 过渡段

（4）压力脉动。

燃烧室不同燃烧温度下压力脉动频谱如图 5-113 所示。其中，燃烧频率小于 50Hz 时，压力脉动最大值为 20kPa；燃烧频率在 50Hz 至 100Hz 范围内，压力脉动最大值为 5kPa；燃烧频率大于 100Hz 时，压力脉动最大值为 4kPa。

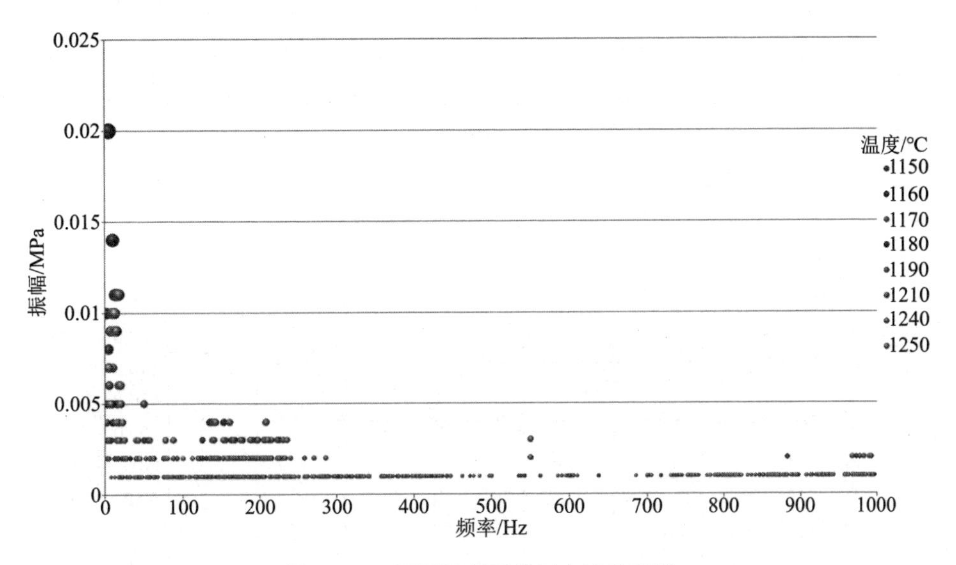

图 5-113　不同温度下的压力脉动频谱

参考燃烧室设计，要求燃烧最大压力脉动与扩压器进气压力的比值≤4%，本次试验燃烧室的燃烧最大压力脉动与扩压器进气压力比值为 10%，本次试验存在燃烧振荡。

（5）氮氧化物。

烟气测量数据如图 5-114 所示，氮氧化物排放值与氧含量如图 5-115 所示。

可以看到，氮氧化物随着燃烧室内燃烧温度的降低而降低。氮氧化物排放与燃烧室燃烧温度有关，燃烧温度越高，产生的氮氧化物越多。

1.0 工况纯氢稳态燃烧，基准氧含量为 15% 时，氮氧化物排放最大约 328.67mg/m^3，即 174.19ppm@15%O_2，本次试验氮氧化物排放高于国家标准。

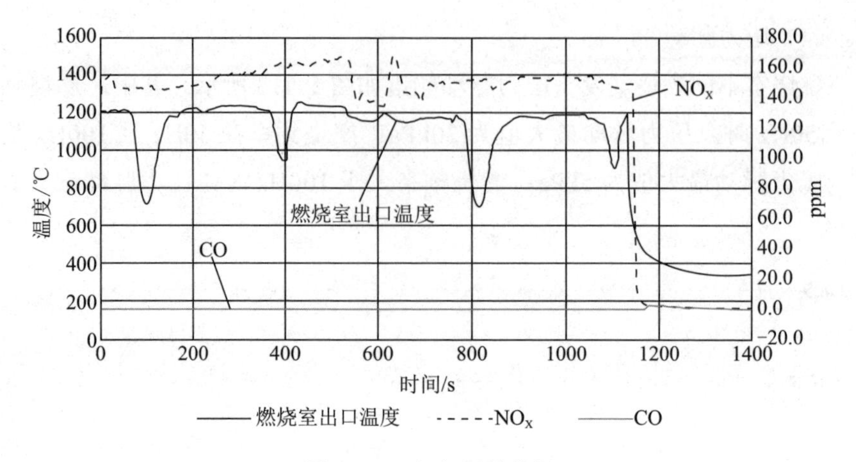

图 5-114　烟气测量数据

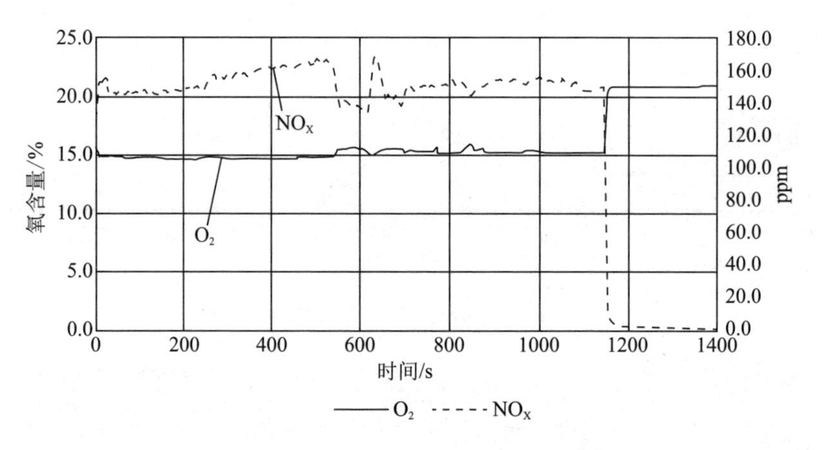

图 5-115　氮氧化物排放值与氧含量

分析认为造成本次试验氮氧化物排放高的原因可能有：

（1）燃料分配比例 3∶3.5∶3.5，火焰筒头部扩散燃烧氢气流量占总氢气流量 30%，扩散燃烧比例高；

（2）氢气预混管回火严重，氢气直接在预混管内燃烧，预混效果较差，未起到预混降低氮氧化物排放作用；

（3）火焰筒局部超温，部分预混管超温烧蚀，导致氮氧化物排放偏高；

（4）试验件为带压工况，试验件进气压力较高；

（5）燃烧室出口平均温度较高，高于设计值。

（6）燃烧效率。

1.0 工况纯氢燃烧时，根据燃烧室试验状态参数计算得到燃烧效率 η_{bt}=99.9%。

5. 结论

（1）“扩散燃烧 + 径向分级射流微预混燃烧室”方案预混管设计不合理导致火焰筒烧毁。

（2）本次试验采用纯氢点火，即先点火、后通氢。首次采用火焰筒轴向点火器点火，不再使用火焰筒径向伸缩点火器。

（3）火焰筒氢气预混管回火严重，部分预混管喷嘴出口处超温熔化，金属液喷洒至过渡段。分析认为造成氢气预混管回火的原因为氢气预混管长度过长、预混管喷嘴出口收缩喷口处设计不合理等，造成预混管喷嘴出口处出现金属熔化现象的原因为设计不合理、试验燃烧超温、试验燃烧时间过久等。

（4）燃烧室压力脉动最大值 20kPa，燃烧室的燃烧最大压力脉动与扩压器进气压力比值为 10%（>4%），本次试验存在燃烧脉动。试验说明更改预混管布置方向无法降低燃烧振荡。

（5）1.0 工况纯氢稳态燃烧阶段，燃烧室出口最高温度 1319℃，高于设计值 169℃，平均温度 1221℃，高于设计值 71℃，最高平均径向温度 1248℃。

（6）燃烧室出口周向温度分布系数 *OTDF*=0.12，符合燃烧室设计要求，燃烧室出口径向温度分布系数 *RTDF*=0.03，符合燃烧室设计要求，说明本次试验燃烧室出口温度分布均匀。

（7）氮氧化物排放最大值为 174.19ppm@15%O_2。分析认为造成本次试验氮氧化物排放过高的原因为火焰筒头部扩散燃烧占比过大、氢气预混管回火严重、火焰筒局部超温、试验件进气压力较高、燃烧室出口平均温度较高等。试验说明增加预混管长度无法降低氮氧化物排放。

（8）燃烧效率 η_{bt}=99.9%。

（9）火焰筒头部、径向一级、径向二级的燃料分配比例为 3∶3.5∶3.5，氢气总流量 650Nm^3/h，空气流量 2.0kg/s，扩压器进气压力 0.2MPa，扩压器进气温度 397℃。

（10）燃烧室纯氢稳态燃烧持续时间 20 分钟。

第 6 章 多燃料燃烧试验

6.1 轴向分级射流微预混燃烧室氨掺氢试验

为了验证“扩散燃烧 + 轴向分级射流微预混燃烧室”方案采用氨掺氢作为燃料燃烧的可行性，试验台进行了氨氢融合点火试验，对原有柴油车进行改造，将柴油车管路改为氨气管路，使原火焰筒头部柴油路变为氨气路，氨气与氢气均从火焰筒燃料喷嘴进入火焰筒内燃烧，采用径向点火器点火。

本次试验尝试氨氢融合点火测试，原计划氨气与氢气的燃料比例为 7∶3，但是由于改造后氨气管路的氨气流量较小，故按照氨气最大流量进行试验，实际试验中的氨气与氢气比例约为 1.2∶8.8。

氢气与氨气相比，氢气易点火、难熄火，所以在试验中首先通入氢气进行点火，点火成功后通入氨气进行氨氢融合燃烧。

试验结束后发现测温耙 7、8 号测点故障，在数据分析中将 7、8 号测点数据删除。

1. 试验信息

试验编号：MYCS-02-20231018。

试验时间：2023 年 10 月 18 日 15:30—16:50。

试验地点：明阳氢燃纯氢燃气轮机燃烧室研发中心。

试验目的：（1）对“扩散燃烧 + 径向分级射流微预混燃烧室”方案进行常温常压氨氢融合点火测试，通过试验验证燃烧室的氢气直接点火特性、氨氢融合燃烧特性；（2）测量燃烧室出口温度、压力脉动、氮氧化物排放数据；（3）试验结束后对试验件进行拆解检查，观察本次试验火焰筒的回火情况。

环境条件：气压 1atm，温度 27℃，相对湿度 36%。

2. 试验状态参数

试验状态参数如表 6-1 所示。

表 6-1　试验状态参数

工况	扩压器进气温度/°C	扩压器进气压力/MPa	主路空气流量/（kg/s）	雾化空气流量/（kg/s）	氢气流量/（Nm^3/h）	氨气流量/（Nm^3/h）
第一次点火	27	0.12	1.0	0.025	75	11.67
第二次点火	27	0.12	0.34	0.025	140	19.46

3. 试验流程

本次试验未开启热风炉，试验前开启一台螺杆式空压机，进行常温、常压点火试验。试验使用火焰筒头部雾化空气路，雾化空气流量 0.025kg/s。采用火焰筒径向点火器点火，采用先点火、后通燃料方式进行点火。本次试验仅火焰筒头部通入燃料，火焰筒头部先通入氢气进行点火，点火成功后通入氨气与氢气混合燃烧。原计划氨掺氢比例为 7∶3，由于试验过程中发现氨气管路较细、氨气瓶组供气压力较低等原因，氨气流量无法达到设计值，最终以氨气最大流量进行试验，试验中为了维持燃烧室出口平均温度达到设计值，适当调整氢气流量以及空气流量。

试验共计点火两次，第一次点火成功并实现氨氢融合燃烧后，由于氨气瓶组气量小、供气压力低，导致氨气流量小，维持燃烧时间短，后续更换大瓶组的氨气进行第二次试验。第一次试验氨掺氢比例约为 1.3∶8.7，第二次试验氨掺氢比例约为 1.2∶8.8。

4. 点火成功后升负荷参数

第一次氨氢融合点火试验稳态燃烧升负荷参数如表 6-2 所示，第二次氨氢融合点火试验稳态燃烧升负荷参数如表 6-3 所示。

表 6-2　第一次氨氢融合点火试验稳态燃烧升负荷参数

状态	空气流量/（kg/s）	头部氢气流量/（Nm^3/h）	头部氨气流量/（Nm^3/h）
点火	1.2	100	0
稳态燃烧	1.0	75	11.67

表 6-3　第二次氨氢融合点火试验稳态燃烧升负荷参数

状态	空气流量/（kg/s）	头部氢气流量/（Nm^3/h）	头部氨气流量/（Nm^3/h）
点火	1.2	100	0
稳态燃烧	0.34	130	19.46

5. 试验结果及分析

（1）燃烧室点火。

第一次氨氢融合点火试验为常温、常压点火试验，扩压器进气温度27℃，进气压力0.12MPa，采用先点火、后通燃料方式。试验仅火焰筒头部通入燃料，空气流量调整至1.2kg/s时，火焰筒头部通入100Nm^3/h氢气点火，点火成功后通入11.67Nm^3/h氨气与氢气混合燃烧，燃烧稳定后将空气流量调整至1.0kg/s，氢气流量调整至75Nm^3/h，氨气流量保持11.67Nm^3/h不变，达到氨氢融合稳态燃烧，氨氢融合稳态燃烧时间3分钟。

第一次氨氢融合点火试验燃烧室出口温度如图6-1所示。

第一次氨氢融合点火试验燃烧室出口最高温度为397℃。

第一次氨氢融合点火试验燃烧室出口平均温度为352℃。

第二次氨氢融合点火试验为常温、常压点火试验，扩压器进气温度27℃，进气压力0.12MPa，采用先点火、后通燃料方式。试验仅火焰筒头部通入燃料，空气流量调整至1.2kg/s时，火焰筒头部通入100Nm^3/h氢气点火，点火成功后通入19.46Nm^3/h氨气与氢气混合燃烧，燃烧稳定后将空气流量调整至0.34kg/s，氢气流量调整至130Nm^3/h，氨气流量保持19.46Nm^3/h不变，达到氨氢融合稳态燃烧，氨氢融合稳态燃烧时间2分钟。

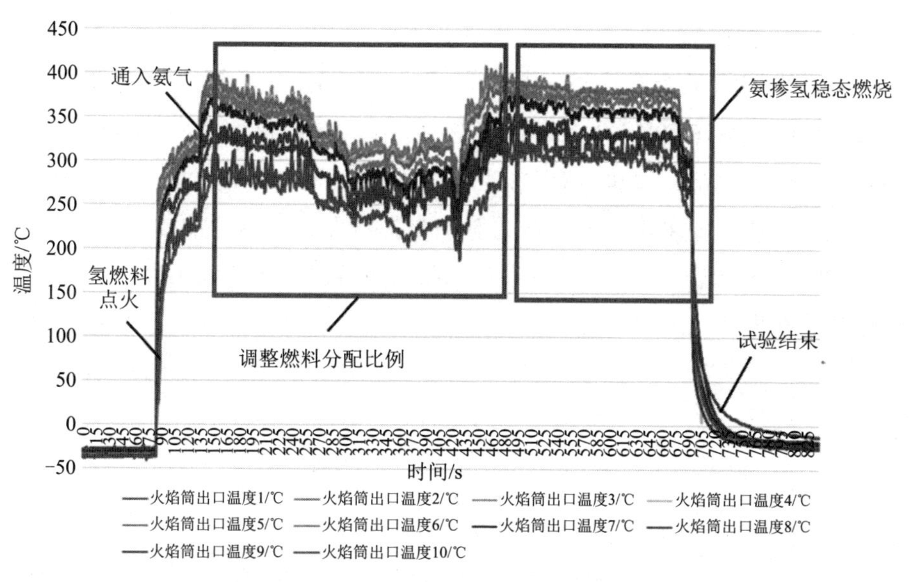

图 6-1　第一次氨氢融合点火试验燃烧室出口温度

第二次氨氢融合点火试验燃烧室出口温度如图 6-2 所示。

第二次氨氢融合点火试验燃烧室出口最高温度为 1105℃。

第二次氨氢融合点火试验燃烧室出口平均温度为 957℃。

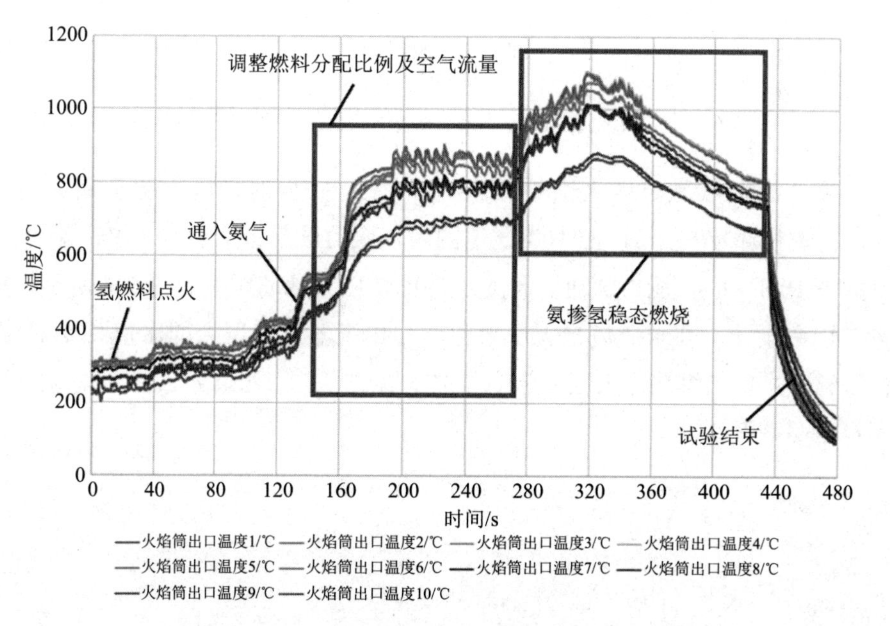

图 6-2　第二次氨氢融合点火试验燃烧室出口温度

（2）压力脉动。

第一次氨氢融合点火试验燃烧频率小于50Hz时，压力脉动最大值为2kPa；燃烧频率在50Hz至100Hz范围内，压力脉动最大值为5kPa；燃烧频率大于100Hz时，压力脉动最大值为1kPa，压力脉动频谱如图6-3所示。参考燃烧室设计，要求燃烧最大压力脉动与扩压器进气压力的比值≤4%，本次试验燃烧室的燃烧最大压力脉动与扩压器进气压力比值为4.2%，本次试验存在燃烧振荡。

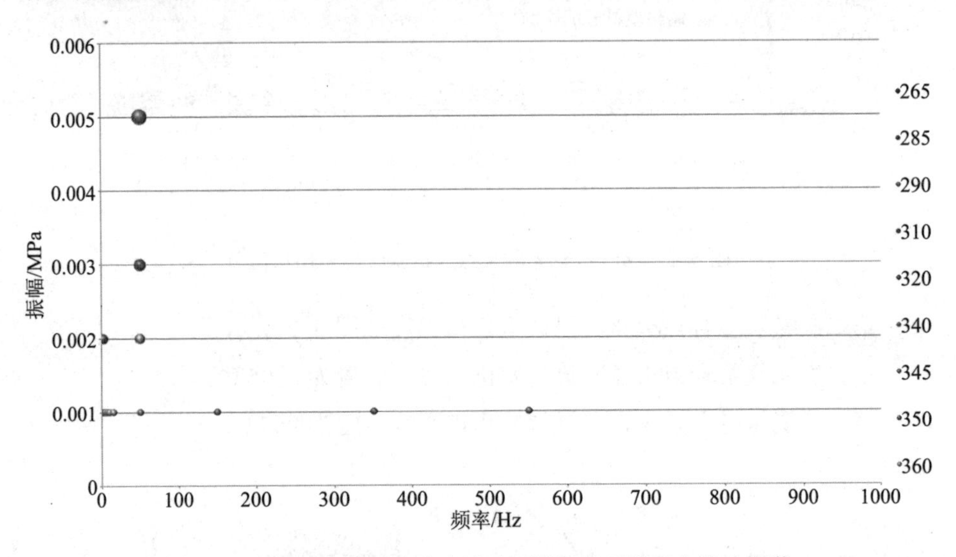

图6-3　第一次氨氢融合点火试验不同温度下的压力脉动频谱

第二次氨氢融合点火试验燃烧频率小于50Hz时，压力脉动最大值为3kPa；燃烧频率在50Hz至100Hz范围内，压力脉动最大值为1kPa；燃烧频率大于100Hz时，压力脉动最大值为1kPa，压力脉动频谱如图6-4所示。参考燃烧室设计，要求燃烧最大压力脉动与扩压器进气压力的比值≤4%，本次试验燃烧室的燃烧最大压力脉动与扩压器进气压力比值为2.5%，本次试验不存在燃烧振荡。

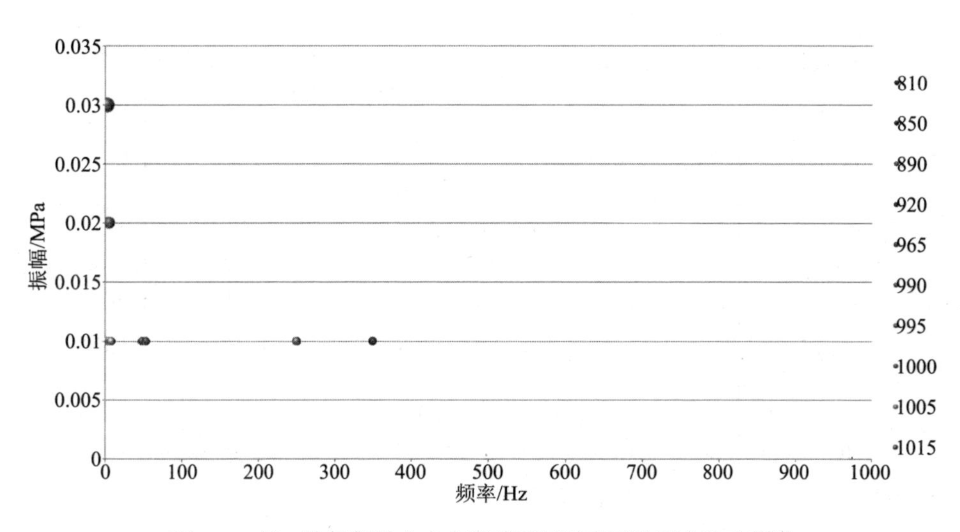

图 6-4　第二次氨氢融合点火试验不同温度下的压力脉动频谱

（3）氮氧化物。

第一次氨氢融合点火试验烟气测量数据如图 6-5 所示，第一次氨氢融合点火试验氮氧化物排放值与氧含量如图 6-6 所示。

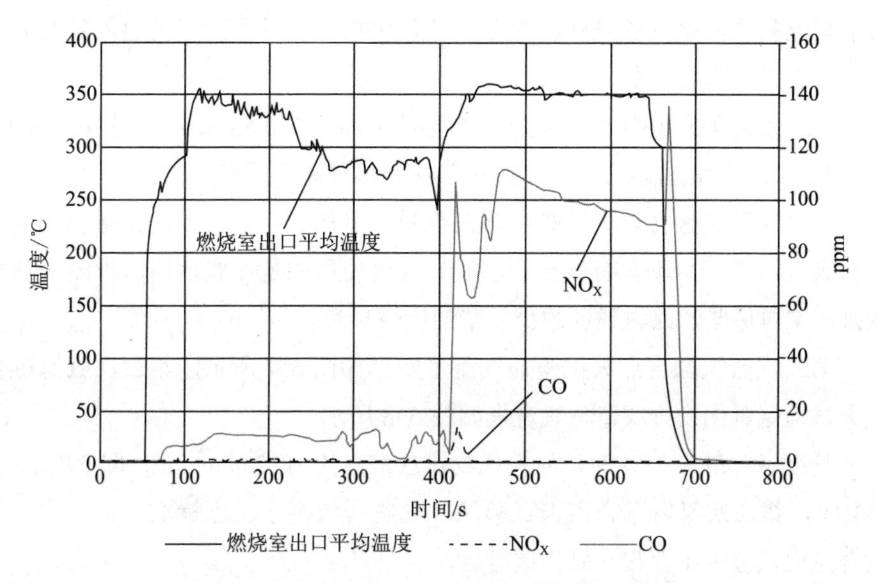

图 6-5　第一次氨氢融合点火试验烟气测量数据

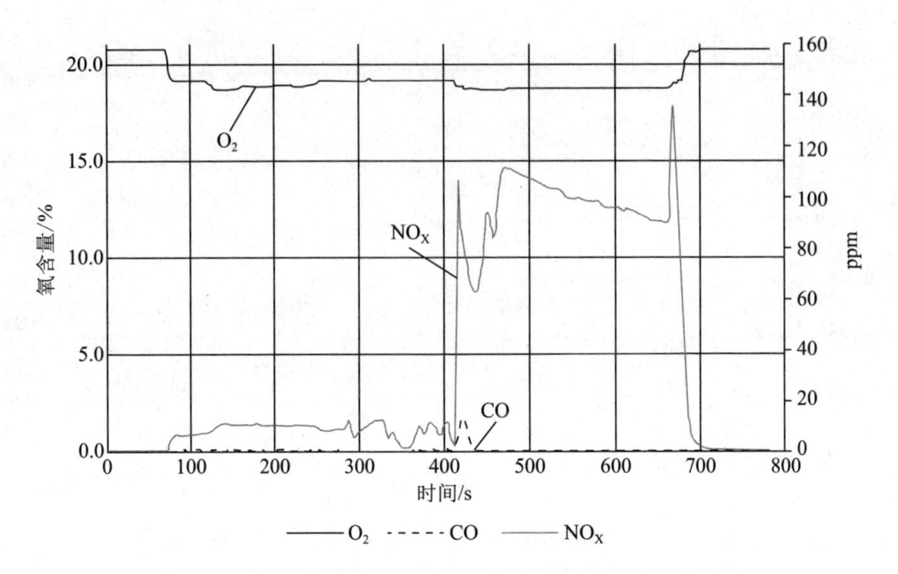

图 6-6　第一次氨氢融合点火试验氮氧化物排放值与氧含量

可以看到，尽管本次试验燃烧室出口平均温度较低，但氮氧化物生成较多，原因是氨气燃料中含有氮元素，烧氨试验中氮氧化物生成方式包含了热力型与燃料型，氨气燃烧产物中存在氮氧化物，所以本次试验通入氨气后氮氧化物生成量明显增多。

基准氧含量为 15% 时，氮氧化物排放最高约 733.83mg/m^3，即 401ppm@15%O_2，第一次氨氢融合点火试验氮氧化物排放高于国家标准。

第一次氨氢融合点火试验中存在少量一氧化碳，由于本次试验燃料为氨气和氢气，燃料中不含有碳元素，氨气管路使用的是原柴油路，推测一氧化碳排放来自原柴油路内残留的少量柴油燃烧导致。

第二次氨氢融合点火试验烟气测量数据如图 6-7 所示，第二次氨氢融合点火试验氮氧化物排放值与氧含量如图 6-8 所示。

基准氧含量为 15% 时，氮氧化物排放最高约 1822.68mg/m^3，即 996ppm@15%O_2，第二次氨氢融合点火试验氮氧化物排放高于国家标准。第二次氨氢融合点火试验中不存在一氧化碳排放。

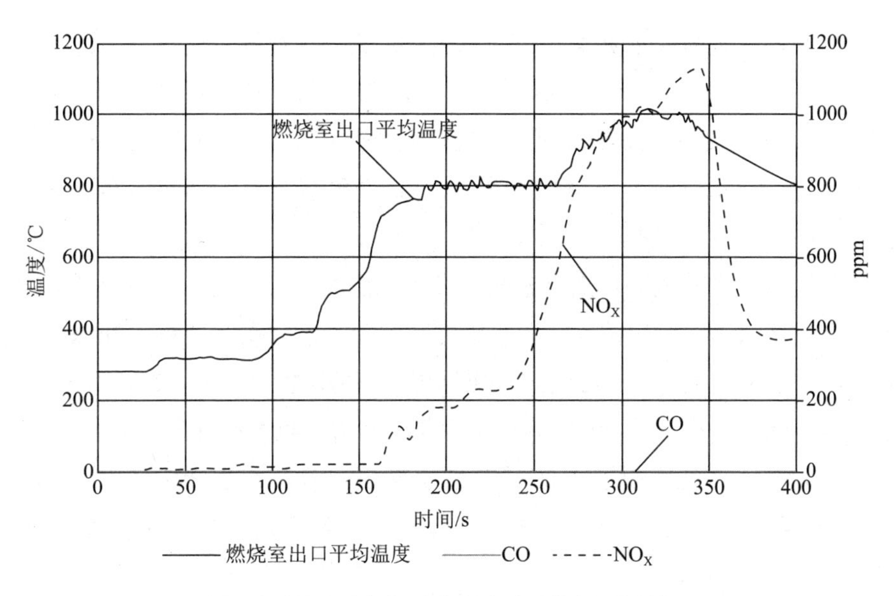

图 6-7 第二次氨氢融合点火试验烟气测量数据

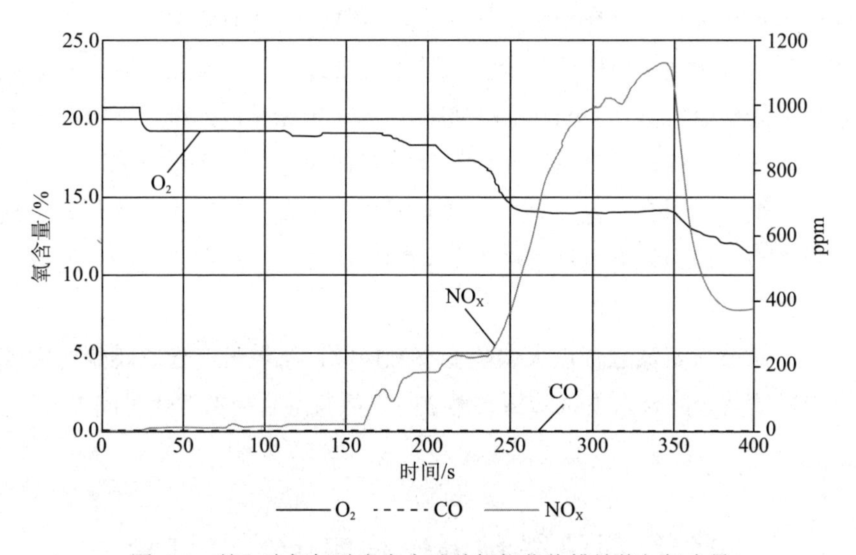

图 6-8 第二次氨氢融合点火试验氮氧化物排放值与氧含量

6. 结论

（1）试验台进行首次氨氢融合点火实验成功点火，实现氨氢融合燃烧测试。

（2）本次试验采用火焰筒径向点火器点火，先通氢、后点火，再掺氨燃烧。共计点火两次，成功点火两次，第一次氨氢融合点火试验氨掺氢比例为1.3∶8.7，氨气流量11.67Nm^3/h，氢气流量75Nm^3/h，空气流量1.0kg/s。第二次氨氢融合点火试验氨掺氢比例为1.2∶8.8，氨气流量19.46Nm^3/h，氢气流量140Nm^3/h，空气流量0.34kg/s。

（3）第一次氨氢融合点火试验存在燃烧振荡，第二次氨氢融合点火试验不存在燃烧振荡。两次试验燃烧室压力脉动最大值分别为2kPa、3kPa，氨氢融合稳态燃烧时最大压力脉动与扩压器进气压力比值分别为4.2%、2.5%。

（4）通过本次试验发现氨氢融合燃烧，可降低氢气燃烧产生的振荡。

（5）第一次氨氢融合点火试验燃烧室出口最高温度397℃，平均温度352℃。第二次氨氢融合点火试验燃烧室出口最高温度1105℃，平均温度957℃。

（6）第一次氨氢融合点火试验氮氧化物排放最大值为401ppm@15%O_2，高于国家排放标准，存在少量一氧化碳，氨气管路为原柴油路，推测一氧化碳排放来自原柴油路内残留的少量柴油燃烧导致。第二次氨氢融合点火试验氮氧化物排放最大值为996ppm@15%O_2，高于国家排放标准，不存在一氧化碳排放。与以往纯氢燃烧试验相比，氨掺氢试验氮氧化物排放偏高，分析认为是由于氨燃料中存在氮元素，氨掺氢试验中氮氧化物生成方式包含了热力型与燃料型，而纯氢燃烧试验中氮氧化物生成方式仅存在热力型，所以氨掺氢试验氮氧化物排放偏高。

（7）第一次氨氢融合点火试验稳态燃烧时，氨氢融合稳态燃烧时间3分钟。第二次氨氢融合点火试验稳态燃烧时，氨氢融合稳态燃烧时间2分钟。

6.2 轴向分级射流微预混燃烧室天然气试验

为了验证“扩散燃烧＋轴向分级射流微预混燃烧室”方案采用天然气作为燃料燃烧的可行性，试验台燃烧室进行了天然气点火试验，天然气通过原氢气管路进入燃烧室，本小节主要介绍试验台以天然气作为燃料的燃烧室点火试验。

6.2.1 首次天然气点火试验

本次试验尝试使用天然气作为燃料进行点火及燃烧测试，研究“扩散燃烧 + 轴向分级射流微预混燃烧室”方案能否以天然气作为燃料进行燃烧试验。

由于本次试验压力脉动测量系统尚未调试完成，未获得有效的测试数据。

1. 试验信息

试验编号：MYCS-02-20230930。

试验时间：2023 年 9 月 30 日 10:10—11:50。

试验地点：明阳氢燃纯氢燃气轮机燃烧室研发中心。

试验目的：（1）对“扩散燃烧 + 轴向分级射流微预混燃烧室”方案进行常温常压天然气点火测试，通过试验验证燃烧室的天然气点火特性、天然气燃烧特性；（2）测量燃烧室出口温度、氮氧化物排放数据。

环境条件：气压 1atm，温度 21℃，相对湿度 53%。

2. 试验状态参数

试验状态参数如表 6-4 所示。

表 6-4　试验状态参数

点火局部当量比	扩压器进气温度/℃	扩压器进气压力/MPa	主路空气流量/(kg/s)	天然气总流量/(Nm^3/h)
0.253	21	0.101	1.47	16.29
0.338	21	0.101	1.1	16.29
0.589	21	0.101	0.63	16.29
0.844	21	0.101	0.44	16.29

3. 试验流程

本次试验未开启热风炉，未使用火焰筒头部雾化空气。在常温、常压条件下进行点火试验，采用先点火、后通天然气方式点火，先调整空气流量至方案设定值，再通入火焰筒头部天然气点火。试验设计了四种燃烧室点火方案，四种方案点火阶段通入的天然气流量均为16.29Nm³/h，通过降低空气流量的方式调整点火局部当量比尝试点火，探究本套燃烧室方案天然气点火性能。

试验点火成功后，将火焰筒头部天然气、轴向一级天然气、轴向二级天然气分别调整至1.63Nm³/h、8.15Nm³/h、6.52Nm³/h。达到稳态燃烧阶段。稳态燃烧阶段中，火焰筒头部天然气、轴向一级天然气、轴向二级天然气燃料分配比例为1∶5∶4，具体试验参数如表6-5所示。

表6-5　稳态燃烧参数

状态	空气流量/(kg/s)	头部天然气流量/(Nm³/h)	轴向一级天然气流量/（Nm³/h）	轴向二级天然气流量/（Nm³/h）
稳态燃烧	0.44	1.63	8.15	6.52

4. 试验结果及分析

（1）燃烧室点火。

本次试验通过观察燃烧室温升、稳定燃烧情况判断点火是否成功。

第一次天然气点火试验点火器安装在火焰筒头部，空气流量调整至1.47kg/s时，火焰筒头部通入16.29Nm³/h天然气尝试点火，第一次点火失败。后续逐渐降低空气流量，保持头部天然气路流量16.29Nm³/h不变重新进行点火，三次点火均失败，空气流量最低至0.63kg/s。

试验中临时更换点火器安装位置，将点火器安装位置由火焰筒头部更换至火焰筒后端，由火焰筒轴向点火器点火改为火焰筒径向点火器点火。空气流量调整至0.44kg/s，火焰筒头部通入16.29Nm³/h天热气重新点火，点火成功。

点火成功后，增加火焰筒轴向一级、二级预混天然气流量，减少火焰筒头部天然气流量，调整燃料比例时共计熄火三次。天然气与氢气相比，天然气难点火、易熄火，判断天然气不易点火的原因主要是点火局部当量比过小，经验值为点火局部当量比>0.7时易点火，燃烧室出口温度如图6-9所示。

稳态燃烧阶段，燃烧室出口最高温度为431℃。

稳态燃烧阶段，燃烧室出口平均温度为308℃。

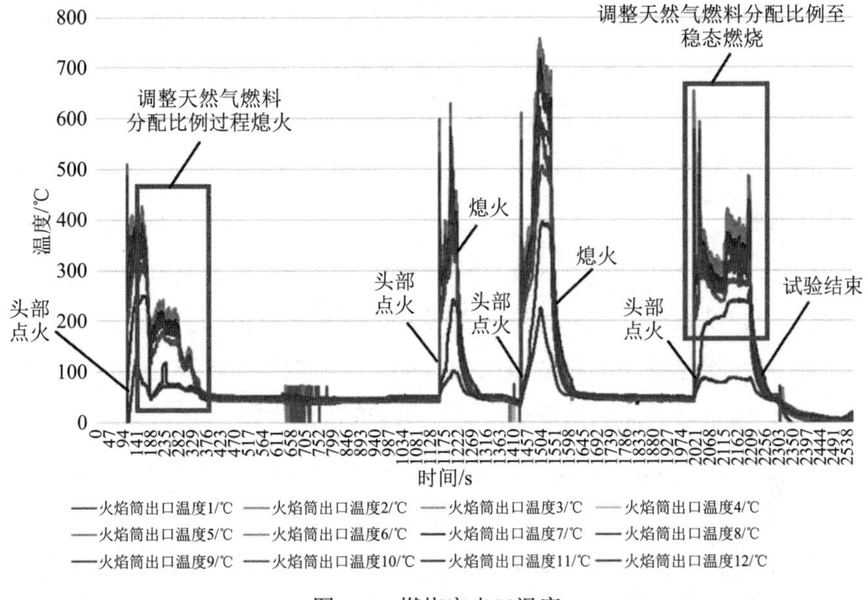

图 6-9　燃烧室出口温度

（2）氮氧化物。

烟气测量数据如图 6-10 所示，可以看到，由于本次试验燃烧室出口平均温度较低，几乎没有氮氧化物生成。

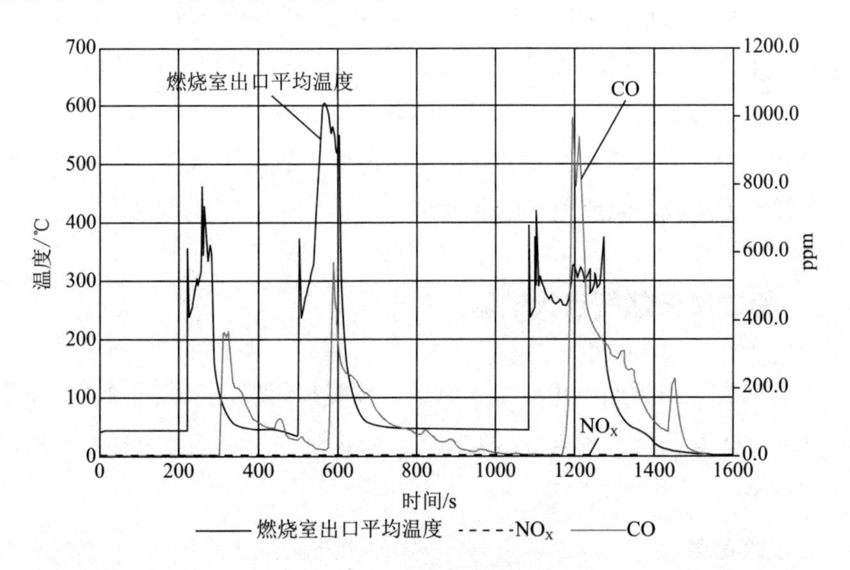

图 6-10　烟气测量数据

基准氧含量为15%时，氮氧化物排放最高约22.56mg/m^3，即12ppm@15%O_2，本次试验氮氧化物排放低于国家标准。

本次试验采用天然气作为燃料，试验中存在一氧化碳排放，一氧化碳排放最高值为996ppm@20.7%O_2。

5. 结论

（1）本次试验成功使用天然气作为燃料点火成功，但是与氢气相比，天然气难点火、易熄火，点火局部当量比 >0.7 时易点火成功。

（2）试验采用火焰筒轴向点火器点火，在天然气流量不变情况下，更改空气流量，调整点火局部当量比，尝试点火四次均失败。

（3）试验采用火焰筒径向点火器点火，调整点火局部当量比，空气流量为0.44kg/s，天然气流量为16.29Nm^3/h时成功点火。

（4）试验点火成功后，调节火焰筒头部、轴向一级、轴向二级天然气流量，共计熄火三次。

（5）燃烧室出口最高温度431℃，平均温度308℃。

（6）氮氧化物排放最大值为12ppm@15%O_2，低于国家排放标准，一氧化碳排放最大值为996ppm@20.7%O_2。

（7）火焰筒头部、轴向一级、轴向二级的燃料分配比例为1∶5∶4，天然气总流量为16.29Nm^3/h，空气流量为0.44kg/s，扩压器进气温度为21℃，扩压器进气压力为0.101MPa，试验稳态燃烧时间3分钟。

（8）分析认为造成本次试验难点火、易熄火的原因为点火局部当量比太小，天然气无法被点燃或处于熄火边界。

6.2.2 第二次天然气点火试验

本次试验采用天然气进行点火测试，按照扩压器进气温度397℃模化试验，探究“扩散燃烧+轴向分级射流微预混燃烧室”以天然气作为燃料的全温点火方案。

1. 试验信息

试验编号：MYCS-02-20231016。

试验时间：2023 年 10 月 16 日 16:00—16:50。

试验地点：明阳氢燃纯氢燃气轮机燃烧室研发中心。

试验目的：（1）对“扩散燃烧 + 轴向分级射流微预混燃烧室”方案进行全温常压天然气点火测试，通过试验验证燃烧室的天然气点火特性、天然气燃烧特性；（2）测量燃烧室出口温度、压力脉动、氮氧化物排放数据。

环境条件：气压 1atm，温度 25℃，相对湿度 28%。

2. 试验状态参数

试验状态参数如表 6-6 所示。

表 6-6　试验状态参数

点火局部当量比	扩压器进气温度/℃	扩压器进气压力/MPa	主路空气流量/（kg/s）	头部天然气流量/（Nm^3/h）
0.607	397	0.12	0.6	16.29
0.827	397	0.12	0.44	16.29
1.103	397	0.12	0.33	16.29
1.300	397	0.12	0.28	16.29
1.654	397	0.12	0.22	16.29

3. 试验流程

本次试验开启热风炉，未使用火焰筒头部雾化空气。全温、常压点火试验，扩压器进气温度 397℃，进气压力 0.12MPa，采用先点火、后通天然气方式点火。试验前三次点火时空气流量分别为 0.6kg/s、0.44kg/s、0.33kg/s，火焰筒头部天然气流量均为 16.29Nm^3/h，三次尝试点火均失败。第四次点火继续降低空气流量，保持火焰筒头部天然气流量 16.29Nm^3/h 不变，空气流量降低至 0.28kg/s 时点火成功，点火成功后在调整燃烧室燃料分配比例过程中熄火。

清吹试验件，继续进行试验。清吹结束后重新尝试点火，共计点火五次，火焰筒头部天然气流量均为 16.29Nm^3/h，前四次点火时空气流量分别为 0.28kg/s、0.25kg/s、0.22kg/s、0.28kg/s，四次尝试点火均失败，第五次点火时空气流量调整为 0.44kg/s 点火成功，点火成功后调整燃烧室燃料分配比例，达到稳态燃烧工况。

稳态燃烧时火焰筒头部天然气、轴向一级天然气、轴向二级天然气燃料分配比例为4.5∶2.75∶2.75，天然气总流量为33.16Nm³/h，空气流量为0.44kg/s，具体试验参数如表6-7所示。

表6-7　稳态燃烧试验参数

状态	空气流量/(kg/s)	头部天然气流量/(Nm³/h)	轴向一级天然气流量/(Nm³/h)	轴向二级天然气流量/(Nm³/h)
点火	0.44	16.29	0	0
稳态燃烧	0.44	14.92	9.12	9.12

4. 试验结果及分析

（1）燃烧室点火。

本次试验通过观察燃烧室温升、稳定燃烧情况判断点火是否成功。点火成功后，增加火焰筒轴向一、二级预混天然气流量，减少火焰筒头部天然气流量，由于本次试验天然气总流量最大仅能达到33.16Nm³/h，所以通过控制空气流量的方式调节燃烧室出口温度达到1000℃前后，稳态燃烧时，试验件空气流量为0.44kg/s，天然气总流量为33.16Nm³/h，燃烧室出口温度如图6-11所示。

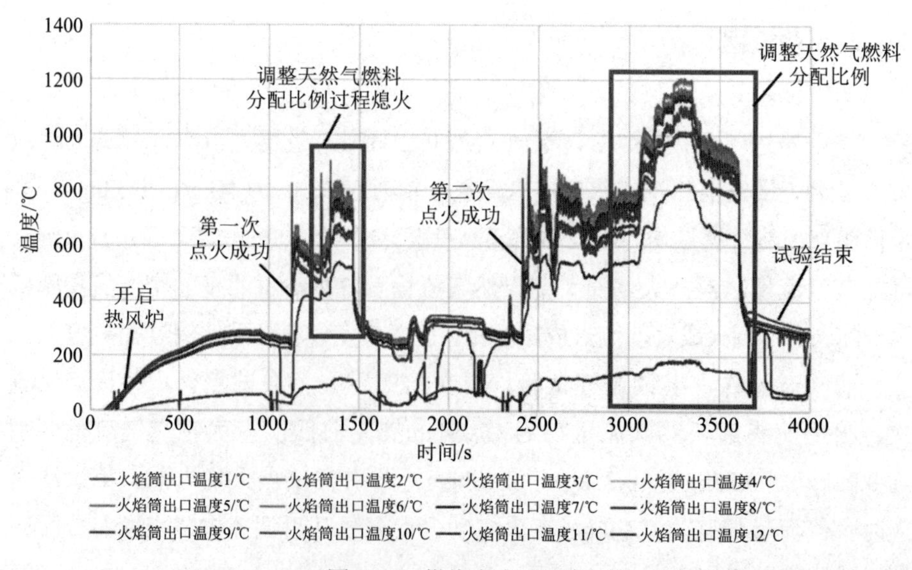

图6-11　燃烧室出口温度

（2）燃烧室出口温度分布。

稳态燃烧时，燃烧室出口温度沿叶高分布如图 6-12 所示。可以看出，燃烧室出口温度靠近上下两端壁面温度相对较低，中心温度相对较高。

观察图 6-11，可以看到燃烧室出口温度变化情况。

稳态燃烧阶段，燃烧室出口最高温度为 1206℃。

稳态燃烧阶段，燃烧室出口平均温度为 1060℃。

由于本次试验未移动测温耙，无法获得燃烧室出口分布云图以及燃烧室最高平均径向温度，且本次试验稳态燃烧时间较短，故无法计算燃烧室出口周向温度分布系数 *OTDF* 及燃烧室出口径向温度分布系数 *RTDF*。

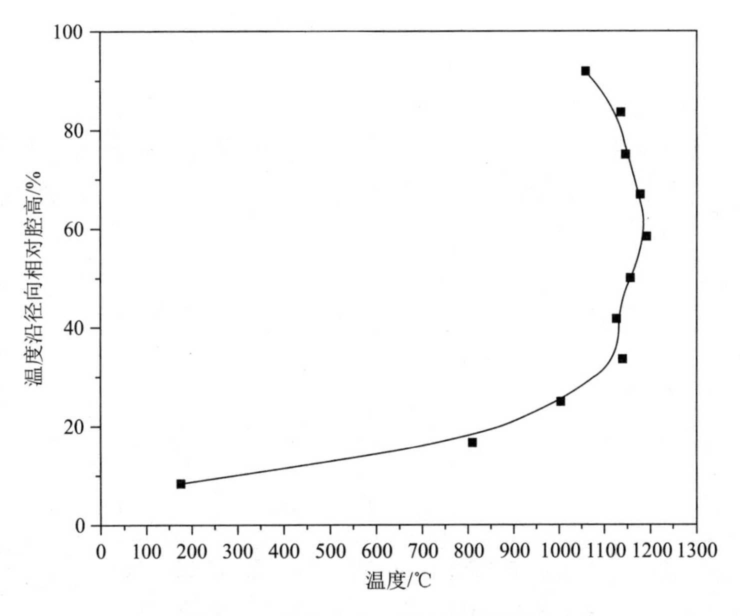

图 6-12　燃烧室出口温度沿叶高分布

（3）压力脉动。

稳态燃烧阶段，压力脉动频谱如图 6-13 所示。燃烧频率小于 50Hz 时，压力脉动最大值为 4kPa；燃烧频率在 50Hz 至 100Hz 范围内，压力脉动最大值为 2kPa；燃烧频率大于 100Hz 时，压力脉动最大值为 1kPa。

参考燃烧室设计，要求燃烧最大压力脉动与扩压器进气压力的比值 ≤ 4%，本次试验燃烧室的燃烧最大压力脉动与扩压器进气压力比值为 3.3%，本次试验不存在燃烧振荡。

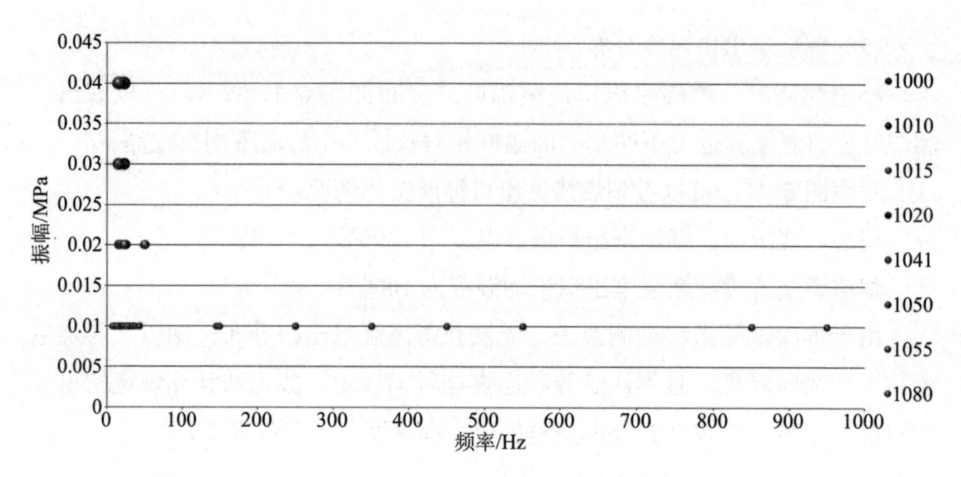

图 6-13　不同温度下的压力脉动频谱

（4）氮氧化物。

烟气测量数据如图 6-14 所示，氮氧化物排放值与氧含量如图 6-15 所示。可以看到，由于本次试验燃烧室出口平均温度较低，氮氧化物生成较少。

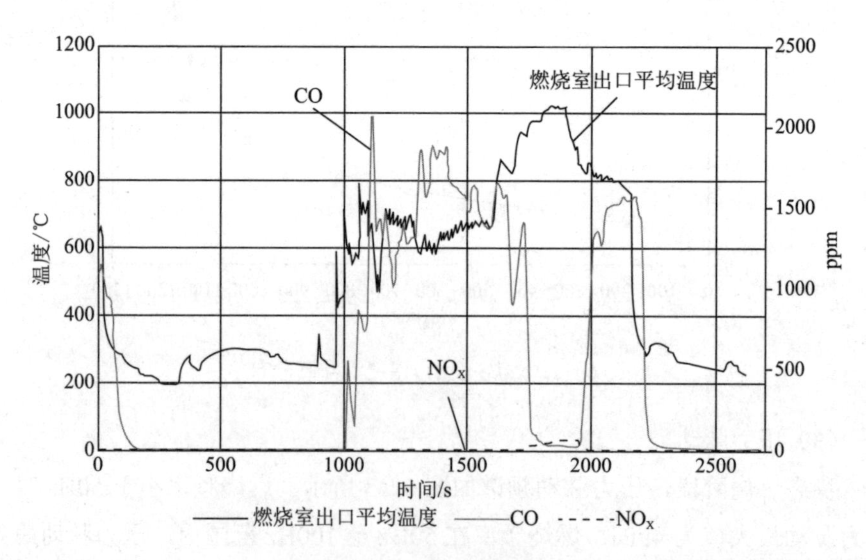

图 6-14　烟气测量数据

基准氧含量为 15% 时，氮氧化物排放最高约 84.84mg/m^3，即 45.13ppm@15%O_2，本次试验氮氧化物排放高于国家标准。分析认为造成本次试验氮氧化物排放高的原因为燃料分配比例为 4.5∶2.75∶2.75，火焰筒头部扩散燃烧燃料流量占总燃料流量 45%，扩散燃烧占比过大。

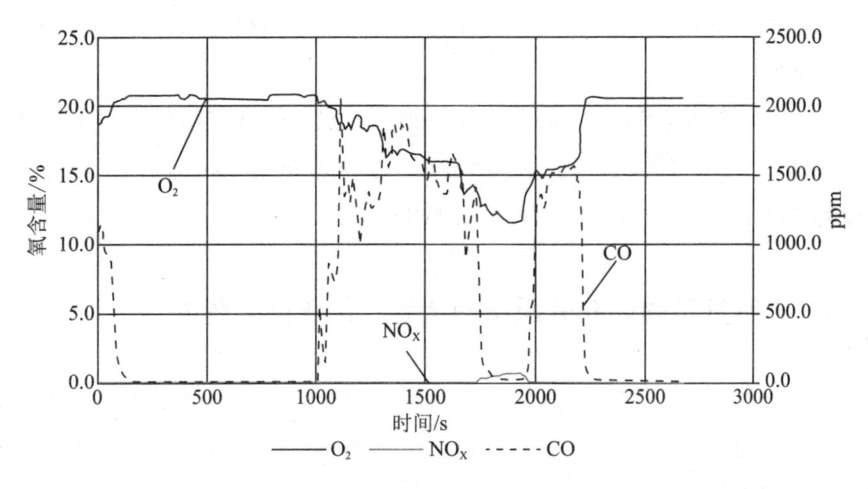

图 6-15　氮氧化物排放值与氧含量

本次试验采用天然气作为燃料进行试验，试验中存在一氧化碳排放，一氧化碳排放最高值为 2066ppm@18.6%O_2，由于本次试验火焰筒头部扩散燃烧占比较大、燃料燃烧不充分，所以造成一氧化碳排放过多。

5. 结论

（1）本次试验采用天然气作为燃料进行试验，采用先点火、后通天然气方式点火。

（2）本次试验采用火焰筒轴向点火器点火，在天然气流量不变情况下，更改空气流量，调整点火局部当量比，共计点火九次，成功点火两次，失败七次，其中两次点火成功时空气流量分别为 0.28kg/s、0.44kg/s，九次点火中火焰筒头部天然气流量均为 16.29Nm^3/h。

（3）点火成功后，调节火焰筒头部、轴向一级、轴向二级天然气流量，熄火一次，与氢气相比，天然气难点火、易熄火，点火局部当量比经验值在 0.7~0.8 区间易点火。

（4）稳态燃烧阶段燃烧室压力脉动最大值 4kPa，燃烧室最大压力脉动与扩压器进气压力比值为 3.3%（<4%），本次试验不存在燃烧振荡。

（5）稳态燃烧阶段，燃烧室出口最高温度 1206℃，平均温度 1060℃。

（6）氮氧化物排放最大值为45.13ppm@15%O_2，高于国家排放标准，一氧化碳排放最大值为2066ppm@18.6%O_2。分析认为造成氮氧化物排放高的原因为火焰筒头部扩散燃烧燃料占比过大，一氧化碳排放过高的原因为燃料燃烧不充分。

（7）稳态燃烧阶段，火焰筒头部、轴向一级、轴向二级的燃料配比4.5∶2.75∶2.75，天然气总流量为33.16Nm³/h，空气流量为0.44kg/s，扩压器进气温度为397℃，扩压器进气压力为0.12MPa。

6.2.3 天然气不同燃料分配比例全温、带压性能测试

本次试验使用天然气作为燃料进行试验台全温、带压性能测试，测量燃烧室出口温度、压力脉动、氮氧化物排放等数据，摸索以天然气作为燃料时燃烧室的熄火边界。

1. 试验信息

试验编号：MYCS-02-20231111。

试验时间：2023年11月11日9:30—10:10。

试验地点：明阳氢燃纯氢燃气轮机燃烧室研发中心。

试验目的：（1）对“扩散燃烧＋轴向分级射流微预混燃烧室”方案进行全温带压天然气点火测试，通过试验验证燃烧室的天然气点火特性、天然气燃烧特性、天然气熄火特性；（2）试验过程中调整不同的燃烧室燃料分配比例，观察燃烧室氮氧化物排放特性、压力脉动变化特性；（3）测量燃烧室出口温度、压力脉动、氮氧化物排放数据。

环境条件：气压1atm，温度13℃，相对湿度66%。

2. 试验状态参数

试验状态参数如表6-8所示。

表6-8 试验状态参数

状态	扩压器进气温度/℃	扩压器进气压力/MPa	主路空气流量/(kg/s)	雾化空气流量/(kg/s)	天然气总流量/(Nm^3/h)
1.0工况	397	0.2	2.2	0	184

3. 试验流程

本次试验开启热风炉，未使用火焰筒头部雾化空气。扩压器进气温度加热至 397℃时火焰筒头部通入天然气点火，采用先点火、后通天然气方式点火，点火时空气流量为 1.47kg/s、天然气流量为 48Nm^3/h（点火局部当量比 0.74），点火后保持天然气流量不变，调整背压阀 CV104 开度至 47% 使扩压器进气压力升至 0.2MPa，然后逐渐增加空气流量至 2.2kg/s，同时将火焰筒头部天然气、轴向一级天然气、轴向二级天然气分别调整至 82.8Nm^3/h、82.8Nm^3/h、18.4Nm^3/h，负荷达到 1.0 工况，1.0 工况稳态燃烧时天然气总流量为 184Nm^3/h。稳态燃烧阶段调整燃烧室燃料分配比例，测试燃烧室熄火边界。

本次试验测试调整六种天然气燃料分配比例，分别为工况 1 至工况 6，具体试验参数如表 6-9 所示。

表 6-9　试验升负荷及燃料分配比例参数

工况	燃料分配比例	空气流量/(kg/s)	头部天然气流量/(Nm^3/h)	轴向一级天然气流量/(Nm^3/h)	轴向二级天然气流量/(Nm^3/h)	点火局部当量比
点火	—	1.47	48	0	0	0.74
燃料分配调整	—	1.8	60	60	10	0.76
	—	2.0	70	70	15	0.80
工况 1	4.5∶4.5∶1	2.2	82.8	82.8	18.4	0.85
工况 2	4∶5∶1	2.2	73.6	92	18.4	0.75
工况 3	3.5∶5∶1.5	2.2	64.4	64.4	27.6	0.67
工况 4	3∶5∶2	2.2	55.2	92	36.8	0.57
工况 5	2∶5∶3	2.2	36.8	92	55.2	0.39
工况 6	1∶5∶4	2.2	18.4	92	73.6	0.21

4. 试验结果及分析

（1）燃烧室点火。

燃烧室出口温度如图 6-16 所示，本次试验通过观察燃烧室温升、稳定燃烧情况判断点火是否成功。点火前开启热风炉，将扩压器进气温度升至

397℃时火焰筒头部通入天然气点火（燃烧室出口温度数据由集成式热电偶测温耙测得，由于测温耙需开启喷淋水进行温度补偿，试验过程中喷淋水未在第一时间开启，导致试验开启热风炉后燃烧室出口温度数据不准确，开启喷淋水后温度数据恢复正常）。点火成功后逐渐通入火焰筒头部、轴向一级、轴向二级天然气持续提升燃烧负荷，达到 1.0 工况稳态燃烧后测试六种燃料分配比例燃烧室出口温度，试验在进行工况 5 至工况 6 切换过程中熄火（火焰筒头部天然气流量 <30Nm^3/h），测得燃烧室熄火边界为点火局部当量比小于 0.3 时熄火。

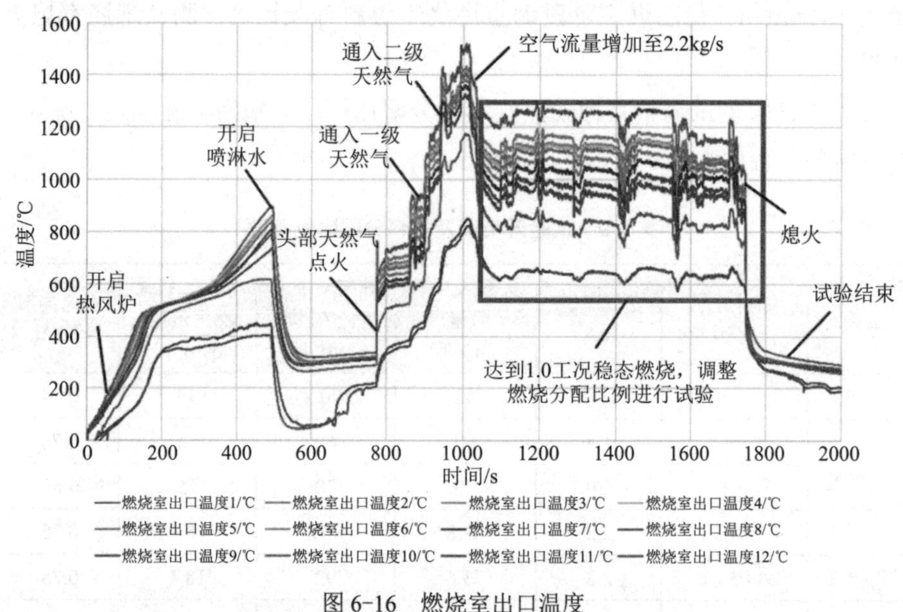

图 6-16　燃烧室出口温度

（2）燃烧室出口温度分布。

观察图 6-16，可以看到燃烧室出口温度变化情况。

1.0 工况稳态燃烧阶段，工况 1 至工况 5 燃烧室出口最高温度分别为 1288℃、1270℃、1263℃、1270℃、1173℃。

1.0 工况稳态燃烧阶段，工况 1 至工况 5 燃烧室出口平均温度分别为 1033℃、1006℃、1002℃、1024℃、966℃。

1.0 工况稳态燃烧阶段，工况 1 至工况 5 燃烧室出口温度沿叶高分布如图 6-17 所示。

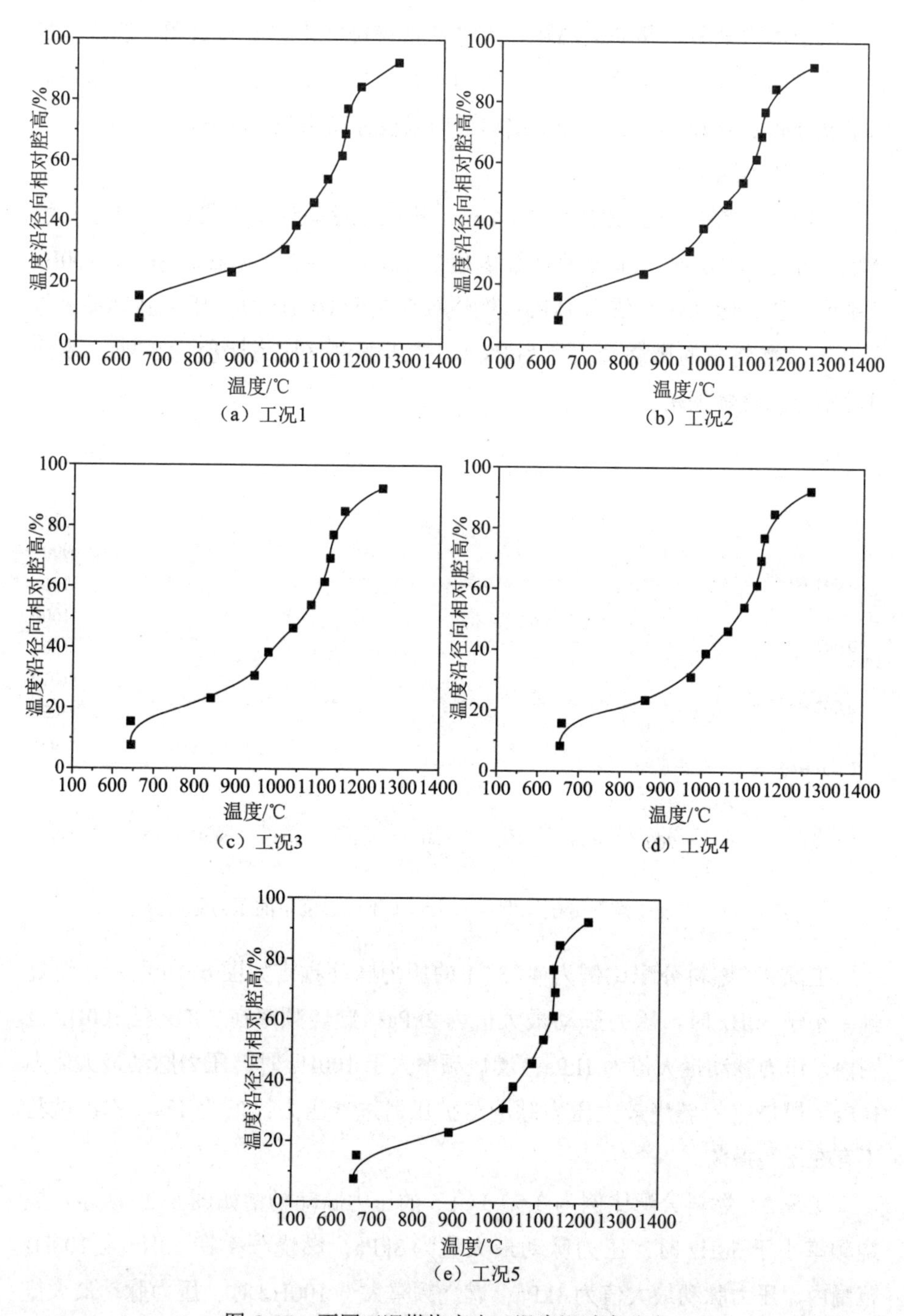

（a）工况1

（b）工况2

（c）工况3

（d）工况4

（e）工况5

图 6-17　不同工况燃烧室出口温度沿叶高分布

由于本次试验未移动测温耙，无法获得燃烧室出口分布云图、燃烧室最高平均径向温度以及完整的燃烧室出口平均温度，故无法计算燃烧室出口周向温度分布系数 *OTDF* 及燃烧室出口径向温度分布系数 *RTDF*。

（3）压力脉动。

工况 1　燃料分配比例为 4.5∶4.5∶1 的压力脉动频谱如图 6-18 所示，燃烧频率小于 50Hz 时，压力脉动最大值为 5kPa；燃烧频率在 50Hz 至 100Hz 范围内，压力脉动最大值为 1kPa；燃烧频率大于 100Hz 时，压力脉动最大值为 1kPa。燃烧室的燃烧最大压力脉动与扩压器进气压力比值为 2.5%，本次试验不存在燃烧振荡。

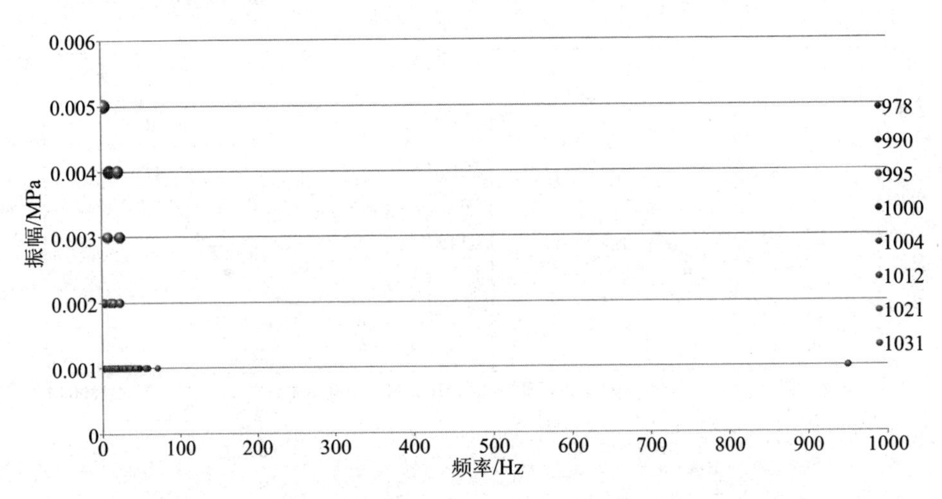

图 6-18　工况 1 燃料分配比例 4.5∶4.5∶1 不同温度下的压力脉动频谱

工况 2　燃料分配比例为 4∶5∶1 的压力脉动频谱如图 6-19 所示，燃烧频率小于 50Hz 时，压力脉动最大值为 2kPa；燃烧频率在 50Hz 至 100Hz 范围内，压力脉动最大值为 1kPa；燃烧频率大于 100Hz 时，压力脉动最大值为 1kPa。燃烧室的燃烧最大压力脉动与扩压器进气压力比值为 1%，本次试验不存在燃烧振荡。

工况 3　燃料分配比例为 3.5∶5∶1.5 的压力脉动频谱如图 6-20 所示，燃烧频率小于 50Hz 时，压力脉动最大值为 3kPa；燃烧频率在 50Hz 至 100Hz 范围内，压力脉动最大值为 1kPa；燃烧频率大于 100Hz 时，压力脉动最大值为 0kPa。燃烧室的燃烧最大压力脉动与扩压器进气压力比值为 1.5%，本次

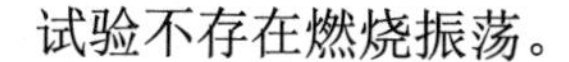
试验不存在燃烧振荡。

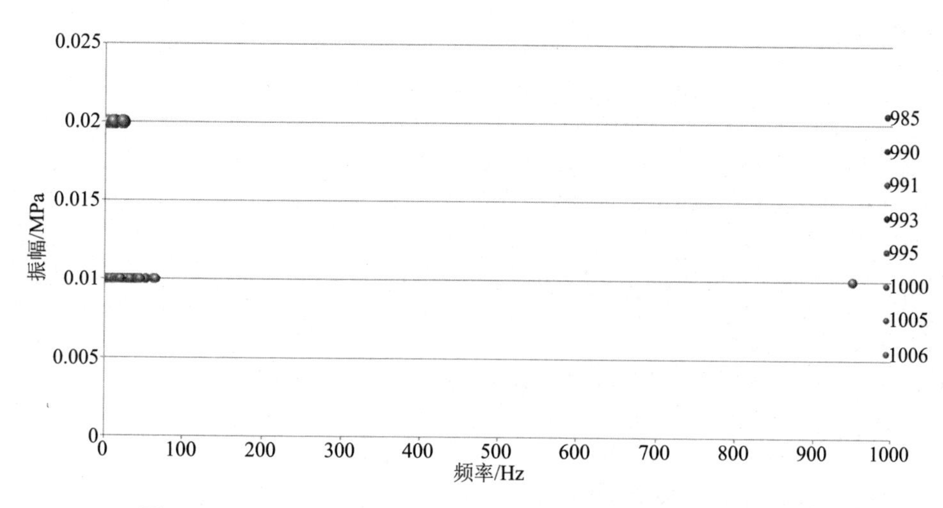

图 6-19　工况 2 燃料分配比例 4∶5∶1 不同温度下的压力脉动频谱

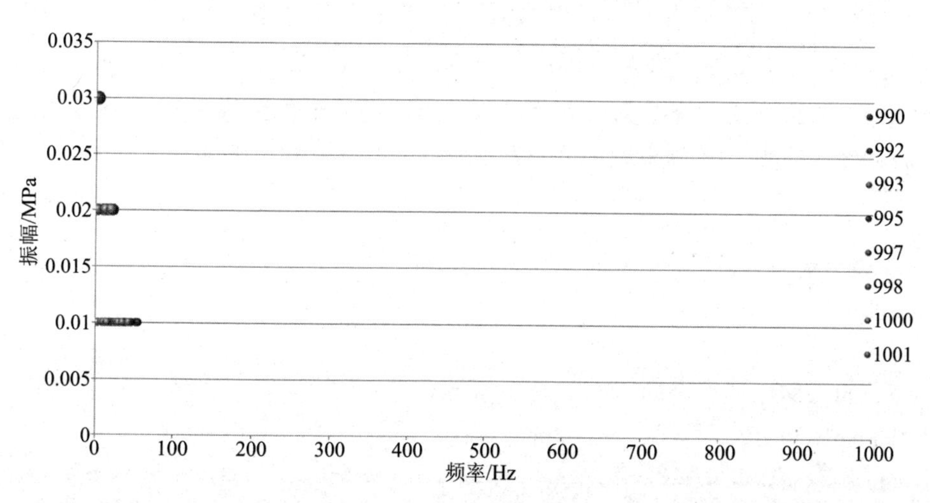

图 6-20　工况 3 燃料分配比例 3.5∶5∶1.5 不同温度下的压力脉动频谱

工况 4　燃料分配比例为 3∶5∶2 的压力脉动频谱如图 6-21 所示，燃烧频率小于 50Hz 时，压力脉动最大值为 3kPa；燃烧频率在 50Hz 至 100Hz 范围内，压力脉动最大值为 1kPa；燃烧频率大于 100Hz 时，压力脉动最大值为 1kPa。燃烧室的燃烧最大压力脉动与扩压器进气压力比值为 1.5%，本次试验不存在燃烧振荡。

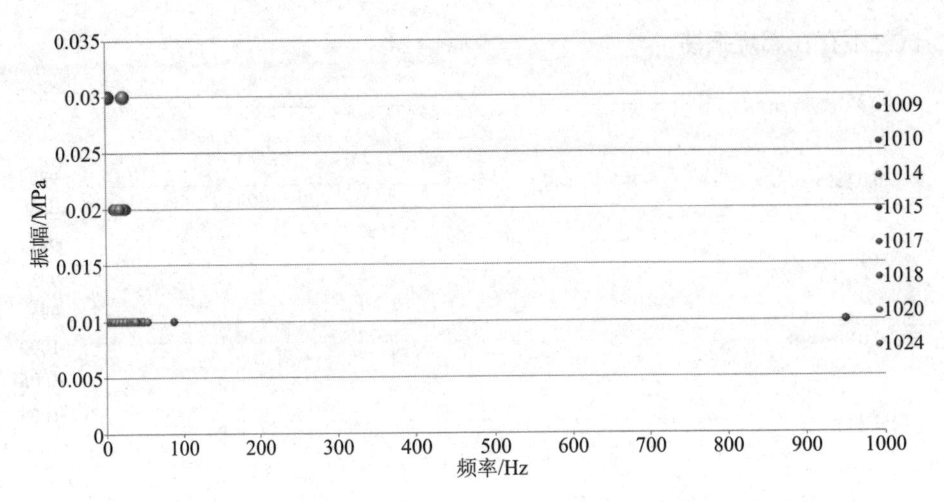

图 6-21　工况 4 燃料分配比例 3∶5∶2 不同温度下的压力脉动频谱

工况 5　燃料分配比例为 2∶5∶3 的压力脉动频谱如图 6-22 所示，燃烧频率小于 50Hz 时，压力脉动最大值为 16kPa；燃烧频率在 50Hz 至 100Hz 范围内，压力脉动最大值为 2kPa；燃烧频率大于 100Hz 时，压力脉动最大值为 1kPa。燃烧室的燃烧最大压力脉动与扩压器进气压力比值为 8%，本次试验存在燃烧振荡，属于燃烧切换过程的振荡。

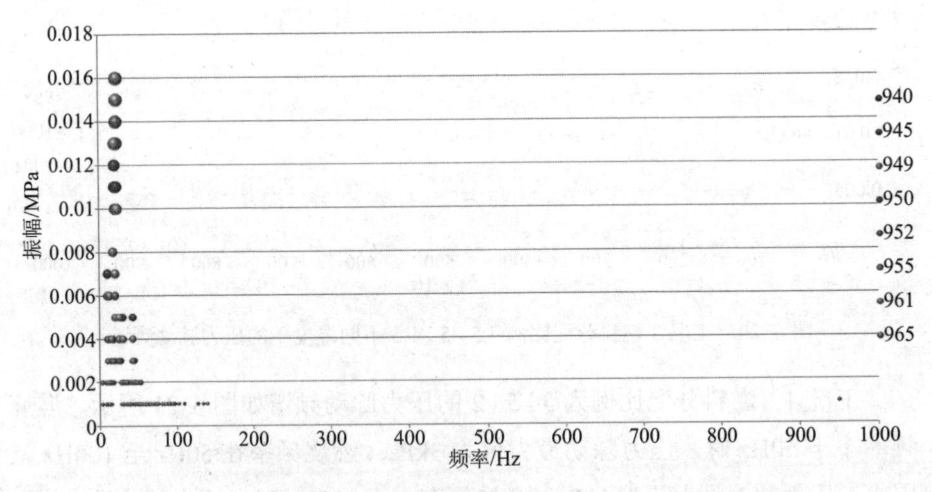

图 6-22　工况 5 燃料分配比例 2∶5∶3 不同温度下的压力脉动频谱

可以看到，工况 1 至工况 4 的试验压力脉动最大值不超过 5kPa，工况 5 的试验压力脉动最大值达到 16kPa，分析认为工况 5 火焰筒头部处于熄火边界，所以在工况 5 到工况 6 切换过程中熄火。

（4）氮氧化物。

烟气测量数据如图 6-23 所示，氮氧化物排放值与氧含量如图 6-24 所示。

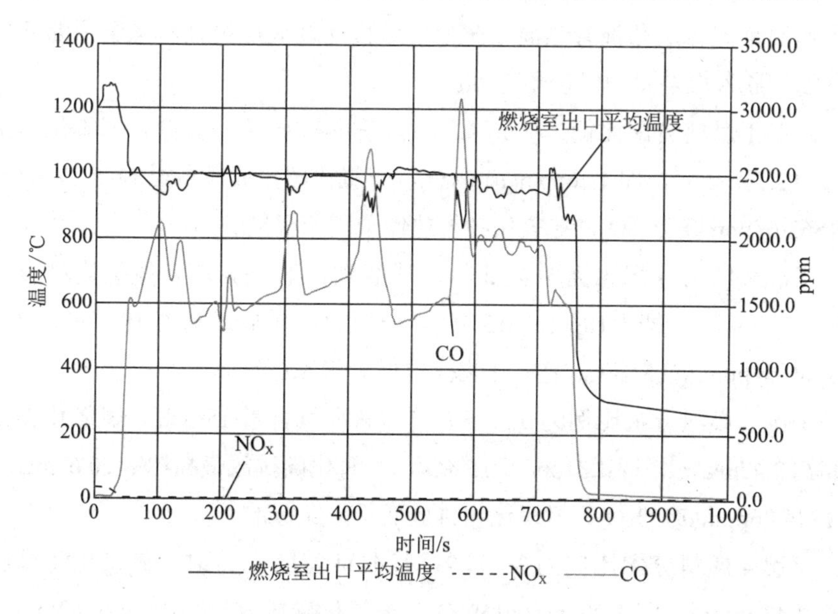

图 6-23　烟气测量数据

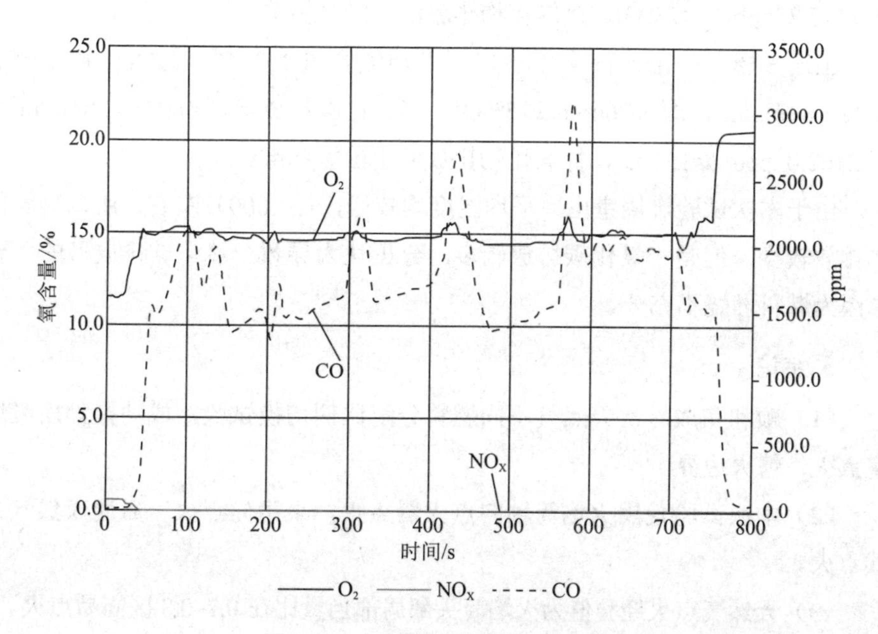

图 6-24　氮氧化物排放值与氧含量

可以看到，一氧化碳峰值随着燃料分配比例的调整而升高，在天然气总流量不变的情况下，减少火焰筒头部天然气流量、保持火焰筒轴向一级天然气流量不变、增加火焰筒轴向二级天然气流量会导致一氧化碳峰值升高。说明火焰筒轴向二级预混管预混不充分、燃料通过火焰筒轴向二级预混管与空气预混后通入燃烧室中燃烧不充分。

工况 1 燃料分配比例为 4.5∶4.5∶1，基准氧含量 15% 时，氮氧化物排放最高约 2.56mg/m^3，即 1.36ppm@15%O_2，一氧化碳排放最高约 1798.25mg/m^3，即 1563.69ppm@15%O_2，氮氧化物排放低于国家标准。

工况 2 燃料分配比例为 4∶5∶1，基准氧含量 15% 时，氮氧化物排放最高约 2.22mg/m^3，即 1.18ppm@15%O_2，一氧化碳排放最高约 1827.97mg/m^3，即 1589.54ppm @15%O_2，氮氧化物排放低于国家标准。

工况 3 燃料分配比例为 3.5∶5∶1.5，基准氧含量 15% 时，氮氧化物排放最高约 2.47mg/m^3，即 1.31ppm@15%O_2，一氧化碳排放最高约 2120.67mg/m^3，即 1844.06ppm@15%O_2，氮氧化物排放低于国家标准。

工况 4 燃料分配比例为 3∶5∶2，基准氧含量 15% 时，氮氧化物排放最高约 2.43mg/m^3，即 1.29ppm@15%O_2，一氧化碳排放最高约 1699.52mg/m^3，即 1477.85ppm @15%O_2，氮氧化物排放低于国家标准。

工况 5 燃料分配比例为 2∶5∶3，基准氧含量 15% 时，氮氧化物排放最高约 3.31mg/m^3，即 1.76ppm@15%O_2，一氧化碳排放最高约 2486.38mg/m^3，即 2162.07ppm @15%O_2，氮氧化物排放低于国家标准。

由于本次试验燃烧室出口平均温度均较低，在 1000℃左右，所以氮氧化物排放较少，但是一氧化碳排放较多，分析认为导致一氧化碳排放多的主要原因为燃料燃烧不充分。

5. 结论

（1）顺利完成首次天然气不同燃料分配比例切换试验，成功摸索出燃烧室点火、熄火边界。

（2）本次试验使用火焰筒轴向点火器点火，采用先点火、后通天然气方式点火。

（3）天然气点火经验值为火焰筒头部局部当量比在 0.7~0.8 区间易点火。

（4）本次试验共进行六种工况试验，工况 1 至工况 6 的燃料分配比例分别为 4.5∶4.5∶1、4∶5∶1、3.5∶5∶1.5、3∶5∶2、2∶5∶3、1∶5∶4，其中在进行工况 5 至工况 6 切换调整时熄火，天然气试验熄火边界经验值为火焰筒头部局部当量比 <0.3，建议后续天然气试验火焰筒头部燃料比例≥ 20%。

（5）1.0 工况稳态燃烧阶段，工况 1 至工况 5 的燃烧室出口最高温度分别为 1288℃、1270℃、1263℃、1270℃、1173℃，燃烧室出口平均温度分别为 1033℃、1006℃、1002℃、1024℃、966℃。

（6）1.0 工况稳态燃烧工况 1 至工况 5 的压力脉动最大值分别为 5kPa、2kPa、3kPa、3kPa、16kPa，燃烧室的燃烧最大压力脉动与扩压器进气压力比值分别为 2.5%、1%、1.5%、1.5%、8%，仅工况 5 稳态燃烧时存在燃烧振荡，分析认为工况 5 稳态燃烧时产生燃烧振荡的原因为火焰筒头部火焰处于熄火边界，易熄火。

（7）本次试验氮氧化物排放均低于国家排放标准，最高为 1.76ppm@15%O_2，但一氧化碳排放较高，最高为 2162.07ppm@15%O_2，分析认为一氧化碳排放过高的原因为燃料燃烧不充分。

（8）天然气总流量为 184Nm^3/h，空气流量为 2.2kg/s，扩压器进气压力为 0.2MPa，扩压器进气温度为 397℃，1.0 工况稳态燃烧时间 10 分钟。

6.2.4　燃烧天然气全温、全压试验

本次试验在中国燃气涡轮研究院（624 所）进行，目的是对 30MW 燃气轮机燃烧室采用天然气燃料进行全温、全压试验，验证燃烧室全温、全压工况下燃烧可行性，获取全温、全压下燃烧室性能参数，并出具相关试验报告。

1. 试验状态参数

本项目的试验内容主要包含进行点火工况和性能工况，具体的试验工况详如表 6-10 所示。

表 6-10 试验工况

<table>
<tr><th>工况点</th><th>空气流量</th><th>空气压力</th><th>空气温度</th><th>头部燃料流量</th><th>头部燃料占比</th><th>一级燃料流量</th><th>一级燃料占比</th><th>二级燃料流量</th><th>二级燃料占比</th></tr>
<tr><td>单位</td><td>kg/s</td><td>MPa</td><td>K</td><td>g/s</td><td>%</td><td>g/s</td><td>%</td><td>g/s</td><td>%</td></tr>
<tr><td>点火工况</td><td>1.47</td><td>0.12</td><td>320</td><td>9</td><td>100</td><td>0</td><td>0</td><td>0</td><td>0</td></tr>
<tr><td>工况点 1</td><td>8.44</td><td>0.79</td><td>555</td><td>48</td><td>100</td><td>0</td><td>0</td><td>0</td><td>0</td></tr>
<tr><td>工况点 2</td><td>9.85</td><td>0.93</td><td>580</td><td>121</td><td>100</td><td>0</td><td>0</td><td>0</td><td>0</td></tr>
<tr><td>工况点 3-1</td><td rowspan="5">14</td><td rowspan="5">1.25</td><td rowspan="5">629</td><td>121</td><td>61.5</td><td>75.7</td><td>38.5</td><td>0</td><td>0</td></tr>
<tr><td>工况点 3-2</td><td>80.5</td><td>35</td><td rowspan="4">115</td><td rowspan="4">50</td><td>34.5</td><td>15</td></tr>
<tr><td>工况点 3-3</td><td>69</td><td>30</td><td>46</td><td>20</td></tr>
<tr><td>工况点 3-4</td><td>57.5</td><td>25</td><td>57.5</td><td>25</td></tr>
<tr><td>工况点 3-5</td><td>46</td><td>20</td><td>69</td><td>30</td></tr>
<tr><td>备注</td><td colspan="9">a）点火工况仅为试验件点火时参考不进行出口排放测试；
b）试验中出现燃烧室出口温度超过 1250℃，火焰筒壁面温度超过 900℃或脉动压力超过限制等情况应立即暂停试验；
c）脉动压力限制值根据以往试验器使用经验 0.5~1.3MPa 不超过 3%，0.5MPa 以下不超过 6%。超过限定值时暂停试验。</td></tr>
</table>

2. 试验设备

根据试验内容中的压力流量范围和试验台试验规划情况：本项目试验在中国燃气涡轮研究院 T404 设备中压试验台开展，T404 设备系统原理如图 6-25 所示，试验件在 T404 设备安装实景如图 6-26 所示。

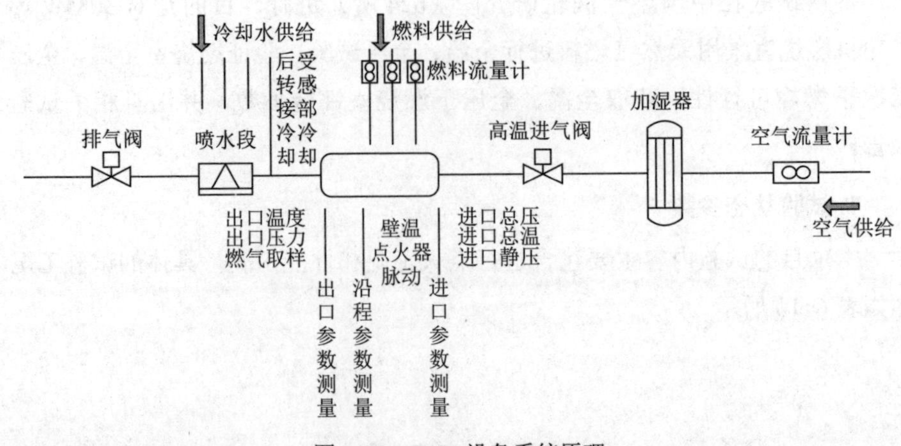

图 6-25 T404 设备系统原理

图 6-26　试验件在 T404 设备安装实景

设备工作原理是试验用压缩气源通过总进气阀进入设备，然后通过设备进气阀和放空阀供入试验台所需管路，经管路流量孔板测量流量后进入电加温器加温至燃烧室进口所需温度，加温后的空气在燃烧室内与燃料混合后燃烧，燃烧后的气体经喷水冷却后通过排气阀排入排气塔。放空阀和排气阀主要用于空气流量和压力的调节，测试系统主要用于试验参数实时采集和监控，冷却水系统对燃气进行喷水降温和试验段水冷壳体冷却，天然气由天然气增压站供入设备，通过设备天然气流量调节阀调控，经质量流量计测量后进入燃烧室。

设备天然气供气系统实景如图 6-27 所示，天然气系统供气原理如图 6-28 所示。

图 6-27　设备天然气供气系统实景

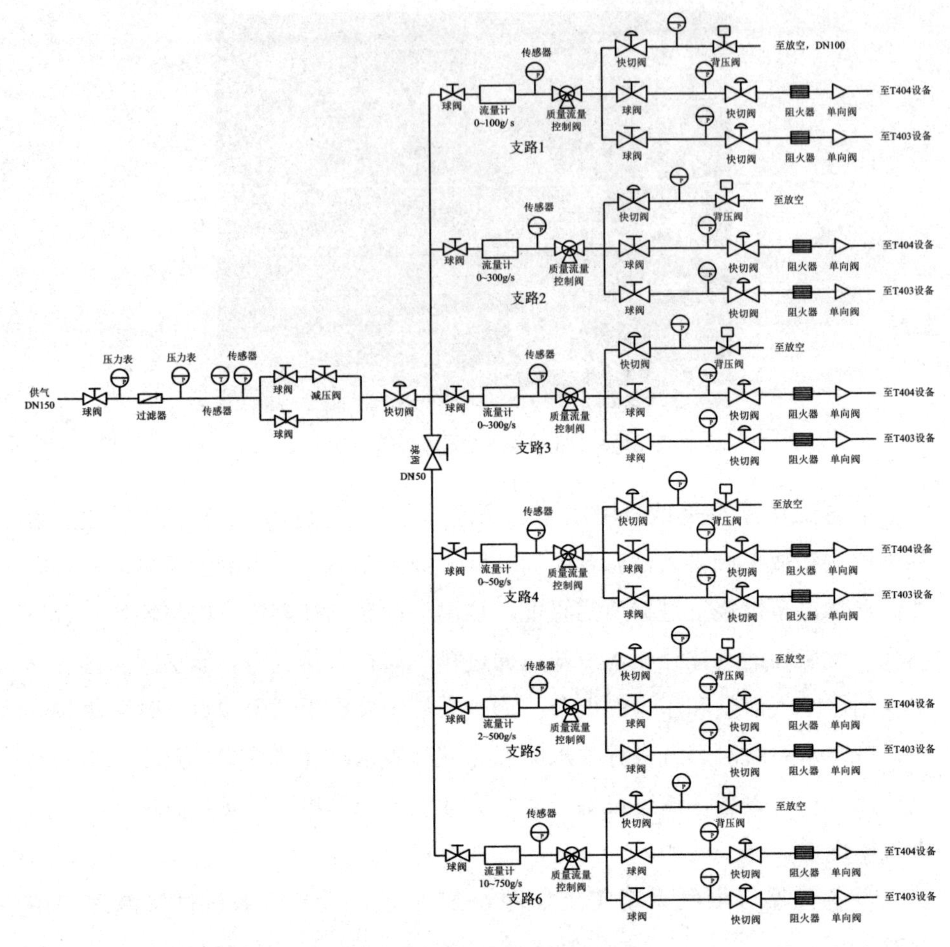

图 6-28　天然气系统供气原理

3. 测试系统

根据技术协议要求，本项目试验测试内容主要包括燃烧室进口空气流量、温度和压力测量，火焰筒部位脉动压力和壁温测量，燃烧室出口温度、压力和污染排放浓度测量。

空气流量采用设备流量孔板测量，设备在校准准用期内（如图 6-29 所示）。

燃料流量采用支路 1 至支路 3 质量流量计测量，流量计精度 0.5%。

沿程布置 4 点静压测点，分别为机匣 2 点，端盖 1 点，火焰筒 1 点。

图 6-29　试验设备准用证

燃烧室进口参数采用 1 支 3 点总温总压耙（ZH654）测量，出口参数采用固定安装方式，一支五点总温耙（TU704）、一支五点合一取样耙（PS1749A）和一支五点合一总压耙（PS1749A）测量。测量耙如图 6-30 所示，出口测量参数位置如图 6-31 所示。

图 6-30　进出口参数测量耙

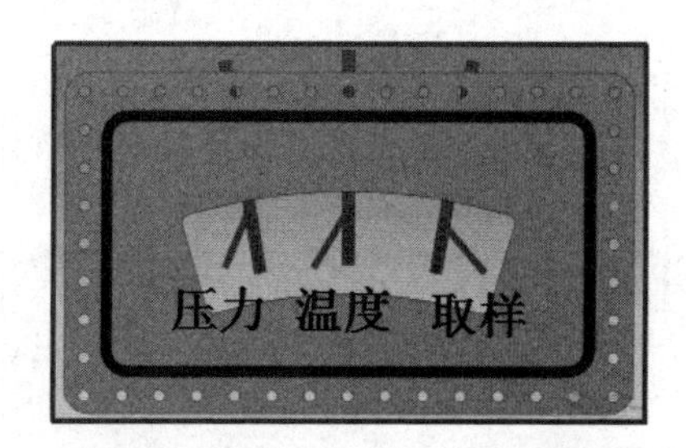

图 6-31　燃烧室出口受感部安装位置

试验件共敷设 12 点壁温测点，其中，头部 3 点，预混管 4 点（如图 6-32 所示），用于监测回火；火焰筒尾端布置分两个截面，布置 5 点壁温电偶（如图 6-33 所示），其中火焰筒尾端第 11 点壁温在安装过程中出现损坏，对该点进行了删除。

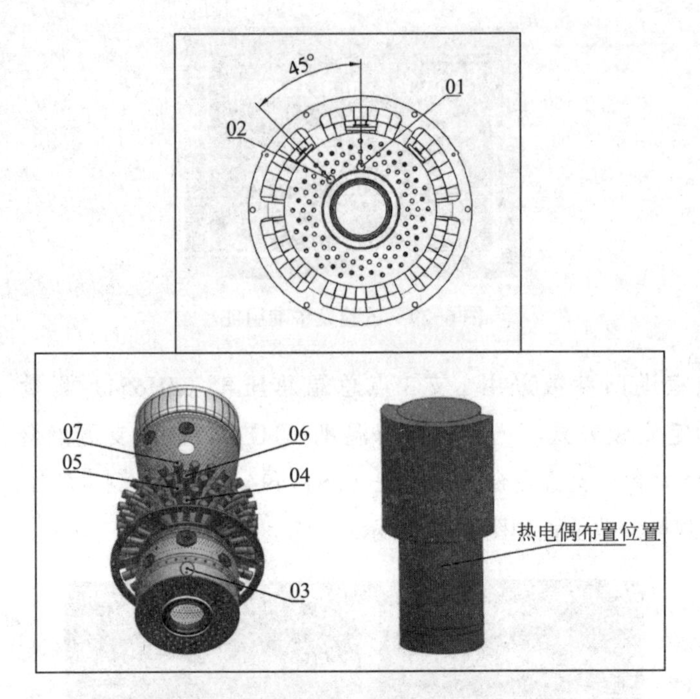

图 6-32　火焰筒头部和预混管壁温布置

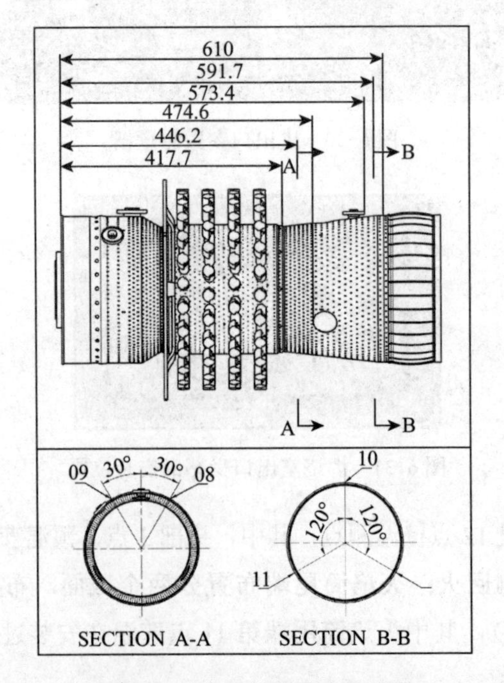

图 6-33　火焰筒尾端壁温布置

试验各测量装置及精度如表 6-11 所示，燃气分析所用测量装置如表 6-12 所示。

表 6-11　各测试仪器量程和精度

测量参数	符号	测量装置（配置）	测量范围	测量精度	数量
进口空气流量	W_a	流量孔板 I	1.6~17kg/s	±1%	1
进口空气总压	P_3	ZH654+ 压力扫描阀	500PSI	0.5%	1X3
进口空气温度	T_3	ZH654+ 温度测量模块	1373K	1%	1X3
试验件沿程静压	P_{s3i}	压力扫描阀	500PSI	0.5%	4
火焰筒动态压力	P_d	脉动传感器	300PSI	1%	1
火焰筒壁面温度	T_{wi}	温度测量模块	1373K	1%	12
燃烧室出口总温	T_4	TU704+ 温度测量模块	2050K	1%	1X5
燃烧室出口总压	P_4	PS1749A+ 压力扫描阀	500PSI	0.5%	1X5
燃烧室出口取样	—	PS1749A	—	1%	1
天然气流量	W_R	艾默生质量流量计	0~300g/s	0.5%	3
天然气压力	P_R	压力扫描阀	500PSI	0.5%	3

表 6-12　燃气分析仪器及其主要特性

仪器名称	测量原理	品牌	型号	主要性能指标
CO 气体分析仪	NDIR 非分光红外	西门子	ULTRAMAT6E	测量范围：0~10000ppm（4 个量程档可设置）； 重复性：选择量程的 ±1%； 线性度：选择量程的 ±1% 以内； 零点漂移：在 1 小时内小于选择量程的 ±1%； 量程点漂移：在 1 小时内小于选择量程的 ±1%
CO_2 气体分析仪	NDIR 非分光红外	西门子	ULTRAMAT6E	测量范围：0%~15%（4 个量程档可设置）； 重复性：选择量程的 ±1%； 线性度：选择量程的 ±1% 以内； 零点漂移：在 1 小时内小于选择量程的 ±1%； 量程点漂移：在 1 小时内小于选择量程的 ±1%

续表

仪器名称	测量原理	品牌	型号	主要性能指标
氮氧化物分析仪	HCLD 化学发光	CAI	Model 600HCLD	测量范围：0~3000ppm； 重复性：选择量程的 ±1%； 线性度：选择量程的 ±1% 以内； 零点漂移：在 1 小时内小于选择量程的 ±1%； 量程点漂移：在 1 小时内小于选择量程的 ±1%
H_2O 分析仪器	NDIR 非分光红外	西门子	ULTRAMAT6E	测量范围：0~10000ppm 或 0~30000ppm（4 个量程档可设置）； 重复性：选择量程的 ±1%； 线性度：选择量程的 ±1% 以内； 零点漂移：在 1 小时内小于选择量程的 ±1%； 量程点漂移：在 1 小时内小于选择量程的 ±1%
O_2 分析仪器	顺磁氧	西门子	OXYMAT 61	测量范围：0%~100%（4 个量程档可设置）； 重复性：选择量程的 ±1%； 线性度：选择量程的 ±1% 以内； 零点漂移：在 1 小时内小于选择量程的 ±1%； 量程点漂移：在 1 小时内小于选择量程的 ±1%
总碳氢分析仪	FID 氢火焰离子检测	Baseline 或西门子	S9000 或 FIDAMAT5E	测量范围：（S9000） 0~2000ppm/2%/50% 或（FIDAMAT5E） 0~30/300/3000/30000ppm； 重复性：选择量程的 ±1%； 线性度：选择量程的 ±1% 以内； 零点漂移：在 1 小时内小于选择量程的 ±1%； 量程点漂移：在 1 小时内小于选择量程的 ±1%

4. 试验测试及数据处理方法

（1）空气流量。

T404 设备进口空气流量 W_a 由流量孔板 I 测量获得。

（2）当量比计算。

试验当量比的计算包含总燃料当量比、头部燃料当量比，其中：总燃料当量比根据试验段进口空气流量 W_a、头部燃料流量 WR_T、一级燃料流量 WR_1、二级燃料流量 WR_2 来计算。具体计算公式如下：

$$PHI = C \times \frac{WR_T + WR_1 + WR_2}{1000 \times W_a \times 71\%} \tag{6-1}$$

头部燃料当量比根据试验段进口空气流量 W_a、头部燃料流量 WR_T 来计算。具体计算公式如下：

$$PHI\_R_T = C \times \frac{WR_T}{1000 \times W_a \times 71\% \times 20\%} \tag{6-2}$$

其中，根据天然气成分测量（如图 6-34 所示），C 值取 16.40。

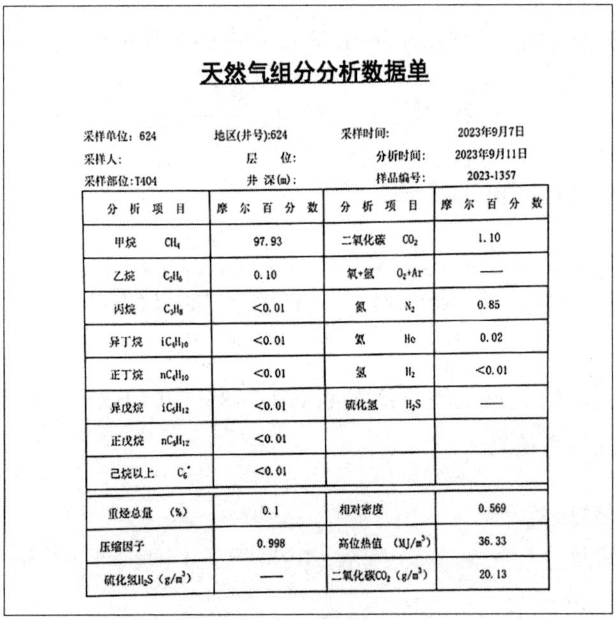

天然气组分分析数据单

采样单位：624　地区(井号):624　采样时间:　2023年9月7日
采样人:　层　位:　分析时间:　2023年9月11日
采样部位:T404　井 深(m):　样品编号:　2023-1357

分析项目	摩尔百分数	分析项目	摩尔百分数
甲烷　CH_4	97.93	二氧化碳　CO_2	1.10
乙烷　C_2H_6	0.10	氧+氩　O_2+Ar	—
丙烷　C_3H_8	<0.01	氮　N_2	0.85
异丁烷　iC_4H_{10}	<0.01	氦　He	0.02
正丁烷　nC_4H_{10}	<0.01	氢　H_2	<0.01
异戊烷　iC_5H_{12}	<0.01	硫化氢　H_2S	—
正戊烷　nC_5H_{12}	<0.01		
己烷以上　C_6^+	<0.01		
重烃总量　(%)	0.1	相对密度	0.569
压缩因子	0.998	高位热值　(MJ/m^3)	36.33
硫化氢H_2S (g/m^3)	—	二氧化碳CO_2 (g/m^3)	20.13

图 6-34　天然气成分化验单

（3）总压恢复系数。

$$\sigma = \frac{P_{4ave}}{P_{3ave}} \tag{6-3}$$

（4）燃烧效率。

本次试验中由燃气分析利用全成分法计算燃烧效率：

$$\eta = 100 - \left(35.68[\mathrm{CO}] + 103.95[\mathrm{UHC}]\right)\left(\frac{1 + 0.0003\dfrac{n_0}{m}}{[\mathrm{CO_2}] + [\mathrm{CO}] + [\mathrm{UHC}]}\right) \tag{6-4}$$

式中：$\dfrac{n_0}{m} = \dfrac{z-1}{2\left(l + h - 0.00015z\right)}$，$z = \dfrac{2 + [\mathrm{NO_2}] - [\mathrm{CO}]}{[\mathrm{CO_2}] + [\mathrm{CO}] + [\mathrm{UHC}]}$。

（5）转化到15%O_2浓度下气体成分浓度。

转化到标准状态（15%的O_2浓度）下的NO_x的浓度可按下式计算：

$$[\mathrm{NO}_x]_{15\%O_2} = [\mathrm{NO}_x]\frac{20.95 - 15}{20.95 - [\mathrm{O_2}]} \tag{6-5}$$

转化到标准状态（15%的O_2浓度）下的CO的浓度可按下式计算：

$$[\mathrm{CO}]_{15\%O_2} = [\mathrm{CO}]\frac{20.95 - 15}{20.95 - [\mathrm{O_2}]} \tag{6-6}$$

（6）有效流通面积计算

$$A_{\mathrm{CD}} = \frac{W}{\sqrt{2\Delta P\rho}} = \frac{W}{\sqrt{\dfrac{2\left(P_{进口} - P_{出口}\right) \times P_{进口}}{R \times T_{进口}}}} \tag{6-7}$$

其他未列及的数据处理方法参照HB 7485—2012《航空燃气涡轮发动机燃烧室性能试验方法》。

5. 试验过程

试验时间及过程如表6-13所示，共进行了1次试验，总试验时长5.5h，顺利完成30MW燃气轮机燃烧室全温、全压试验。

表6-13 试验过程

试验时间	试验卡片编号	备注	试验时长
2023.12.07	G30-0301-T404-2301	试验19#+02#+04机组，共进行1次试验，顺利完成本项目所有试验内容。	5.5h

6. 试验结果

表 6-14 给出了试验各工况实际调节参数情况，实际工况调节与试验工况参数基本吻合，不存在状态偏离。

表 6-14　试验实际工况参数

工况点	空气流量	空气压力	空气温度	头部燃料流量	头部燃料占比	一级燃料流量	一级燃料占比	二级燃料流量	二级燃料占比
单位	kg/s	MPa	K	g/s	%	g/s	%	g/s	%
工况点 1	8.4	0.786	554	47.9	100.0	0.0	0.0	0.00	0.0
工况点 2	9.9	0.934	581	122.3	100.0	0.0	0.0	0.00	0.0
工况点 3-1	14.0	1.250	628	120.7	61.5	75.7	38.5	0.00	0.0
工况点 3-2	14.0	1.257	630	79.9	35.0	114.6	50.3	33.58	14.7
工况点 3-3	14.1	1.240	630	68.1	29.7	114.9	50.2	45.95	20.1
工况点 3-4	14.0	1.258	630	56.6	24.8	114.3	50.1	57.09	25.0
工况点 3-5	14.0	1.253	630	46.4	20.2	114.7	49.9	68.58	29.9
工况点 3-6	14.0	1.240	630	36.0	15.6	114.8	49.5	80.97	34.9
备注	a）工况点 3-6 为在 100% 负荷下，增加的头部燃料占比 15% 的工况点。 b）在 100% 负荷工况下，调节头部燃料占比 10%，燃烧室熄火。								

表 6-15 给出了所有工况下的壁温测量结果，根据试验结果表明，整个燃烧过程火焰筒壁面各处温度无超温情况发生，最大壁温约 680K，位于火焰筒壁温第 10 点。图 6-35 给出了在 100% 负荷下，各点壁温随工况的变化趋势，除尾端第 12 点壁温出现较大变化外，其他壁温变化较小。

表 6-15　各工况下壁温测量结果

工况点	头部壁面温度	头部壁面温度	头部壁面温度	预混管4	预混管5	预混管6	预混管7	火焰筒壁面温度8	火焰筒壁面温度9	火焰筒壁面温度10	火焰筒壁面温度12
单位	K	K	K	K	K	K	K	K	K	K	K
点火工况	542	546	550	553	553	553	553	563	566	570	565

续表

工况点	头部壁面温度	头部壁面温度	头部壁面温度	预混管4	预混管5	预混管6	预混管7	火焰筒壁面温度8	火焰筒壁面温度9	火焰筒壁面温度10	火焰筒壁面温度12
工况点 1	572	578	581	583	582	583	583	601	599	624	605
工况点 2	620	624	626	616	618	629	629	642	645	657	654
工况点 3-1	623	626	628	612	614	628	628	644	657	662	654
工况点 3-2	622	625	627	607	613	626	626	644	647	667	652
工况点 3-3	622	625	626	610	612	624	624	639	644	651	644
工况点 3-4	622	624	625	609	611	623	622	645	647	664	644
工况点 3-5	622	624	625	609	611	621	621	654	655	677	647
工况点 3-6	542	546	550	553	553	553	553	563	566	570	565

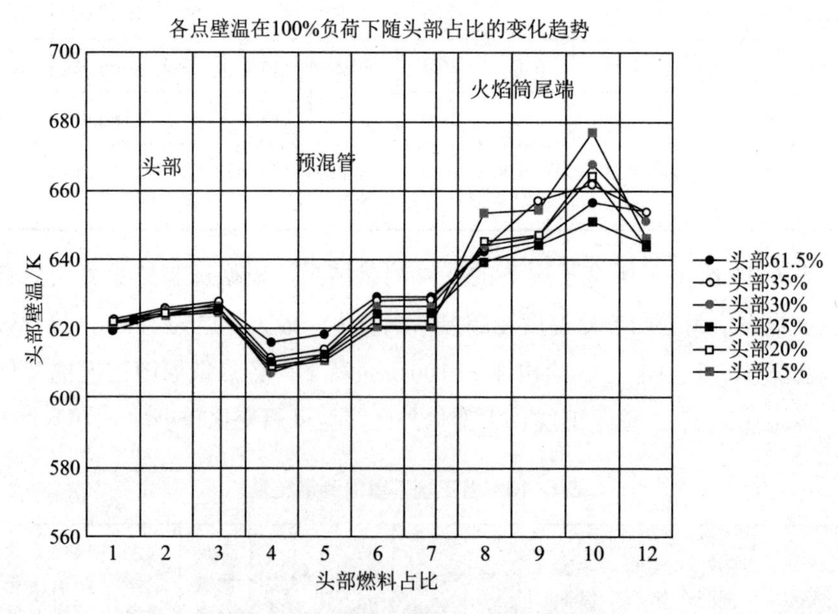

图 6-35　各点壁温随工况的变化趋势

表 6-16 给出了燃烧室出口温度的试验结果。

表 6-16　燃烧室出口温度试验结果

工况点	试验件出口总温1	试验件出口总温2	试验件出口总温3	试验件出口总温4	试验件出口总温5	燃烧室出口最大温度	燃烧室出口平均温度
单位	K	K	K	K	K	K	K
工况点 1	819	854	881	908	924	924	877
工况点 2	1238	1288	1332	1367	1373	1373	1320
工况点 3-1	1223	1286	1337	1384	1403	1403	1327
工况点 3-2	1223	1291	1345	1396	1413	1413	1334
工况点 3-3	1183	1255	1305	1365	1404	1404	1303
工况点 3-4	1101	1164	1222	1278	1305	1305	1214
工况点 3-5	1053	1104	1141	1178	1200	1200	1135
工况点 3-6	1041	1073	1097	1116	1117	1117	1089

图 6-36 给出了出口总温耙测点具体安装结构尺寸。根据试验结果表明，燃烧室出口最大温度出现在工况点 3-2 时刻，此时头部燃料占比大幅下降，一级燃料占比达到 50%，二级燃料初步供入；出口温度径向分布基本呈现由边壁沿径向方向增加的趋势。

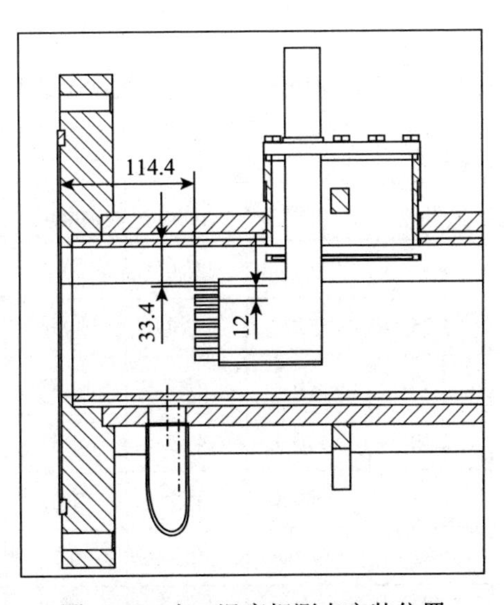

图 6-36　出口温度耙测点安装位置

图 6-37 给出了在 100% 负荷下各出口温度随工况的变化趋势。

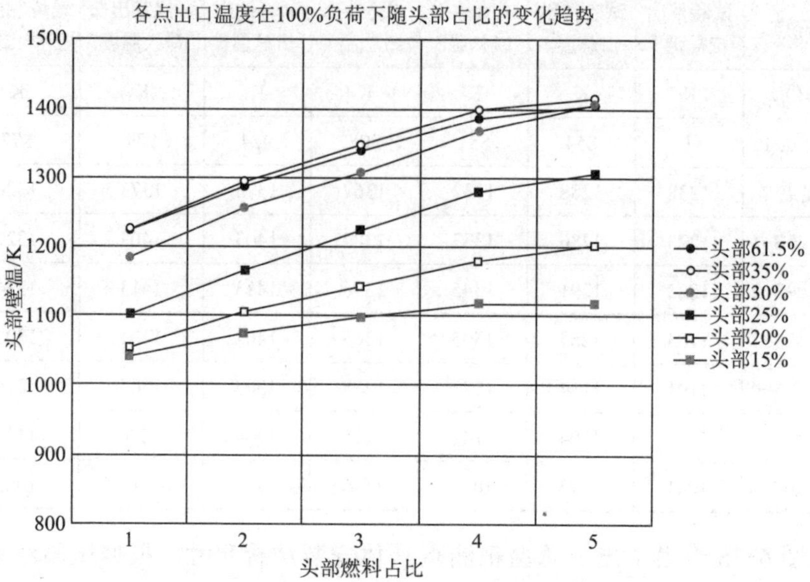

图 6-37　出口温度随工况的变化趋势

表 6-17 和表 6-18 给出了燃烧室污染物排放、总压恢复系数、燃烧效率及脉动量在各工况下的试验结果。

表 6-17　污染物排放在各工况下的试验结果

工况点	CO浓度	CO_2浓度	THC浓度	NO_x浓度	NO浓度	NO_2浓度	O_2浓度
单位	ppm	%	ppm	ppm	ppm	ppm	%
工况点 1	88.2	1.15	6.5	26.8	20.7	6.6	19.3
工况点 2	105.7	2.25	7.3	53.3	39.0	15.6	17.3
工况点 3-1	1777.9	2.33	2510.7	45.2	2.3	46.9	16.9
工况点 3-2	3112.6	2.40	5177.0	41.9	1.5	44.1	16.5
工况点 3-3	3255.0	2.12	7089.8	36.2	1.0	38.4	17.0
工况点 3-4	3133.7	1.81	14950.8	30.8	0.7	32.9	17.5
工况点 3-5	2683.1	1.93	15838.9	30.9	0.8	32.8	17.4
工况点 3-6	1905.7	1.97	17394.2	29.1	3.6	27.8	17.4

表 6-18　污染物折算、燃烧效率、总压恢复系数及脉动量在各工况下的试验结果

工况点	CO（15%O_2）	NO_x（15%O_2）	THC（15%O_2）	燃烧效率	出口平均温度	总压恢复系数	有效流通面积	脉动量
单位	ppm	ppm	ppm	—	K	—	mm^2	%
工况点 1	314.0	97.4	23.2	0.9966	822.2	0.966	24085.54	1.13
工况点 2	171.6	88.6	11.8	0.9980	1078.4	0.964	23227.58	1.34
工况点 3-1	2605.0	72.1	3678.6	0.8787	1191.2	0.955	23262.69	1.34
工况点 3-2	4193.6	61.5	6974.9	0.7930	1216.9	0.956	23040.47	1.73
工况点 3-3	4886.2	59.2	10642.7	0.7235	1129.1	0.956	23342.97	1.81
工况点 3-4	5403.8	57.9	25781.4	0.5357	1058.1	0.957	23381.59	2.06
工况点 3-5	4430.6	55.6	26154.7	0.5354	1075.7	0.957	23228.31	3.6
工况点 3-6	3173.6	52.4	28966.3	0.5155	1072.4	0.954	22997.8	4.86

图 6-38 给出了氮氧化物（15%O_2）和一氧化碳（15%O_2）在 100% 负荷下各工况的变化趋势，从中可以看出，随着头部燃料占比的降低氮氧化物（15%O_2）排放降低；在工况 3-4 之前一氧化碳（15%O_2）排放增加，在工况 3-4 之后一氧化碳（15%O_2）排放减少。

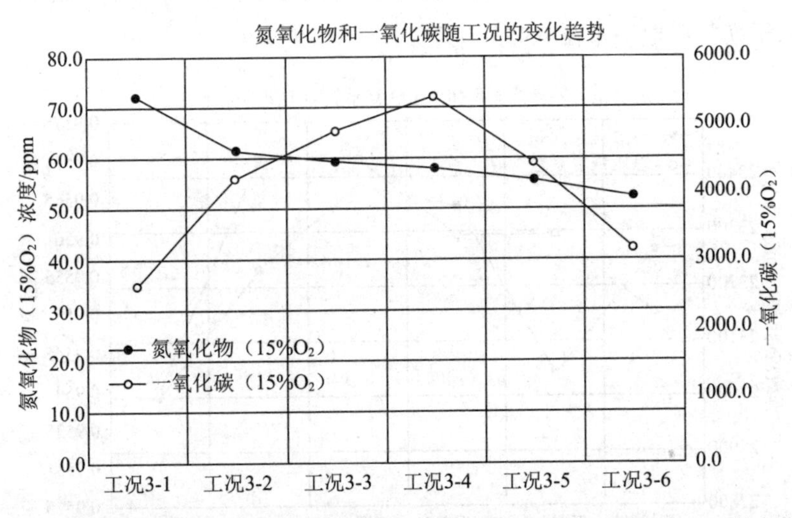

图 6-38　氮氧化物$_x$（15%O_2）和一氧化碳（15%O_2）在 100% 负荷下各工况的变化趋势

图 6-39 给出了燃烧脉动量和燃烧效率在 100% 负荷下各工况的变化趋势，从中可以看出，随着头部燃料占比的下降，燃烧脉动增加，可能由于头部燃料占比较低，火焰不稳定导致，具体各工况的脉动截图见附录 I；燃烧效率随着头部燃料占比的下降而降低，初步判断二级燃料可能存在未燃情况。

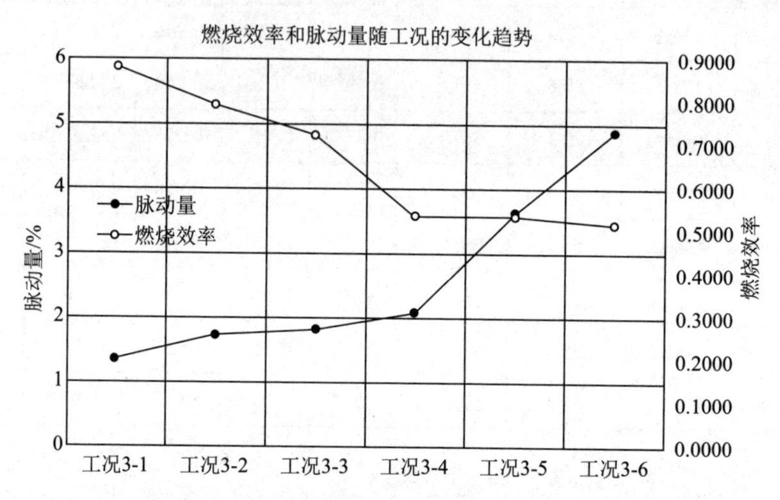

图 6-39 燃烧脉动量和燃烧效率在 100% 负荷下各工况的变化趋势

图 6-40 给出了燃烧室有效流通面积和总压恢复系数在 100% 负荷下各工况的变化趋势，从中可以看出，燃烧室有效流通面积基本在 23000mm^2 左右，总压恢复系数基本在 0.955 附近。

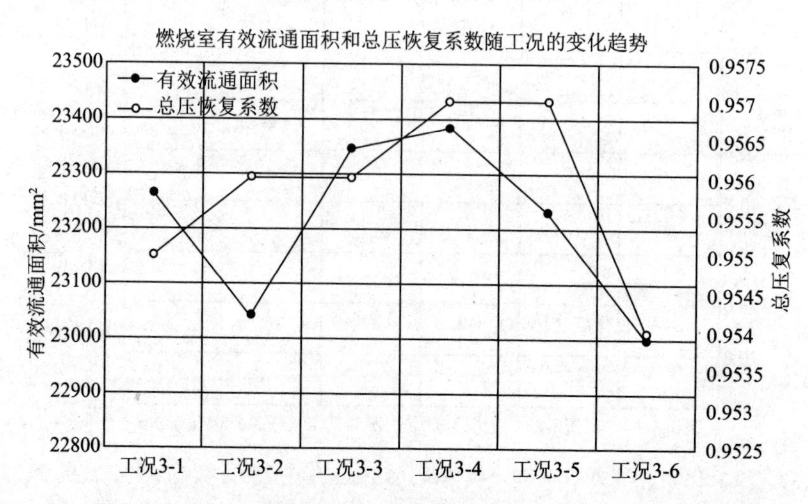

图 6-40 燃烧室有效流通面积和总压恢复系数在 100% 负荷下各工况的变化趋势

7. 试验件分解检查

试验结束后拆解检查火焰筒如图 6-41 所示。

图 6-41　火焰筒拆解检查

可以看到火焰筒仅头部有燃烧痕迹，其余部分均未出现明显燃烧痕迹，说明火焰筒气膜冷却效果较好，可以满足天然气全温、全压燃烧试验。

8. 结论

根据试验结果形成如下结论。

（1）30MW 级燃气轮机全温全压燃烧室试验完成了技术协议规定的全部内容，达到了试验目标。

（2）涡轮院完成了本项目在全温全压各工况下参数的录取，试验器和测量设备在有效期内，试验结果真实有效。

（3）试验件和试验装置在全温全压下工作稳定，未出现异常。

（4）燃烧室切换燃料过程中，二级燃料可能存在未燃情况，导致燃烧效率偏低，碳氢含量偏高，NO_x 降低不明显等。

附录 I 天然气全温全压各工况压力脉动

燃烧天然气全温、全压试验各工况压力脉动截图如下所示。

工况 1 压力脉动

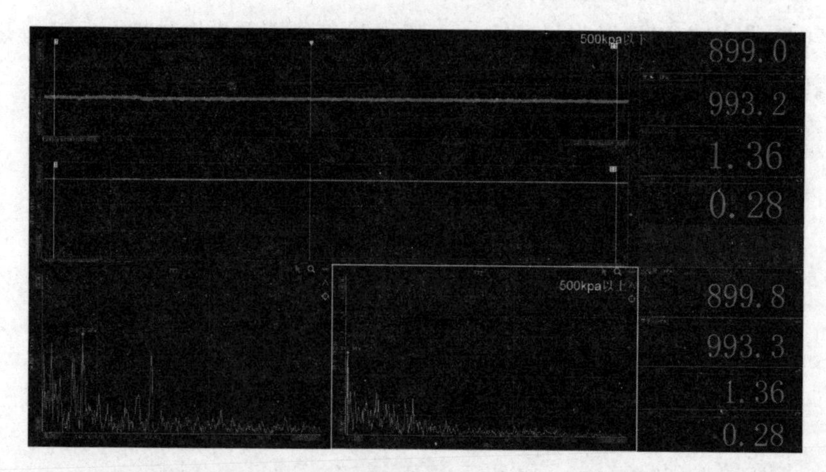

工况 2 压力脉动

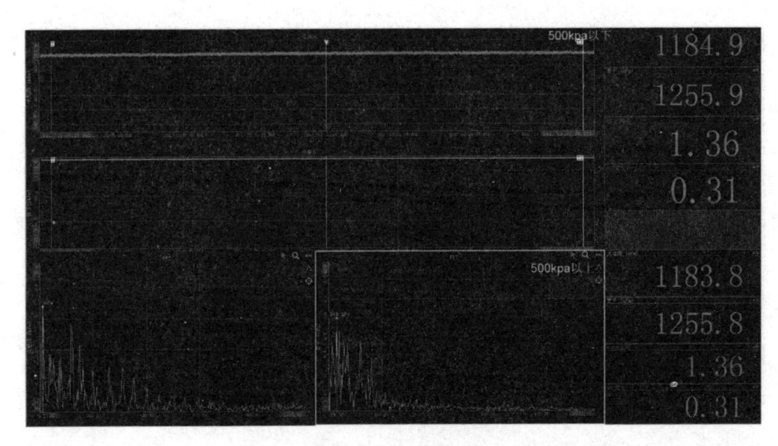

工况 3-1 压力脉动

工况 3-2 压力脉动

工况 3-3 压力脉动

工况 3-4 压力脉动

工况 3-5 压力脉动

工况 3-6 压力脉动

附录 Ⅱ

符号表

符号	释义	单位
A	喉道面积	m^2
A_4	燃烧室出口截面积	m^2
A_c	冷却气孔总面积	m^2
A_{CD}	有效流通面积	m^2
A_{dome}	火焰筒头部总面积	m^2
C_D	流量系数	
$C_{d,ch}$	冷却气孔流量系数	
C_dA	火焰筒有效面积	m^2
C_dA_c	冷却气开孔有效面积	m^2
C_dA_{c0}	单个冷却气孔有效面积	m^2
C_dA_{comb}	燃烧区有效面积	m^2
D_{ch}	冷却气孔直径	m
D_{dome}	火焰筒头部直径	m
d_h	掺混孔开孔直径	m
d_j	氢气预混管直径；掺混孔直径	m
f_a	燃气比	
G_c	单位面积、单位压力所需冷却气量	$s \cdot m^2 \cdot bar$
H	火焰筒长度	m
H_f	燃油低热值	kJ/kg

续表

符号	释义	单位
I_{T3}	燃烧室进口空气的滞止热焓	kJ/kg
I_{T4}	燃烧室出口燃气的滞止热焓	kJ/kg
I_{Tf}	燃油进口热焓	kJ/kg
J	射流与主流动量比	
L_c	冷却气空气流量分配比例	
L_{comb}	燃烧区空气流量分配比例	
L_{dome}	火焰筒头部空气流量分配比例	
L_{fs}	火焰筒轴向一级空气流量分配比例	
L_p	火焰筒压降比例	
L_{ss}	火焰筒轴向二级空气流量分配比例	
m	燃烧室出口燃气质量流量	kg/s
$\dot{m}_c$	冷却气质量流量	kg/s
$\dot{m}_j$	掺混孔空气射流流量	kg/s
m_a；$\dot{m}_a$；W_a	空气质量流量	kg/s
m_f	燃料质量流量	kg/s
MW_a	空气的摩尔质量	g/mol
n	掺混孔个数	
N_c	冷却气孔数量	
Ne	燃气轮机机组相对功率	
n_{pfs}	火焰筒轴向一级氢气预混管个数	
n_{pss}	火焰筒轴向二级氢气预混管个数	
$OTDF$	燃烧室出口周向温度分布系数	
P	压力	MPa；Pa
P_a	空气绝对压力	Pa

续表

符号	释义	单位
P_d	动态压力	kPa
ΔP_L	火焰筒压降	
P_R	天然气压力	MPa
P_s	燃烧室出口静压	Pa
P_t	燃烧室出口总压	Pa
R	通用气体常数	J/mol·K
R_g	气体常数	J/（kg·K）
$RTDF$	燃烧室出口径向温度分布系数	
S_p	单个冷却气孔保护面积	m^2
T	温度	K
T_{3ave}	燃烧室入口平均温度	K
T_{4avc}	最高平均径向温度	K
T_{4ave}	实际燃烧室出口温度	K
T_{4th}	理论计算的燃烧室出口平均温度	K
T_a	空气温度	K
u_4	燃烧室出口燃气流速	m/s
U_{dome}	火焰筒头部气流速度	m/s
u_g	主流气体速度	m/s
u_j	火焰筒射流速度	m/s
U_j	射流气体速度	m/s
V	火焰筒容积	m^3
V_a	空气体积流量	m^3/s
V_{dome}	火焰筒头部空气体积流量	m^3/s
W_R	天然气质量流量	kg/s
x	横向流动距离	m

续表

符号	释义	单位
Y_{max}	最大穿透深度	m
y_v	穿透深度	m
η_{bt}	燃烧效率	%
π	圆周率	
ρ	密度；大气污染物基准含量排放浓度	kg/m^3；mg/m^3
ρ'	实测的大气污染物排放浓度	mg/m^3
ρ_4	燃烧室出口燃气密度	kg/m^3
ρ_a	空气密度	kg/m^3
ρ_f	燃料的密度	kg/m^3
ρ_g	主流气体密度	kg/m^3
ρ_j	射流气体密度	kg/m^3
σ	总压恢复系数	
τ	驻留时间	s
φ；PHI	当量比	
ω	实测的氧含量	%
ω'	基准氧含量	%
下标		
0	大气	
1	孔板的或一级燃料的	
2	二级燃料的	
3	燃烧室进口的	
4	燃烧室出口的	
a	空气的	
avc	平均径向的	
ave	平均的	

续表

符号	释义	单位
comb	火焰筒燃烧区的	
dome	火焰筒头部的	
f	燃料的	
fs	火焰筒轴向一级的	
i	第 i 个测点	
pfs	火焰筒轴向一级氢气预混管的	
pss	火焰筒轴向二级氢气预混管的	
ss	火焰筒轴向二级的	
T	头部燃料的	
W	壁面的	

参考文献

[1] 汪京，白桥栋，翁春生，陈子豪．基于动网格技术的双脉冲发动机内流场仿真 [J]. 计算机仿真，2018, 35(1):57-60.

[2] Lefebvre A H , Whitelaw J H . Gas turbine combustion[J]. Hemisphere, 1983.

[3] 徐华胜，钟华贵，冯大强，等．航空发动机燃烧室试验 [M]. 北京：科学出版社，2022.

[4] 林宇震，许全宏，刘高恩．燃气轮机燃烧室 [M]. 北京：国防工业出版社，2008.

[5] IEA. The Future of Hydrogen[R]. Paris: 2019.

[6] UNDERTAKING H J. Hydrogen powered aviation: A fact-based study of hydrogen technology, economics, and climate impact by 2050[J]. 2020.

[7] UK. UK Hydrogen strategy[R]. 2021.

[8] 国家发展和改革委员会国家能源局．能源技术革命创新行动计划 (2016—2030 年)[R/OL](2016-03)[2016-06-01]. http://www.gov.cn/xinwen/2016-06/01/content-5078628.htm.

[9] 杨雪吟．构建氢能智库　助力能源革命：《中国氢能源及燃料电池产业白皮书》发布 [J]. 今日工程机械，2019(4): 70-71.

[10] 王永志，韩茹．发电企业“走出去”的路径选择 [J]. 中国电力企业管理，2015 (1): 50-51.